全国住房和城乡建设职业教育教学指导委员会建筑与规划类专业指导委员会规划推荐教材

中外建筑简史

（建筑室内设计专业适用）

本教材编审委员会组织编写

李　进　孙耀龙　主编

中国建筑工业出版社

图书在版编目（CIP）数据

中外建筑简史／李进，孙耀龙主编．—北京：中国建筑工业出版社，
2018.6（2024.2重印）
全国住房和城乡建设职业教育教学指导委员会建筑与规划类专业
指导委员会规划推荐教材
ISBN 978-7-112-22244-5

Ⅰ．①中…　Ⅱ．①李…②孙…　Ⅲ．①建筑史－世界－高等职业
教育－教材　Ⅳ．① TU-091

中国版本图书馆CIP数据核字（2018）第105601号

　　本书为全国住房和城乡建设职业教育教学指导委员会建筑与规划类专业指导委员会规划推
荐教材。全书分为上、下两篇。上篇为外国建筑简史，主要介绍了西方古代建筑，欧洲中世纪建
筑，西方文艺复兴、巴洛克与古典主义建筑，西方近现代建筑；下篇为中国建筑简史，主要介绍
了中国古代建筑的发展过程及中国近现代建筑。

　　本书可作为高等职业院校建筑装饰工程技术、建筑室内设计等专业教学用书，也可作为相关
专业参考书。

　　为更好地支持本课程的教学，我们向使用本书的教师免费提供教学课件，有需要者请与出版
社联系，邮箱：jckj@cabp.com.cn，电话：01058337285，建工书院：http://edu.cabplink.com。

责任编辑：杨　虹　周　觅
责任校对：党　蕾

全国住房和城乡建设职业教育教学指导委员会建筑
与规划类专业指导委员会规划推荐教材

中外建筑简史
（建筑室内设计专业适用）

李　进　孙耀龙　主编
*
中国建筑工业出版社出版、发行（北京海淀三里河路9号）

各地新华书店、建筑书店经销
北京雅盈中佳图文设计公司制版
北京中科印刷有限公司印刷
*
开本：787×1092毫米　1/16　印张：19¼　字数：418千字
2018年8月第一版　2024年2月第四次印刷
定价：49.00元（赠教师课件）
ISBN 978-7-112-22244-5
（31246）

编审委员会名单

主　任：季　翔

副主任：朱向军　周兴元

委　员（按姓氏笔画为序）：

王　伟　甘翔云　冯美宇　吕文明　朱迎迎

任雁飞　刘艳芳　刘超英　李　进　李　宏

李君宏　李晓琳　杨青山　吴国雄　陈卫华

周培元　赵建民　钟　建　徐哲民　高　卿

黄立营　黄春波　鲁　毅　解万玉

前　言

在建筑设计专业的学习过程中，对中外建筑历史的学习是十分必要的。就室内设计、环境艺术设计等其他相关专业而言，同样也是如此。

实际上，学习者的学习需求是各不相同的。有些学习者希望看到一些典型的建筑案例，学习一些基本的建筑常识；也有些学习者希望了解不同的建筑风格和设计学派，学习相应的设计手法，提高自己的设计水平；还有些学习者则是希望分析设计发展的过程和成因，研究相应的经济、社会、文化等背景，不断丰富和完善自身的设计思想。因此如何满足不同的学习目的就需要我们认真对待，这正是此书编写的初衷。

我们知道，中外建筑历史的内容是极为丰富的。而在有限的篇幅中，要把所有的内容都呈现出来，同样也是极为困难的。在本书的编写过程中，特别注重了以下几个方面：一是注重系统性和完整性，按照历史脉络层层展开，并基本涵盖相关的典型建筑案例和代表人物等；二是注重基础性和通识性，文字通俗易懂，相关知识点清晰明确；三是兼顾了趣味性和可读性，增加了相应的小贴士，可以用于拓展阅读并加深印象。因此，本书既可以作为以设计理论研究为目的的专业用书，也可作为建筑、室内、环艺等专业的高校教材，还可以作为一般读者增长建筑知识、丰富文化底蕴的常识性学习读本。

本书由上海城建职业学院李进、孙耀龙老师主编，高新琦老师、上海建工五建集团有限公司陶蕊先生参编。

在编写的过程中，得到了中国建筑工业出版社编辑们的指导和帮助，在此表示衷心的感谢。

由于编者的水平有限，书中的疏漏和不当之处在所难免，敬请广大读者批评指正。

二〇一七年十二月于上海

目　录

上篇　外国建筑简史

下篇　中国建筑简史

上篇　外国建筑简史

绪言
原始社会建筑

➤ 关键要点

纪念性建筑（Memorial Architecture）

　　一种供人们凭吊、瞻仰、纪念用的特殊建筑或构筑物。它们大多不提供作为人们生活使用的内部空间，但为人们创造出一种带有纪念性氛围的室外空间，给人们以精神上的寄托和慰藉。

➤ 知识背景

　　原始社会生产力低下，建筑非常简单。不同年代、不同地区的原始人类生活方式和社会组织大致相同，建筑多有相似之处。

原始人工住所

　　旧石器时代的原始人最早住在天然山洞（有了洞穴绘画与雕刻，如威泽尔山谷石窟绘画，见图 1-0-1）或巢居树上。大约在始于公元前 1 万年左右的中石器时代，各个族群开始在固定地点营造自己的栖息地，如巢居和地穴。公元前 6000 年左右的新石器时代，伴随着生产力的提高，出现了"半地穴建筑"（图 1-0-2），并发展出蜂巢屋（石块砌成，密集似蜂巢）、树枝棚（用树枝搭成穹窿形，有的在外面再抹黏土）、帐篷（用树枝和兽皮搭成，见图 1-0-3）等建筑形式。建筑形式，也从单体相继发展到群体、院落和村落。

纪念性建筑

　　原始社会晚期，有些地区已使用青铜器和铁器，加工木、石的能力提高了，

图 1-0-1　石窟绘画（左）

图 1-0-2　半地穴建筑（中）

图 1-0-3　帐篷（右）

出现了纪念性的巨石建筑，如祭奉太阳的石柱、环状列石和埋葬死者的石室；某些地区已有椭圆形平面的神庙。早期石室较小，长不过 2 米，高不足 1.5 米；后期石室形如甬道，大的长达 20 米。石柱是直立的圆柱形石块，大的高达 20 多米，重 300 余吨。

建筑艺术的萌芽

原始社会末期，建筑艺术开始萌芽。有些部落在建筑物上涂抹鲜艳的颜色。有的部落建筑还有相当复杂的装饰性壁画和雕刻。对建筑物环境规划布置也开始注意。

➤ 建筑解析

代表建筑

卡纳克石柱（Carnac Monolith）

位于法国布列塔尼（Brittany）半岛的卡纳克镇（Carnac），约公元前 3000 年左右建造。石阵（图 1-0-4）中最大的石柱直径达 4 米多，高近 20 米，重约 260 吨。石柱群被农田分为 36 片石阵，以 12 根一排向东延续。

巨石阵（Salisbury Stonehenge）

巨石阵（图 1-0-5）位于英格兰南部的索里兹伯里，建于公元前 4000 年左右。由 38 块大小不一的石块排列成一个圆形阵列。石块大致为长方形，直立在地面上，最高的一块高度超过 4 米；在相邻的两块或四块巨石之上，

小贴士：

史前人是怎样把那些巨石从几十里甚至几百里外运来竖起的？为什么他们要造这样的巨石阵？人们莫衷一是，众说纷纭。有的说巨石阵是太阳神庙，有的说是祭坛，有的说是陵墓，还有的说是观象台。

图 1-0-4　石阵（左）

图 1-0-5　巨石阵（右）

横放另外一块巨石。组成石阵的，还有一条直径将近100米的环状沟。在距石阵入口处外侧约30米的地方，有一块被称为"席尔"的石头单独立在地上。如果从环状沟向这块石头望去，其位置刚好是"夏至"这一天太阳的升起之处。

特里波利耶文化的氏族村落（Tripolye Culture）

位于乌克兰基辅附近的科洛米西纳，住宅围成两个同心圆，外圆直径约170米，每所住宅各长约30米，面积约150平方米，可住20～30个氏族成员；内圆直径小得多，每所住宅只有12～30平方米。

➢ 相关链接

巨石阵参观提示

门票	票价包括巨石阵门票与车票。成人16英镑；5～15岁8英镑；16～22岁及60岁以上13英镑。单门票5.5英镑
开放时间	一般夏季10：00～19：00。每月各不同
到达方式	双层开顶观光巴士，距索尔兹伯里约半小时车程
网址	www.english-heritage.org.uk
娱乐	每年仲夏都要在巨石阵举办一个免费艺术节。人们常说索尔兹伯里每英里的酒吧数全国最高。索尔兹伯里有自己的Bishops Tipple啤酒，这是一种强劲的苦啤酒。此外，教堂里还会举办一些传统的合唱活动
管理处电话	01722 34 38 34

西方古代建筑

吉萨金字塔群

　　人类大规模的建筑活动是从奴隶制社会建立之后开始的。在奴隶制时代，埃及、叙利亚、巴比伦、波斯、希腊和罗马的建筑成就比较高，对后世影响比较大。埃及和波斯的建筑传统因历史的变迁而中辍。希腊和罗马的建筑，2000多年来，虽然有中世纪的曲折，基本上在欧洲一脉相承。欧洲人习惯于把希腊、罗马文化称为古典文化，把它们的建筑称为古典建筑。

第一章
古埃及建筑

➤ 关键要点

玛斯塔巴（Mastaba）

一种用泥砖建成的长方形建筑，最初的法老陵墓，也是金字塔的原形。

金字塔（Pyramids）

金字塔是古埃及法老的陵墓，是皇权的象征。经历了玛斯塔巴、多层阶梯式、方锥式三个发展阶段，在人类建筑史上占据着独特的地位。

神庙（Temple）

神庙是古埃及人参拜神灵的主要场所，所有的建筑物都坐落在一条中轴线上，在此中轴线上依次排列着牌楼门、露天庭院、列柱大厅和神殿。围墙高而厚，庙前常有方尖碑，两旁排着斯芬克斯的神道。

方尖碑（Obelisk）

方尖碑是埃及帝国权威的强有力的象征，通常成对地竖立在神庙塔门前的两旁。外形呈尖顶方柱状，由下而上逐渐缩小，顶端形似金字塔。

➤ 知识背景

古埃及（图1-1-1）是人类最早进入文明的地区之一，创造了光辉灿烂的古代文明，它不仅在当时对周边各民族和国家产生过影响，而且对后世的发展也起过重要作用。

自然地理

古埃及位于非洲东北部，尼罗河两岸，气候炎热少雨，北部地区是沙漠，南部地区是陡峭的山岩，木材奇缺。埃及的领土包括上下埃及两部分。上埃及是尼罗河中游峡谷，下埃及是河口三角洲。

宗教

早期为原始拜物教——崇拜高山、大漠、长河，尤其是孕育埃及文明的尼罗河；后为多神教——阿蒙（太阳神）、奥西里斯（农业神）、阿努比斯（死神）等。

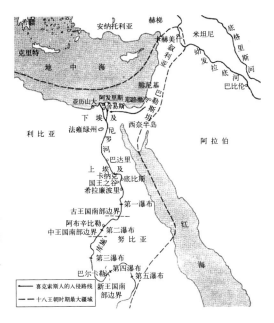

图 1-1-1　古埃及

文学

文学作品形式多样，内容丰富多彩。可参考作品《死者之书》《阿吞颂诗》、《打谷歌》《船舶遇难记》等。

文字

公元前 3100 年～公元 4 世纪主要使用象形文字，此外还有源于象形文字的另两种文字——僧侣文字和世俗文字。

科学

埃及人很早就积累了许多天文学、数学、医学、物理和化学等方面的科学知识。制定了世界上第一部太阳历；埃及在几何学和医学方面也获得相当高的成就。

艺术

古埃及的雕刻与绘画艺术成熟多样。以农牧、狩猎、手工作坊和集市贸易为题材生动反映了社会生产和生活各方面。

历史阶段

古王国时期（公元前 31 ～前 22 世纪），主要建筑为举世闻名的金字塔。中王国时期（公元前 22 世纪中叶～前 18 世纪），建筑以石窟陵墓为代表。之后有百余年遭利比亚和亚述人的入侵，古埃及文明一度中辍。新王国时期（公元前 16 ～前 11 世纪），这是古埃及的鼎盛时期，适应专制统治的宗教以阿蒙神（太阳神）为主神，法老被认为是阿蒙的化身，神庙取代陵墓，成为这一时期最重要的建筑。其后，古埃及遭马其顿人入侵，之后更被并入古罗马帝国，古埃及文化至此断裂。

社会制度

奴隶主中央集权专制制度。神化的皇帝——法老（Pharaoh）掌握神权，是最高统治者，也是最大的祭司。社会阶层依次是：法老—僧侣—军官—农民—奴隶。

➤ 建筑解析

古埃及人相信灵魂不灭，保住尸体能复活永生，因此统治者都重视陵墓建设。其建筑可以用两句话概括：石头的史书，死人的建筑。

主要材料与结构

材料：棕榈木、芦苇、纸草、黏土、土坯、原始砖、石材。

结构：梁、柱、承重墙相结合。

柱式：四大柱式——莲花束茎式（图1-1-2a）、莲花盛放式、纸草束茎式（图1-1-2b）、纸草盛放式（图1-1-2c）。

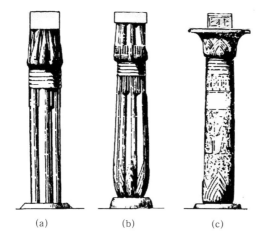

(a)　　　　(b)　　　　(c)

图 1-1-2　柱式
（a）莲花束茎式；
（b）纸草束茎式；
（c）纸草盛放式

古王国时期——金字塔的演变
形成期

平台式阶段。最初的法老陵墓叫玛斯塔巴（Mastaba），图1-1-3为玛斯塔巴剖切图，其地面上是一个略有收分的长方形台子，是对法老的平台形住房的模仿。

发展期

多层台阶型阶段。以萨卡拉的昭赛尔（Zoser）金字塔（图1-1-4）为代表。该塔建于第三王朝时期（公元前2780～前2180年）。是第一座石头金字塔。该塔呈6层阶梯状，塔底边东西125米、南北109米、高约60米，周围有庙宇。

扩展阅读：达舒金字塔（折形金字塔）。

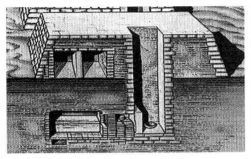

图 1-1-3 玛斯塔巴
剖切图（左）
图 1-1-4 昭赛尔金
字塔（右）

成熟期

方锥型阶段。最成熟的代表是吉萨金字塔群（Giza，见图 1-1-5），由库富（Khufu，图 1-1-5a）、哈弗拉（Khafra，图 1-1-5b）、门卡乌拉（Menkaura，图 1-1-5c）三座金字塔及狮身人面像（图 1-1-5d）组成。还有皇后墓（图 1-1-5e），建造者的陵墓（图 1-1-5f），上庙（图 1-1-5h），下庙（图 1-1-5i），连接上下庙的甬道（图 1-1-5g）等。

三座大金字塔都用淡黄色石灰石砌筑，外贴一层磨光的白色石灰石。塔身是精确的正方锥体，高大、厚重、简洁，气势宏伟。彼此的平面位置沿对角线相接。图 1-1-6 为金字塔群复原想象图，图 1-1-7 为实景图。

小贴士：

金字塔为什么要建成"金"字形呢？这出于灵魂复活和永生的需要。金字塔外观呈四棱锥体，底面为正方形，四个侧面为等腰三角形，四条棱象着从太阳射向地面的光线。采用这种形状意味着法老死后要享受太阳神"拉"永恒的保护，享受死后永久的再生。尖尖的方锥体就像一条通天的阶梯。

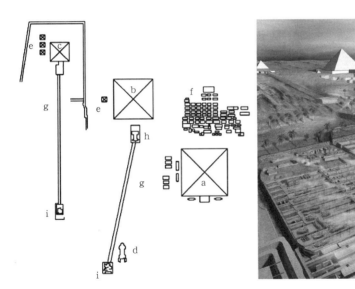

图 1-1-5 古萨金字
塔群（左）
图 1-1-6 金字塔群
复原想象图（右）

图 1-1-7 吉萨金字
塔群实景图——从右
到左依次为：库富、
哈弗拉、门卡乌拉

库富金字塔（Khufu）高 146.4 米，底边长 230.4 米，塔身斜度为 51 度 52 分，由北侧离地面 14.5 米处的入口经长甬道可达上、中、下三个墓室。哈弗拉（Khafra）底边长 215.3 米，高 143.5 米；门卡乌拉（Menkaura）底边长 108 米，高 66.4 米。狮身人面像（图 1-1-5d）高 20 米，长约 73.2 米，是由法老哈弗拉建造。

金字塔演变的特点

形制：平台式（形成期）—多层台阶式（发展期）—方锥型（成熟期）。

材料：土坯—砖—石材，更适应纪念性建筑永恒要求。

功能：由实用型的平台式向纪念性的方锥式发展。

构图：由平缓式向集中式发展，更适合纪念性建筑。

装饰：仿木柱和芦苇束装饰（形成期）—石材的简洁（发展期、成熟期）。

祭祀：由墓前转向金字塔前，位置重要性相对下降，突出纪念意义。

中王国时期——石窟陵墓

　　中王国时期（约公元前 22 世纪中叶～前 16 世纪）建筑以石窟陵墓为代表。法老陵墓多为在山岩上开凿的石窟，利用原始的岩石崇拜来神化君主。祭祀厅堂成为建筑的主体，布置在悬崖前，在严整的中轴线上按纵深序列布局，大厅采用梁柱结构（建筑结构的进步），加强了内部空间的作用，最后一进是凿在悬崖里的圣堂。巧妙的布局让悬崖成为了陵墓外部形象的一部分。

曼都赫特普三世墓（Mausoleum of Mentu-Hotep III）

　　公元前 2000 年前后建于代尔·埃尔-巴哈利（图 1-1-8）。进入墓区大门，经过一条长约 1200 米、两侧立有狮身人面像的石板路，到达大广场。沿坡道登上平台，台中央有小金字塔，台座三面有柱廊。后面为一四周环绕柱廊的院落，向内进入有 80 根柱子的大厅，再进入凿在山岩里的小神堂。陵墓与壁立的山崖对比强烈，互相映衬，构成雄伟壮丽的统一整体。

哈特什帕苏墓（Hatshepsut）

　　新王国时期，在曼都赫特普三世墓的北边造了女皇哈特什帕苏墓（图 1-1-9）。与曼都赫特普三世墓相比，建筑正面更开阔，和悬崖的结合更紧密，轴线也更长，并且多了一层前沿有柱廊的平台。柱廊比例和谐，方形柱子的柱

图 1-1-8　曼都赫特普三世墓（左）
图 1-1-9　哈特什帕苏墓（右）

高在柱宽的 5 倍以上，柱间净空将近柱宽的 2 倍。它彻底地淘汰了金字塔造型，陵墓的轴线纵深布局更加统一，新的艺术构思完整了。

扩展阅读：阿布辛贝勒（Abu Simbel）。

石窟陵墓特点

形制：底比斯地区峡谷窄狭、多悬崖，地理条件决定了建筑形式为崖墓（石窟墓）。

结构：用梁柱结构建造了比较宽敞的内部空间（祭祀厅堂），使之更适于纪念性的艺术要求。

空间：强调轴线，按序列布局，渲染了气氛，适合纪念性建筑的要求。

装饰：雕刻技术高超，强调内部空间。

祭祀：复杂的宗教已大体形成，皇帝崇拜已经渐渐摆脱了原始拜物教。

新王国时期——太阳神庙

太阳神庙又名阿蒙（Amon）神庙，新王国时期形成了适应专制制度的宗教，太阳神庙代替陵墓成为主要建筑类型，是皇帝崇拜的纪念性建筑物。

卡纳克神庙（Karnak Temple）

卡纳克神庙（图 1-1-10、图 1-1-11）是从公元前 21 世纪到公元前 4 世纪陆续建造起来的。总长 366 米，宽 110 米。共有十座门楼、三座大殿，全部用巨石修建，规模宏大。沿着纵深轴线依次排列着高大的门→围柱式院落→层层叠叠的大殿（大殿里有许多粗壮的石柱）→僧侣用房、庙前有两旁排列着斯芬克斯（羊首狮身像）的神道，和象征太阳神的方尖碑（图 1-1-12），神殿内部石柱粗大密集，空间逐层缩小，光线昏暗气氛神秘。庙门高达 38 米；主殿雄伟凝重，有 16 行共 134 根巨石圆柱，其中最高的 12 根，每根高在 20 米以上，柱顶可站百人，柱上残留有描述太阳神故事的彩绘。

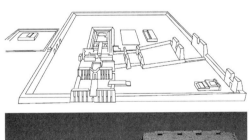

图 1-1-10　卡纳克神庙（一）（左上）
图 1-1-11　卡纳克神庙（二）（左下）
图 1-1-12　方尖碑（右）

鲁克索神庙（Luxor Temple）

距卡纳克神庙不到 1 公里，建于公元前 16 世纪到公元前 4 世纪（图 1-1-13）。总长约 260 米。大门宽 65 米，高 24 米。神庙包括庭院、大厅和侧厅。庭院三面有双排纸草捆扎状的石柱，柱顶呈伞形花序状，十分优美。

神庙艺术重点

大门（图 1-1-14）：外部的、实体的，富丽堂皇，戏剧性，喧闹热烈。牌楼门及其门前的神道和广场，是群众性宗教仪式举行处，力求富丽堂皇而隆重；门的样式是高大的梯形，门前有一两对皇帝的圆雕坐像和方尖碑。尺度宏大给人以压抑感，它们之间形成强烈的对比，形成丰富的构图。大门上满布彩色的浮雕、圆雕。

大殿（图 1-1-15）：是少数人膜拜皇帝之所，力求幽暗而威严以适应仪典的神秘性。大殿里布满了粗壮高大的柱子，中间两排柱子人为地加高形成高侧窗，光线散落在地面上、柱子上，形成了法老所需要的"王权神化"的神秘压抑的气氛。大殿里的浮雕、圆雕以及顶棚的夜空处理，用以增添恩主的威仪感。

太阳神庙特点

形制：按轴线排列从大门—院落—大殿—密室，层层递进，空间逐层缩小，门前一对方尖碑，两侧排列圣羊像或狮身人面像。

结构：用梁柱结构建造了比较宽敞的内部空间（祭祀厅堂），使之更适于纪念性的艺术要求。

空间：建筑艺术从外部形象转到内部空间，由纪念性转到了压抑感。

装饰：大量使用彩色浮雕、圆雕，彩旗与金箔装饰。

祭祀：皇帝崇拜与太阳神崇拜相结合。祀庙摆脱传统，彻底独立。

古埃及建筑的成就和艺术特点

1. 规模尺度宏大。
2. 形体简单、稳定，多为几何体。如：金字塔、神庙的大门。

图 1-1-13　鲁克索神庙

图 1-1-14　神庙大门

图 1-1-15　神庙大殿

3.轴线明确对称，按纵深序列布局。

4.利用纵深构图渲染气氛。

5.气势宏伟、严肃、永恒，兼有压抑神秘。

6.利用大自然来加强建筑的艺术表现力，如大漠中的金字塔、峡谷中的崖墓。

➤ 相关链接

埃及（全称阿拉伯埃及共和国）是世界四大文明古国之一，历史悠久，文化古老，名胜古迹众多。埃及，阿拉伯语意为辽阔的国家。素有"金字塔之国"、"尼罗河的礼物"、"棉花之国"、"长绒棉之国"、"世界名胜古迹博物馆"的美称。

首都	开罗（Cairo）
宗教	伊斯兰教为国教，信徒主要是逊尼派，占总人口的84%。 科普特基督徒和其他信徒约占16%
货币	埃及镑（Le）1美元=约5.5～5.8埃镑，1欧元=约8.5埃镑
语言	官方语言为阿拉伯语，中上层通用英语，法语次之
时差	比北京时间晚6小时
区号	0020
面积	100.145万平方公里
国庆日	7月23日（1952年）
位置	跨亚、非两洲，大部分位于非洲东北部，一小部分领土（苏伊士运河以东的西奈半岛）位于亚洲西南部。西与利比亚为邻，南与苏丹交界，东临红海并与巴勒斯坦、以色列接壤，北临地中海
人口	6921.3万，其中绝大多数生活在河谷和三角洲
区划	全国划分为26个省，省下设县、市、区和村
主要景点	埃及博物馆、摩西·阿布·阿巴斯清真寺、海滨大道、阿拉曼公墓、苏伊士运河、红海潜水、帝王谷
航空	中国国际航空公司和埃及航空公司从北京直飞开罗；也可以从中国香港乘坐阿联酋航空公司、海湾航空公司的飞机前往开罗
气候	由于沙漠的原因，埃及的平均气温很低，开罗1月平均气温14℃，要特别注意早晚的温差相当大
衣着	冬季毛纺衣服，夏季薄棉布衣服，衣服尽量穿浅颜色，以反射阳光，而且洗后容易干。带旅游鞋，最好穿过膝长裤，不要穿短裤、短裙。衬衫要遮住肩膀和上臂
行车	租车费用不高，注意加满油箱，仔细检查车辆。出租车司机在开罗一般要收外国人10埃及镑，实际在开罗和亚历山大5埃及镑就足够了
购物	阿拉伯市场，主要纪念品为埃及纸草画、铜盘。在大商场是固定价格，但在市场里就要认真砍价，一般是先砍一半
节日	最重要的斋月期间工作时间缩短，活动也减少。在斋月里，穆斯林在白天不得吃喝、吸烟
小费	所有服务都要付小费，以服务为交换，在未完成前不要支付
娱乐	开罗的娱乐场所几乎都在大饭店里。在开罗国际大饭店你可以看到第一流的埃及肚皮舞表演

第二章
古希腊建筑

➤ 关键要点

柱式（Order）

石造的大型庙宇的典型形制是围廊式，因此，柱子、额枋和檐部的艺术处理基本上决定了庙宇的面貌。公元前6世纪，它们已经相当稳定，有了成套的做法，这套做法以后被罗马人称为"柱式（Order）"。

叠柱式（Superimposed Order）

古希腊的市场中，有许多两层高的长廊，需采用叠柱式，即下层用多立克式，上层用爱奥尼式。上层柱子的底径等于或小于下层柱子的上径，上下两层柱式都是完整的，不因重叠而省略。

➤ 知识背景

古希腊是欧洲文化的发源地，古希腊建筑也是欧洲建筑的摇篮。

自然地理

古希腊范围包括巴尔干半岛南部、爱琴海诸岛屿、小亚细亚西海岸，以及东至黑海，西至西西里的广大地区的上百个城邦组成的地区，统称为希腊。

历史

爱琴文明时期：公元前20世纪~前12世纪，包括克里特与迈锡尼文明，位于南希腊与爱琴海岛屿上；

荷马文化时期：公元前 12 世纪～前 8 世纪，其建筑今已无存；

古风文化时期：公元前 8 世纪～前 6 世纪，希腊奴隶制城邦形成，典型代表：雅典、斯巴达，纪念性建筑形成；

古典文化时期：公元前 5 世纪，希波战争时期，纪念性建筑成熟，古希腊本土建筑繁荣昌盛期；

希腊化时期：公元前 4 世纪～前 1 世纪，马其顿帝国形成期，希腊文化传播到西亚、北非，并同当地传统相结合。

宗教神话与节日

最大特色是"神人同形同性说"的多神教，神是人的典型和提高。氏族前期为祖先崇拜；希腊后期为守护神崇拜，如宙斯、雅典娜、阿波罗等；公共节日很多，尤其是宗教节日的重要性甚至反映到了历法中。

科学

毕达哥拉斯定理——勾股定理（公元前 580～前 500 年）数为万物的本质；亚里士多德——"美由度量和秩序组成"。

文学、艺术

古希腊人精神生活异常丰富：演讲、诗歌、史学、艺术……表现理想化的人的形象，发展完美自由的人格。代表作品有：《荷马史诗》、《伯罗奔尼撒战争史》、《被缚的普罗米修斯》、《鸟》、雕像"掷铁饼者"等。

竞技

古代奥林匹克运动会始于公元前 776 年，据说是由希腊神话中的大力神海格利斯为纪念宙斯而创办。

哲学

哲学得到很大的发展。代表学派有：米利都学派、毕德格拉斯学派与爱利亚学派。代表人物有：德谟克利特、苏格拉底、柏拉图、亚里士多德。

社会制度

奴隶制城邦国家。古希腊各城邦虽政体不同，但都不同程度地实行公民政治，是一种直接民主形式。为后世提供了宝贵的经验。

➤ 建筑解析

古希腊建筑的结构属梁柱体系，早期主要建筑都用石料。限于材料性能，石梁跨度一般是 4～5 米，最大不过 7～8 米。石柱以鼓状砌块垒叠而成，砌块之间有榫卯或金属销子连接。墙体也用石砌块垒成，砌块平整精细，砌缝严密，均不用胶结材料。后世许多流派的建筑师，都从古希腊建筑中得到借鉴。

爱琴文明

爱琴文化出现于公元前第 3 千纪，范围及于爱琴海各岛屿、希腊半岛和小亚细亚沿岸地区，以克里特岛和希腊半岛上的迈锡尼为中心，又称克里特－迈锡尼文化，公元前 12 世纪以后湮没。其建筑布局、石砌技术、柱式和壁画、金属构件等都有很高水平。爱琴文化的建筑对古希腊建筑颇有影响。

米诺斯王宫

王宫（图 1-2-1）依山修建，规模宏大，内部空间高低错落，楼梯走道曲折回环，在希腊神话中被称为"迷宫"。其中正殿、王后寝室、浴室、露天剧场、库房等都布置在一个南北长 51.8 米，东西宽 27.4 米的中央大院周围。

狮子门

卫城是迈锡尼建筑最突出的成就之一。迈锡尼的卫城建于群山环绕的高岗上，现在只留下卫城的主要入口——狮子门（图 1-2-2）。建于公元前 1350～前 1300 年。门宽 3.5 米，门上过梁是块 20 吨重巨石，在巨石的门楣上有一个三角形的叠涩券，中间镶着一块三角形的石板，上面刻着一对雄狮护柱的浮雕。

图 1-2-1 米诺斯王宫
（左）
图 1-2-2 狮子门（右）

古风时期

公元前 8～前 6 世纪，希腊建筑逐步形成相对稳定的形式。古典柱式（Classical Architectural Order）包括柱、柱上檐部和柱下基座。成熟的柱式从整体构图到线脚、凹槽、雕饰等细节处理都基本定型，各部分的比例也大致稳定，特点鲜明，决定着建筑物风格。柱式形成于希腊，而在罗马得到发展。

希腊柱式

多立克（Doric）柱式（图1-2-3a）：产生于意大利、西西里一带的斯巴达，后在希腊各地庙宇中使用。其特点是比例较粗壮，由下而上逐渐缩小，细长比1：4～1：6，柱头为简洁的倒圆锥台，柱身有尖棱角的凹槽，柱身收分、卷杀较明显，没有柱础，直接立在台基上，柱开间为1.2～1.5倍的柱底径，檐部厚重，檐部高度的比例为1：4，线脚较少，多为直面。总体上力求刚劲、质朴有力、和谐，具有男性体态与性格。

爱奥尼（Ionic）柱式（图1-2-3b）：产生于小亚细亚地区的雅典，特点是其比例较细长、开间较宽，细长比1：7～1：10，檐部高度与柱高的比例为1：5，柱开间约为2倍的柱底径，柱头有精巧的圆形涡卷、柱身带有小圆面的凹槽，柱础较复杂、富有弹性，有多层的柱础，柱身收分不明显，檐部较薄，使用多种复合线脚。总体上风格秀美、华丽，具有女性的体态与性格。

晚期成熟的科林斯（Corinthian）柱式（图1-2-3c）：更富有装饰性，柱头由忍冬草叶和爱奥尼柱式的涡卷组成，宛如一个花篮，其柱身、柱础及整体比例与爱奥尼柱式相似。细长比1：10～1：12。

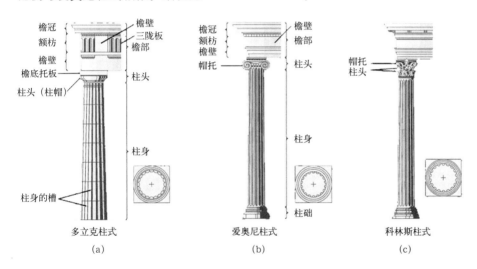

图1-2-3 希腊柱式

古典时期

公元前5～前4世纪，是古希腊繁荣兴盛时期，创造了很多建筑珍品，主要建筑类型有卫城、神庙、露天剧场、柱廊、广场等。不仅在一组建筑群中同时存在上述两种柱式的建筑物，就是在同一单体建筑中也往往运用两种柱式。

雅典卫城（Acropolis，Athens）

雅典是古希腊的政治文化中心，卫城（图1-2-4）是祀奉雅典守护神雅典娜的地方。建于公元前5世纪，位于雅典城中心偏南的一座小山顶的台地上，高出平地约70～80米。台地西低东高，东西长约280米，南北宽约130米。每四年一次的大泛雅典娜节，是全希腊的节庆。祭祀队伍从山下的西北方出发，绕过卫城的北、东、南三面，然后从西面登上卫城。

卫城主要建筑——卫城山门（The Propylaea）

建于公元前437～前432年，正面向西，前后柱廊各有6根多立克柱（图1-2-5），左右两翼不对称。门前的空间三面围合，迎接祭祀队伍。山门（图1-2-6）为5开间，当中一间较宽，成为构图中心。各开间有隔墙分开，当中一间两侧各有3根爱奥尼柱，形成内柱廊；两侧的次间和梢间则是踏步。

卫城主要建筑——帕提农神庙（Parthenon）

帕提农神庙（图1-2-7）是古代希腊雅典卫城中祀奉雅典守护神雅典娜的神庙，建于公元前447～前432年，是希腊本土最大的多立克式神庙。帕提农神庙在卫城最高处，是卫城唯一的围廊式建筑，神庙东西两端各有多立克式柱8根，两侧各有柱17根，立在三级台基上。神庙西部即帕提农，意为圣女宫，比主殿小，内有4根爱奥尼式柱支承屋顶。

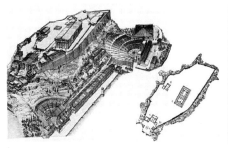

图1-2-4 卫城（左）
图1-2-5 山门复原图（右）

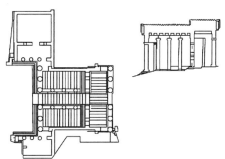

图1-2-6 山门平面图（左）
图1-2-7 帕提农神庙（右）

卫城主要建筑——胜利神庙（Temple of Nike）

建于公元前449～前421年，用爱奥尼柱式（图1-2-8），台基长8.15米，宽5.38米，前后柱廊雕饰精美。为了把最美的透视角度展现出来，神庙的轴线不求与卫城台阶的方向相平行，而与山门呼应，形成均衡构图。

扩展阅读：伊瑞克提翁庙、雅典娜雕像、帕提农神庙的视错觉。

雅典卫城建筑特点

1. 利用地形高低错落，顺应自然环境灵活布局；

2. 照顾各个角度，采用周边式布局，考虑每个角度的画面效果；

3. 按朝圣祭祀路线组织空间；

4. 建筑与雕刻交替成为构图中心；

5. 多立克与爱奥尼两种柱式混用；

6. 单体建筑形体简单，群体丰富。内部空间小、简单，外部空间大、复杂；

7. 主次分明，对比和谐；

8. 步移景异——建筑设计的时空观。

埃比道拉斯剧场（The Theatre of Epidaurus）

埃比道拉斯剧场（图1-2-9）建于公元前350年，是希腊古典晚期建筑中最著名的露天剧场之一。其中心是圆形表演区——歌坛，直径约20.4米。歌坛前面是扇形看台，直径约为118米，有34排座位，后面是后台。整个剧场气魄宏大，舒展开阔，具有人类早期特有的大度和气势。

图1-2-8 胜利神庙复原图（左）
图1-2-9 埃比道拉斯剧场（右）

希腊化时期

公元前4世纪后期到公元前1世纪，是古希腊历史的后期，马其顿王亚历山大把希腊文化传播到西亚和北非，称为希腊化时期。希腊建筑风格多地原有建筑风格相融合，形成了不同的地方特点。希腊晚期出现集中式纪念性建筑物，出现了集中式向上发展的多层构图新手法。

奖杯亭（Choragic Monument of Lysicrates）

建于公元前334年，是为著名剧场音乐家列雪格拉底获得音乐伴奏最佳奖而建。圆形的亭子高3.86m，立在4.77m高的方形基座上。圆锥形顶子之上是卷草组成的架子，用于放置音乐赛会的奖杯。实心亭子的四周为6根科林斯式的倚柱（图1-2-10）。基座和亭子各有完整的台基和檐部，构图独立，协调统一。

城市与广场

古希腊早期的城市，是在卫城周围形成的。一些商业发达的城市如科林斯等，把广场置于城市中心，卫城在城市的一侧。公元前5世纪，古希腊的很多城市，广场是城市中的活动中心，又是露天市场和会场，附近有神庙、商店、

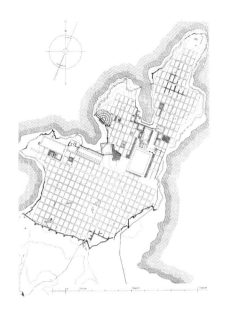

图 1-2-10 奖杯亭
（左）
图 1-2-11 米利都城
（右）

会议厅、学校、露天剧场、运动场、敞廊等。敞廊可供休息、避雨、贸易和集会，同时也把一些单体建筑联系起来。古代希腊的广场，一般不追求轴线对称，其形状是不规则的，但却较实用。代表作品有阿索斯中心广场、米利都城（图1-2-11）等。

古希腊的建筑成就

古希腊建筑风格特征为庄重、典雅、精致、有性格、有活力。"表现明朗和愉快的情绪……如灿烂的、阳光照耀的白昼，……"。

1. 创造了影响深远的希腊柱式；

2. 视觉矫正行为：

（1）水平线向上凸起——台基，长边向上凸起 11cm，短边向上凸起 4cm；

（2）柱子有侧脚——角柱向对角线外倾 10cm，感觉稳定；

（3）尽间的开间较中间的稍小；

（4）角柱加粗，正常底径 1.905m，角柱 1.944m；

（5）柱子有收分卷杀，像有生命力的、活的肌体，既有弹性又硬朗。

3. 单体建筑形体简单，多朝东；

4. 墙体是大块石磨平干砌，不用砂浆——施工技术较先进；

5. 装饰线脚，细致入微；

6. 内部空间不发达，重实体，轻空间；

7. 把建筑当作雕塑来处理；

8. 石构梁柱建筑的高度成熟（施工、构图、细部等）；

9. 对美的追求讲求理性，体现人文主义；

10. 拱券已发明了但应用不多，希腊人创造了拱券，罗马人使用了拱券。

➤ 相关链接

希腊共和国（The Hellenic Republic，The Republic of Greece）是西方文明的发祥地，创造过灿烂的文化，在音乐、数学、哲学、文学、建筑、雕刻等方面都曾取得过巨大成就。

首都	雅典（Athens）
宗教	东正教
货币	欧元。可以在飞机场、银行、兑换所、部分邮局以及宾馆进行兑换
语言	官方语言为希腊语
时差	比北京时间晚6小时
区号	0020
面积	131957平方公里
国庆日	3月25日（1821年）
位置	位于巴尔干半岛最南端。北部与保加利亚、马其顿、阿尔巴尼亚接壤，西南濒爱奥尼亚海，东临爱琴海，南隔地中海与非洲大陆相望。境内多山，沿海有平原。品都斯山脉纵贯西部，中部为色萨利盆地
人口	1090万（2001年）。大多数为希腊人
区划	全国分为13个大区、52个州和359个市镇
主要景点	雅典运动场、无名英雄墓、马拉松（Marathon）土堆墓园、国家考古博物馆
航空	搭乘泰国航空公司、法国航空公司等飞机经转机抵达希腊
气候	地中海型气候。夏季干燥而炎热，冬季潮湿而温和；最热为7月——平均每日最高33℃，最低26℃；最冷为1月——平均每日最高13℃，最低6℃
衣着	冬季着厚大衣，夏季干热，衣着以舒适凉爽为主，春、秋则须穿着毛衣
国歌与国花	《自由颂》；橄榄
购物	雅典普拉卡旧城区有一条吉达斯内昂街，是工艺品店聚集区，值得挑选几件来收藏，在这里也有许多小吃店，适合边吃边逛。另外，希腊的珠宝首饰也值得推荐，设计独具风格，具有强烈的希腊古典主义韵味
节日	国庆节：3月25日；抗击意大利入侵纪念日：10月28日；复活节：3、4、5月不定；圣母节：8月15日；圣诞节：12月25日
小费	一般宾馆的结账单上都算上了服务费，每个搬运工人和房屋清洁人员1欧元左右。餐厅和酒吧要付5%～10%左右的小费。计程车一般不需要。如果是住船上的旅行，则在最后集中支付1天10欧元左右的小费
风俗习惯	主人请客人选择喝浓厚的希腊咖啡或希腊烈酒时如果贸然拒绝，会被对方视为羞辱。每年圣诞节前后两周、希腊正教复活节前后一周及每年的7、8月因系度假节，均不宜进行商务拜访

第三章
古罗马建筑

➤ 关键要点

券柱式（Arched Order）

古罗马时期为了解决柱式和拱券结构的矛盾，产生了券柱式。就是在墙上或墩子上贴装饰性的柱式，把券洞套在柱式的开间里。券脚和券面都用柱式的线脚装饰，柱子和檐部等保持原有比例，但开间放大。柱子凸出于墙面约 3/4 个柱径。

罗马叠柱式（Rome Superimposed Order）

为了解决柱式和多层建筑物的矛盾，把希腊晚期的叠柱式向前完善一步：底层用塔斯干柱式或新的罗马式多立克柱式，二层用爱奥尼柱式，三层用科林斯柱式，如果还有第四层，则用科林斯的壁柱；新的法则中上层柱子的轴线比下层的略向后退，显得稳定。

巨柱式（Huge Order）

为了立面尺度需要而使一根柱子穿过几层楼的做法。

塔斯干柱式（Toscan Order）

类似古罗马的多立克柱式，但是柱身没有凹槽。

复合柱式（Composite Order）

为了解决柱头与大体量建筑相结合的矛盾，古罗马时期在科林斯柱式上再加一对爱奥尼式的涡卷形成的柱式。

肋架拱（Ribbed Arch）

古罗马 4 世纪后，肋架拱的基本原理是把拱顶区分为承重部分和围护部分，从而大大减轻拱顶，并且把荷载集中到券上以摆脱承重墙。这种结构方法也能节约模架。

十字拱（Cross Vault）

公元 1 世纪开始使用的一种拱券形式，即相交的筒形拱。它覆盖在方形的空间上，只需要四角有柱子，而不必要连续的承重墙，建筑内部空间得到解放；而且便于开侧窗，大有利于大型建筑物的采光。它是拱券技术的极有意义的重大进步。

➤ 知识背景

古罗马历经千余年，孕育了辉煌灿烂的古代文化，为丰富世界文化宝库作出了卓越的贡献。然而，罗马文化并不是罗马人单独创造的文化，而是在外来文化（希腊、伊特鲁里亚等）影响下罗马国家各民族共同智慧的结晶。

地理

古罗马国家建立在意大利半岛上，原是半岛西部台伯河东岸的一个小城邦。于 1 世纪前后扩张成为横跨欧洲、亚洲、非洲的庞大罗马帝国。西起西班牙、不列颠，东到幼发拉底河，南有埃及、迦太基，北达莱茵河……

历史

罗马城历史悠久，有近 3000 年的历史，于公元前 753 年 4 月 21 日建立。公元前 8 ～ 前 6 世纪，王政时代（由七个部落联盟首领统治）七丘之城；公元前 6 ～ 1 世纪罗马共和国——奴隶主贵族专政制元老院（贵族）掌权，自由民的共和政体；公元前 9 ～ 公元 4 世纪罗马帝国——元首制，奥古斯都称帝，军事强权专政；公元 1 ～ 3 世纪是罗马帝国最强大时期，也是建筑最繁荣时期；公元 4 世纪罗马分裂，西罗马在公元 5 世纪灭亡；东罗马——拜占庭帝国。

文学

史诗与戏剧广为流传，其中喜剧最受欢迎。有喜剧《婆母》、散文体史书《创世记》等。

艺术

古罗马雕塑艺术令人瞩目。代表作品有《布鲁斯特》、《奥古斯都全身像》等。绘画艺术稍逊，最著名的是庞贝城壁画。马赛克作为装饰大量运用。

文字

罗马人借用希腊字母创造了拉丁文字，现在宗教、法律、医学领域仍然使用。

科学

农业科学发达，出现农学专著《农业论》；天文学方面天文学家托勒密著有《天文学大全》；医学方面建立了医校，名医盖伦著有《解剖过程》等；罗马军事技术、地理测绘、工程技术方面在当时处于领先地位。

宗教

原始宗教是多神教，保存着万物有灵的原始信仰。罗马人信奉的神多模仿希腊。公元1世纪产生基督教，公元4世纪将其定为罗马帝国国教。

法律

罗马建国后至帝国灭亡的所有法律称罗马法系，代表是《十二铜表法》。

➢ 建筑解析

古罗马人沿袭亚平宁半岛上伊特鲁里亚人的建筑技术（主要是拱券技术），继承古希腊建筑成就，在建筑形制、技术和艺术方面广泛创新。古罗马建筑在公元1～3世纪为极盛时期，达到西方古代建筑的高峰。

建筑技术

古罗马建筑能满足各种复杂的功能要求，主要依靠水平很高的拱券结构，获得宽阔的内部空间。公元1世纪中叶，出现了十字拱，它覆盖方形的建筑空间，把拱顶的重量集中到四角的墩子上，无需连续的承重墙，空间因此更为开敞。把几个十字拱同筒形拱、穹窿组合起来，能够覆盖复杂的内部空间。约在公元前2世纪，混凝土成为独立的建筑材料，到公元前1世纪，几乎完全代替石材，用于建筑拱券，也用于筑墙。木结构技术也已有相当水平，能够区别桁架的拉杆和压杆。至迟在公元1世纪中叶，已经在窗上安装几十厘米见方透明度很高的平板玻璃。除了在首都罗马城集中了古罗马建筑的最高成就以外，帝国各地都有水平很高、规模很大的各类建筑物。

建筑实例
一、输水道

据估算，古罗马每天约需要18万立方米淡水，大部分供喷泉、水池、澡堂和厕所之用。罗马帝国至少有40个城市有这类供水系统，至今仍保存近200条输水渠遗迹。

戛合高架渠（Pont du Gard）

戛合高架渠（图1-3-1）是输水道中较为经典的代表，建于基督教时代初期。为了让长达50公里的输水渠跨越戛合（Gard）河修建，罗马建筑师和水利工程师一起建造了这座高达50米、分三层、总长度275米的桥梁。每层都是一个接一个的拱状桥洞。它们承载着深1.45米、宽1.22米的密封水道，水渠以砖、石砌成，内涂火山灰水泥以防渗漏。戛合高架渠是技术和艺术的综合体现。

二、纪念性建筑

凯旋门（Triumphal Arch）

古罗马凯旋门起源于罗马共和国后期，大量的建造是在罗马帝国时期，用于纪念出征胜利或表彰统帅功勋。常位于城市中心的交通要道上，一般在凯旋仪式前建成，由军队通过。

君士坦丁凯旋门（Costantino）

君士坦丁凯旋门（图1-3-2）是罗马城现存的三座凯旋门中年代最晚的一座。它是为庆祝君士坦丁大帝于公元312年彻底战胜他的强敌并统一帝国而建的。这是一座三个拱门的凯旋门，高21米，面阔25.7米，进深7.4米。凯旋门的里里外外充满了各种浮雕，尤其是它上面所保存的罗马帝国各个重要时期的雕刻，是一部生动的罗马雕刻史。

扩展相关内容：提图斯凯旋门、赛维路斯凯旋门。

小贴士：

据说君士坦丁凯旋门上方的浮雕板是当时从罗马其他建筑上直接取来的，主要内容为历代皇帝的生平业绩，如安东尼、哈德良等，下面则是君士坦丁大帝的战斗场景。

图1-3-1 戛合高架渠（左）
图1-3-2 君士坦丁凯旋门（右）

纪功柱（Column）

纪功柱是歌颂皇帝战功的纪念物。柱子是罗马多立克式的，多由大理石建成，一般有20～30米高，内部是中空的，可以由此上到柱顶。柱身上是叙述功绩和胜利的浮雕，柱顶上是被纪念的人的塑像。

图拉真纪功柱（Trajan's Column）

图拉真纪功柱（图1-3-3）建于公元106～113年，是为纪念图拉真皇帝征服达奇亚人而建。纪功柱全高35.3米，柱身由白色大理石砌筑而成，内部有 185 级盘梯可登上柱顶。环绕全柱的长条浮雕，刻画着图拉真两次东征的 150 个故事，共长 244 米，是古罗马的艺术珍品。

小贴士：

　　万神庙由哈德良皇帝于公元 125 年重建。到 3 世纪初，又由卢丘斯·塞蒂缪斯、塞韦鲁斯和卡拉卡拉两个皇帝改建。罗马皈依天主教后，万神庙曾一度被关闭。公元 608 年，教皇博理法乔四世将它改为"圣母与诸殉道者教堂"。到了近代，它又成为意大利名人灵堂，国家圣地。万神庙中还有著名的文艺三杰之一的拉斐尔的灵柩。

罗马万神庙（Pantheon，Rome）

　　古罗马城中心供奉众神的庙宇（图 1-3-4）。万神庙平面（图 1-3-5）为圆形，上覆穹顶。这个古代世界最大的穹顶直径 43.3 米，正中有直径 8.92 米的圆洞。基础底宽 7.30 米，墙和穹顶底部厚 6 米，穹顶顶部厚 1.50 米。穹顶内表面作凹格以减轻重量，共 5 排，每排 28 个。

　　万神庙内部空间完整紧凑。墙面和穹顶都以水平划分为主。墙面所有构件都用赭红大理石。万神庙正面有长方形柱廊，柱廊宽 34 米，深 15.5 米；16 根科林斯式柱，分三排，前排 8 根，中、后排各 4 根。柱身用整块埃及灰色花岗岩加工而成。柱头和柱础则是采用白色大理石。

图 1-3-3　图拉真纪功柱（左）

图 1-3-4　罗马万神庙（右）

 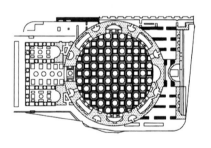

图 1-3-5　万神庙平面

三、竞技场
古罗马大斗兽场（Colosseum，Rome）

　　古罗马大斗兽场（图 1-3-6）大约建造于公元 70 年，是专供贵族观赏奴隶与野兽搏斗的。大斗兽场平面呈椭圆形，长轴 188 米，短轴 156 米。中间还有一个供角斗士和野兽搏斗的沙池（图 1-3-7）。斗兽场内共有座位 60 排，上下共分为 5 个区，可容纳 5 至 8 万人。大斗兽场全是用混凝土、石灰石、凝灰岩、浮石建造。罗马大斗兽场立面采用券柱式的叠柱式，从下向上依次为塔斯干柱式—罗马爱奥尼柱式—科林斯柱式—科林斯壁柱，宏伟完整。

图1-3-6 古罗马大斗兽场外观（左）

图1-3-7 古罗马大斗兽场内场（右）

四、公共浴场（Thermae）

浴场在古罗马并不单为沐浴之用，而是一种综合社交、文娱和健身等活动的场所。罗马共和时期，公共浴场主要包括热水厅、温水厅、冷水厅三部分，较大的浴场还有休息厅、娱乐厅和运动场。罗马帝国时期，大型的皇家浴场又增设图书馆、讲演厅和商店等。

浴场的主体建筑都很宏大。217年建成的卡拉卡拉浴场（Thermae of Caracalla，见图1-3-8）可容1600人；戴克利提乌姆浴场（Thermae of Diocletium，见图1-3-9）可容3000人。正中轴线上依次排列着露天的游泳池式的冷水浴池—温水浴大厅—圆形的热水浴大厅，服务区在地下。内部空间组织简洁多变，流转贯通，开创了内部空间序列的艺术手法。

浴场主要成就有：第一，结构出色；第二，功能完善；第三，内部空间组织得简洁而又多变，开创了内部空间序列的艺术手法。

图1-3-8 卡拉卡拉浴场复原图（左）

图1-3-9 戴克利提乌姆浴场复原图（右）

五、巴西利卡（Basilica）

巴西利卡，原意是"王者之厅"的意思。平面一般为长方形，两端或一端有半圆形龛。大厅通常被柱子纵分成三或五部分。当中的中厅宽而且高；两侧的侧廊部分狭而且低，且上面常设夹层；利用中厅和侧廊的高差在两侧开高窗。代表建筑：图拉真巴西利卡(Basilica of Trajan，见图1-3-10～图1-3-12)；君士坦丁巴西利卡（Basilica of Constantine，见图1-3-13）。

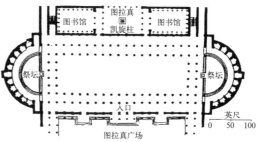

图 1-3-10 图拉真巴西利卡内景（左）
图 1-3-11 图拉真巴西利卡平面图（右）

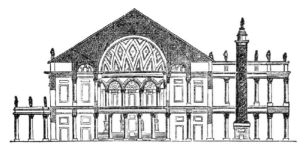

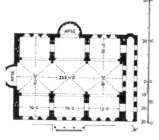

图 1-3-12 图拉真巴西利卡立面图（左）
图 1-3-13 君士坦丁巴西利卡平面图（右）

六、居住建筑

一类是四合院式或明厅式，内庭与围柱院组合式如庞贝城中的潘萨府邸（House of Pansa，见图 1-3-14、图 1-3-15），另一类是城市中的公寓式。

扩展阅读：维蒂府邸（House of Vettii）、银婚府邸（House of Silver Wedding）。

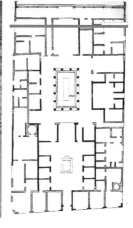

图 1-3-14 潘萨府邸（左）
图 1-3-15 潘萨府邸平面图（右）

七、宫殿

代表作品：戴克利提乌姆宫（Palace Diocletium，见图 1-3-16），4 世纪初，皇帝戴克利乌姆建造的一所离宫，东西大约 174m，南北大约 213m，四面有高墙和碉楼，敞廊使用了连续券廊，十字形的道路把它分成四部分——陵墓、庙宇、寝宫、朝政机构。

扩展阅读：罗马的哈德良皇宫（Palace Hadrian）。

城市广场（Forum）

共和时期的广场是城市的社会、政治、经济活动中心，周围的公共建筑、庙宇等为自发性建造，形成没有中心的开放式广场。代表性广场为罗马的罗曼奴姆广场（Forum of Romanum，见图1-3-17）。

帝国时期的广场，经规划后建造、规模较大的、有中心的广场，通常以一个庙宇为主体，强调个人崇拜，形成封闭性广场，轴线对称。代表性广场为恺撒广场（Forum of Caesar，见图1-3-17）。

恺撒广场（Forum of Caesar）

恺撒擅权后，造的一个封闭的、按完整规划建造的广场（图1-3-18）。广场中没有了小店和作坊，只留下了钱庄和讲堂。广场后半部是围廊式维纳斯庙，广场成了庙宇的前院。广场中间立着恺撒的骑马青铜像。恺撒广场第一个定下了封闭的、轴线对称的、以一个庙宇为主体的广场的新形制。广场上的建筑物失去了独立性，被统一在一个构图形式之中。

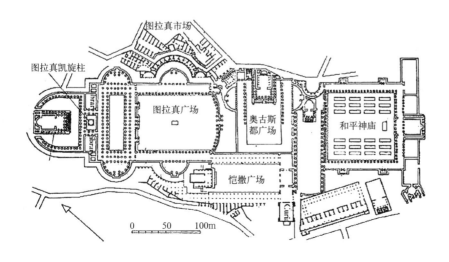

图1-3-16 戴克利提乌姆宫（左上）
图1-3-17 罗曼奴姆广场（下）
图1-3-18 恺撒广场复原图（右上）

建筑师与建筑著作

维特鲁威 (Vitruvius) 的《建筑十书》是现存欧洲古代最完备的建筑专著。书分十卷，主要有建筑师的修养和教育，建筑构图的一般法则，柱式，城市规划原理，市政设施，庙宇、公共建筑物和住宅的设计原理，建筑材料的性质、生产和使用，建筑构造做法，施工和操作，装修，水文和供水，施工机械和设备等，内容十分完备。

主要成就：第一，提出了"坚固、适用、美观"的建筑原则；第二，奠定了欧洲建筑科学的基本体系；第三，系统地总结了古希腊、古罗马劳动人民的实践经验；第四，全面地建立了城市规划和建筑设计的基本原理以及各类建筑的设计原理；第五，按照希腊的传统，把理性原则和直观感受结合起来，论述了一些基本的艺术原理。

古罗马的建筑成就及特点

1. 柱式——继承古希腊柱式并发展为五种柱式：塔斯干柱式、罗马多立克柱式、罗马爱奥尼柱式、科林斯柱式、混合柱式（图 1-3-19）。解决了柱式与多层建筑的矛盾，发展了叠柱式，创造性地解决了立面水平划分的构图形式。适应高大建筑体量构图，创造了巨柱式的垂直式构图形式。

2. 结构——解决了拱券结构的笨重墙墩同柱式艺术风格的矛盾，创造了券柱式（图 1-3-20），为建筑艺术造型创造了新的构图手法。创造了连续券的形式。解决了柱式线脚与巨大建筑体积的矛盾，用一组线脚或复合线脚代替简单的线脚。此外还创造了拱顶体系，如十字拱和肋骨拱。

3. 空间——单一集中式（万神庙）、单一纵深式（巴西利卡）、复合空间（卡拉卡拉浴场）。

4. 其大型公建风格雄浑、凝重、宏伟，形式多样，构图和谐统一。

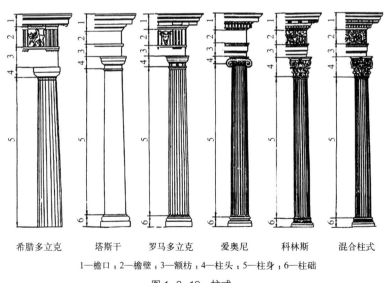

希腊多立克　塔斯干　罗马多立克　爱奥尼　科林斯　混合柱式

1—檐口；2—檐壁；3—额枋；4—柱头；5—柱身；6—柱础

图 1-3-19　柱式

图 1-3-20　券柱式

➤ 相关链接

罗马大斗兽场参观提示

门票	8.6欧元／人
开放时间	9：00～17：00，根据季节的不同，开放时间略有变化，星期三、星期日等公共假日休息
到达方式	乘坐地铁B号线，在Colosseo站；或者乘坐75、81、85、87、117、175、186、204、810、850路公共汽车在Colosseo站下车，即可到达
管理处电话	(+39) 6 7004261
景点地址	Piazza del Colosseo

君士坦丁凯旋门参观提示

门票	无门票
开放时间	全天开放
到达方式	乘坐地铁B号线，在Colosseo站；或者乘坐75、81、85、87、117、175、186、204、810、850路公共汽车在Colosseo站下车，即可到达
管理处电话	(+39) 6 7004261

万神庙参观提示

开放时间	周一～周六，09：00～18：30；周日，09：00～13：00
到达方式	公共汽车：到Largo Argentina或Via del Corso站下
管理处电话	(+39) 6 6830 0230
景点地址	Piazza della Rotonda

卡拉卡拉浴场参观提示

开放时间	9：00～18：30；周日、周一9：00～13：00
到达方式	公共汽车：160、613、671、714、715号线； 地铁：B线在「CIRCO MASSIMO」站下车，走路8分钟
景点地址	Viale delle Terme di Caracalla，52

欧洲中世纪建筑

巴黎圣母院

  欧洲的封建制度是在古罗马帝国的废墟上建立起来的。公元479 年，西罗马帝国灭亡，经过漫长的战乱时期，西欧形成了封建制度。直到 14 ～ 15 世纪资本主义制度萌芽之前的欧洲的封建时期被称为中世纪（The Middle Age）。

  欧洲封建制度主要的意识形态上层建筑是基督教。基督教早在公元 4 世纪古罗马帝国晚期，就已经盛行。它在中世纪分为两大宗，西欧是天主教，东欧是东正教。教会不仅统治着人们的精神生活，甚至控制着人们生活的一切方面，成了最高的权威。封建分裂状态和教会的统治，对欧洲中世纪的建筑发展产生了深深的影响。宗教建筑在这时期成了唯一的纪念性建筑，成了建筑成就的最高代表。封建分裂时期的欧洲形成了丰富多彩、特色强烈的地方建筑风格。尤其是民间居住建筑，极其活泼自由地适应了千变万化的自然和人文环境。10 世纪之后，城市经济逐渐恢复，建筑开始复苏，世俗文化也重新发展起来。

第四章
拜占庭建筑

➤ 关键要点

帆拱 (Pendentive Vault)

水平切口和四个发券之间所余下的四个角上的球面三角形部分，称为帆拱。它是拜占庭建筑的主要成就之一。

希腊十字式 (Greece Cross)

中央的穹顶和它四面的筒形拱，形成的等臂十字。拜占庭建筑中的教堂形制。

鼓座 (Drum)

在水平切口上所砌的一段圆筒形的支撑座，穹顶砌在其上端。

➤ 知识背景

地理

拜占庭帝国处于鼎盛时期时版图横跨欧、亚、非三洲，囊括了巴尔干半岛、西亚、地中海东岸、北非，意大利半岛和西班牙半岛的东南地区。

历史

公元 330 年罗马皇帝迁都帝国东部的拜占庭，又名君士坦丁堡。公元 395 年罗马帝国分裂为东西两部分。东罗马称为拜占庭帝国，是东正教的中心，公元 4 ～ 6 世纪为建筑繁荣期；公元 7 ～ 12 世纪外敌入侵，建筑规模缩小；公元 13 ~ 15 世纪西欧十字军东征多次入侵，其间无新的建筑形式。1453 年，拜占庭帝国灭亡。

宗教

基督教。

语言

拜占庭是一个多语言的帝国，早期主要使用希腊语，在中间一定时期中为拉丁语。后期又使用希腊语。

文化艺术

拜占庭美术源自罗马。其美术首先是宗教美术。绘画作品题材多取材于《圣经》，其形式和人物表情处理都须遵循具有神学意义的传统模式。其美术还被看作东西方融合的艺术。它注重色彩的灿烂、装饰的华丽，强调人物精神的表现。

➢ 建筑解析

拜占庭建筑继承东方建筑传统，并发展了古罗马建筑中某些要素而形成独特的风格，对许多国家，特别是东正教国家的建筑有很大影响。其结构方式采用帆拱、鼓座、穹顶相结合的做法，摆脱了承重墙，解放了内部空间，解决了方形平面与圆形穹顶的过渡问题，使穹顶成为集中式构图的中心。

建筑实例

圣索菲亚大教堂（Hagia Sophia's Church）

君士坦丁堡的圣索菲亚大教堂（图 1-4-1、图 1-4-2）是东正教的中心教堂。东西长 77.0 米，南北长 71.0 米。其突出之处是在方形平台上覆盖圆形穹顶的结构体系，通过特殊的过渡构件——帆拱把穹顶支承在若干独立的墩子上，其横推力由东西两个半穹顶及南北各两个大柱墩来平衡。圣索菲亚大教堂体量庞大，其大穹顶直径 31 米，穹顶离地 54.8 米，通过帆拱支承在四个大柱墩上。穹顶下部有 40 个小天窗，与罗马人建在筒形实墙上的穹顶效果不同，采取这种结构，便能在各种正多边形平面上使用穹顶。使建筑物内外都有完整的集中式构图，成为后来欧洲纪念性建筑的先导。平面是穹隆覆盖的巴西利卡式。

圣索菲亚大教堂的内部装饰富丽堂皇（图 1-4-3）。重点部位镶嵌彩色玻璃，衬以金色、彩色大理石墙面，与外部朴素的砌体表面对比鲜明。教堂内部虚实、明暗的变化略带神秘气氛，闪烁发光的镶嵌表面加强了这种效果。由于东方文化的影响，柱子具有拜占庭特有的风格。

小贴士：

公元 1453 年，奥斯曼土耳其将君士坦丁堡改名为伊斯坦布尔，并将圣索菲亚大教堂改为供奉阿拉的清真寺，并在周围修建了 4 个高大的清真寺尖塔。如今，圣索菲亚大教堂是属于基督徒和穆罕默德信徒共有的一个宗教博物馆，也是世界第四大教堂。

图 1-4-1　圣索菲亚大教堂全景

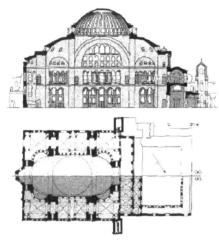

图 1-4-2　圣索菲亚大教堂平面图和剖面图（左）

图 1-4-3　圣索菲亚大教堂内部（右）

圣马可教堂（Saint Marco's Church）

公元 829 年开始兴建的，原为存放耶稣圣徒、同时也是威尼斯庇护神的圣马可的遗体的纪念建筑，故名圣马可教堂（图 1-4-4、图 1-4-5）。晚期拜占庭建筑的代表，典型的希腊十字教堂。平面为十字形，与中央穹顶平衡的四臂的筒形拱等长，或四臂用穹顶代替筒拱，外观为以中央为主的五个穹顶，正

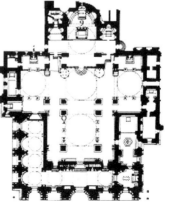

图 1-4-4　圣马可教堂（左）

图 1-4-5　圣马可教堂平面图（右）

面宽达 51.8 米，有 5 座棱拱形的罗马式大门。教堂的中心部位有高廊的正厅和隆起的内殿，两侧翼廊另建有小礼拜堂，以及由壁柱与圆柱支撑而成、供妇女专用的廊台。其装饰之繁复，如璎珞缤纷，不胜枚举，因此使圣马可教堂有了"世界上最美的教堂"之美誉。

图 1-4-6　华西里·伯拉仁内教堂

东欧等东正教国家教堂

东欧等东正教国家的教堂采用改进了的拜占庭式风格。一般教堂规模都较小，外部造型多为饱满的穹顶高举在拉长的鼓座之上，统率整体，形成中心垂直轴线，成为集中式构图。如斯巴斯－涅列基扎教堂、诺夫哥罗德的圣索菲亚主教堂、莫斯科的华西里·伯拉仁内教堂（图 1-4-6）等。

建筑成就及特点

1. 继承了古西亚的砖石拱券、古希腊的古典柱式（后期柱头变化很大，产生了拜占庭特有的柱式，目的在于完成从厚厚的券底脚到细细的圆柱的过渡）、古罗马建筑宏伟的规模及穹顶技术；

2. 建筑为小砖厚灰缝的"弹性体"建筑（形式灵活多样）；

3. 建立了帆拱技术及拱券结构平衡体系；

4. 发展了穹顶统率下的集中式构图；

5. 彩色玻璃镶嵌画艺术和相关的技术对西欧和中亚建筑有较大影响。

➤ 相关链接

土耳其共和国（The Republic of Turkey）。"土耳其"意即"勇敢人的国家"。历史上的土耳其曾经是罗马帝国、拜占庭帝国、奥斯曼帝国的中心，有着 6500 年悠久历史和前后十三个不同文明的历史遗产。

首都	安卡拉
宗教	居民中98%信奉伊斯兰教
货币	土耳其里拉
语言	土耳其语为官方语言
面积	780576平方公里

国歌与国花	《独立进行曲》，郁金香
位置	土耳其濒临地中海与黑海，横跨欧亚两大洲
人口	6000万（1993年）。土耳其人占总人口的80%以上，其余为库尔德人、阿拉伯人、亚美尼亚人等
区划	大使：宋爱国（Song Aiguo）；网址：http：//www.chinaembassy.org.tr；地址：GOLGELI SOKAK NO.34，06700 GAZIOSMANPASA/ANKAR，TURKEY；邮编：06700；电子邮箱：sgbgs@superonline.com；电话：0090-312-4360628；传真：0090-312-4464248
主要景点	爱琴海、博斯普鲁斯海峡、共和国纪念碑、希蒂、托普卡普宫殿
交通	国内航班以土耳其航空（Turk Hava Yollari，TK）及土耳其空运（Turk Hava Tasimaclllgi）较方便。土耳其国铁（TCDD）以东方快车而闻名，但不方便，不如搭乘长程巴士。土耳其的长途巴士非常发达，每个目的地都有从车站到市中心的免费接驳
气候	土耳其沿海地区属亚热带地中海式气候，内陆为大陆型气候，年平均气温分别为14～20℃和4～18℃
美食	土耳其美食初体验必到"罗坎塔"报到。拉克又名狮子奶，是由榨出葡萄汁后的葡萄皮再蒸馏得出的高酒精度饮品。各种烤肉料理都叫做"卡八"，最有名的叫"多纳卡八"，就是回旋式烤肉的意思。土耳其人"不可一日少于十杯茶"。人类种植葡萄和酿葡萄始于土耳其，卡帕多亚地区产的葡萄更是最知名
小费	高级酒店和餐厅要付10%的小费，至于机场、饭店的搬运工，打扫房间的女服务员，给1美元即可
购物	土耳其特产，首选毛毯、陶器、皮革制品、铜雕和木刻。伊斯坦布尔的大市集（Grand Bazzar）里有许多土产店，买东西时若能砍到原价的60%～70%，就算成功了。在中部城市干也（Konya）的购物街，有著名的土耳其软糖，味道极佳

第五章

罗马风（罗曼）与哥特建筑

➤ 关键要点

扶壁（Buttress）

顾名思义，就是扶持墙壁的意思。就是为了平衡拱券对外墙的推力，而在外墙上附加的墙或其他结构。就是说中间的拱对墙有向外的推力，而扶壁是将墙向内推。

飞扶壁（Flying Buttress）

飞扶壁由侧厅外面的柱墩发券（飞券），平衡中厅拱脚的侧推力。为了增加稳定性，常在柱墩上砌尖塔。

肋骨拱（Rib Bed Vault）

又称骨架券，交叉拱相交处作为肋骨的券，是顶部承重构件，它大大减轻了顶的重量，节省了材料，减小了侧推力。它使各种形状复杂的平面都可以用拱顶覆盖。罗马风时期使用圆形，哥特时期使用尖形。

束柱（Clustered Pier）

哥特式教堂中，有些柱子不再是圆形，而是细柱附在大圆柱上，形成束柱。细柱与上边的券肋气势相连，增强向上的动势。

玫瑰窗（Rose Window）

哥特式建筑中装饰富丽的圆窗，内呈放射状，有从窗中央向外辐射开来的窗棂和窗饰，中间镶嵌着彩绘玻璃，成为哥特式教堂的明显特征。主要用在中堂的西端和耳堂的两端，世界上最漂亮的玫瑰窗就是这个时期巴黎圣母院的玫瑰窗。

尖拱（尖券）(Pointed Arch)

尖拱由相交两圆构成，两圆共有一条半径，被哥特式教堂广泛采用。尖拱比圆拱更坚固牢靠，在结构形式上也优于圆形拱。此外，尖拱直指天庭带有使灵魂更靠近上帝的涵义。

拉丁十字式（Latin Cross)

欧洲中世纪建筑的教堂形制。从古罗马的巴西利卡转变而来，在祭坛前增建了一道横向的空间，高度和宽度都与正厅的对应相等，信徒们所在的大厅比圣坛、祭坛长得多。其形式更适合仪式需要，成为天主教堂的正统形制。

➤ 知识背景

教育

罗马天主教会作为当时仅有的国际权力组织与文化象征，教会人士成为教育和文化知识的垄断者。哲学、法学、文学、政治学、科学等无不成了神学的附庸和婢仆，最终都是为神学服务的。学校一般设于修道院。

法律

在中世纪完成系统化的罗马法和英国普通法，成为日后欧美法律体系的两大主要来源。

哲学

名为哲学，实为神学。教父哲学，为基督教义辩护的一种宗教思想体系，代表人物：奥古斯丁。经院哲学，最著名的代表人物有：法国的皮埃尔·阿贝拉尔、意大利的托马斯·阿奎那。

文学

带有比较浓厚的宗教色彩，一般都以拉丁语来创作，11～13世纪，使用方言的文学作品发展起来，其中包括：英雄史诗、骑士抒情诗、骑士传奇和寓言，如《罗兰之歌》、《尼贝龙根之歌》、《熙德之歌》、《亚瑟王传奇》等。

艺术

多用于装点教堂，凸显其为宗教神学服务的功能。绘画和雕塑作品取材范围狭窄，其刻画手法公式化、偶像化。

建筑

该时期建筑主要分为三阶段：早期基督教时期、罗曼时期、哥特时期。早期基督教建筑风格是4～9世纪时期流行的建筑风格。罗曼建筑是10～12世纪，欧洲基督教流行地区的一种建筑风格，多见于修道院和教堂。哥特式，11世纪下半叶起源于法国，12～15世纪流行于欧洲的一种建筑风格。哥特是一种成熟的艺术风格，建筑则是这种风格的主导者。

➤ 建筑解析

早期基督教建筑

西罗马帝国至灭亡后的三百多年间的西欧封建时期的教堂建筑，典型的教堂形制是由罗马的巴西利卡发展而来的。

罗马圣保罗教堂（St.Paolo，Rome）

罗马圣保罗教堂是早期基督教建筑的代表。初建于4世纪，19世纪初被烧毁后按原状重建（图1-5-1）。教堂主厅为纵长方形，长120米，宽60米。

风格特点：体型较简单，墙体厚重，砌筑较粗糙，灰缝厚，教堂不求装饰，沉重封闭，内部阴暗，缺乏生气（图1-5-2）。

图1-5-1 罗马圣保罗教堂（左）
图1-5-2 罗马圣保罗教堂内部（右）

形制：巴西利卡长轴为东西向，入口朝西，祭坛在东端。巴西利卡前设有内柱廊式院子，中央有洗礼池（后发展为洗礼堂），巴西利卡纵横厅交叉处上空建有采光塔。为召唤信徒礼拜建有钟塔兼瞭望用。

罗马风（罗曼）建筑（Romanesque）

罗曼建筑承袭初期基督教建筑，采用古罗马建筑的一些传统做法如半圆拱、十字拱等，有时也用简化的古典柱式和细部装饰。经过长期的演变，逐渐用拱顶取代了初期基督教堂的木结构屋顶，采用扶壁以平衡沉重拱顶的横推力，后又逐渐用骨架券代替了厚拱顶。出于向圣像、圣物膜拜的需要，在东端增设若干小礼拜室，平面形式渐趋复杂。随着罗曼建筑的发展，产生了哥特式建筑。罗曼建筑作为一种过渡形式，它的贡献不仅在于把沉重的结构与垂直上升的动势结合起来，而且在于它在建筑史上第一次成功地把高塔组织到建筑的完整构图之中。

罗曼建筑的典型特征

1. 墙体巨大而厚实，墙面用连列小券，门窗洞口用同心多层小圆券，减少沉重感。

2. 西面有一、二座钟楼，有时拉丁十字交点和横厅上也有钟楼。

3. 中厅大小柱有韵律地交替布置。窗口窄小，在较大的内部空间造成阴暗、神秘气氛。朴素的中厅与华丽的圣坛形成对比，中厅与侧廊较大的空间变化打破了古典建筑的均衡感。

比萨教堂（Pisa Cathedral）

比萨教堂是罗曼建筑的著名实例。建于公元 11 ~ 13 世纪，整个建筑群由洗礼堂、主教堂与钟楼三部分组成（图 1-5-3）。

钟楼（图 1-5-4），即比萨斜塔，始建于 1147 年，罗马风风格。塔高 56 米、8 层、大理石砌筑，塔顶钟楼有 7 个钟，每个钟发出的声音不同，294 级回旋式楼梯盘旋而上。

主教堂（Santa Maria Cathedral，见图 1-5-5）。布局是厅堂式和十字式的一种结合。承袭早期基督教建筑形制，平面仍为拉丁十字，西面有一、二座钟楼。为减轻建筑形体的封闭沉重感，除采用钟塔、采光塔、圣坛和小礼拜室等形成变化的体量轮廓外，采用古罗马建筑的一些传统做法如半圆拱、十字拱等及简化的柱式和装饰。其墙体巨大而厚实，墙面除露出扶壁外，在檐下、腰线用连续小券，门窗洞口用同心多层小圆券，窗口窄小、朴素的中厅与华丽的圣坛形成对比，中厅与侧廊有较大的空间变化，阴暗，有神秘的宗教气氛。

图 1-5-3 比萨教堂（左上）

图 1-5-4 比萨斜塔（右）

图 1-5-5 比萨主教堂（左下）

哥特式建筑（Gothic Architecture）

11世纪下半叶，哥特式建筑在法国兴起。当时法国一些教堂已经出现肋架拱顶和飞扶壁的雏形。后又发展到其他国家，英国、意大利、德国等。

哥特式建筑完全脱离了古罗马的影响，以尖拱、尖券、坡度很大的屋面、飞扶壁、束柱、彩色玻璃窗、钟塔等造成外部向上的动势，达到艺术与结构、整体与细部相互统一。内部空间高旷、单纯，具有导向祭坛的动势和垂直向上的升腾感。创造出浓厚的向往天国的宗教气氛。

巴黎圣母院（Notre Dame, Paris）

巴黎圣母院（图1-5-6）是法国早期哥特建筑的典型代表，位于巴黎塞纳河中岛上。入口西向，其前面的广场是市民的集会与节日活动中心。建筑平面采用拉丁十字，宽约47米，进深约127米（图1-5-7），可容近万人，东端有半圆形通廊，中厅很高，约32.5米，是侧廊的三倍。结构用柱墩、尖券六分拱顶、飞券，柱墩间全部开窗，正面有一对高66米的钟塔把立面竖向上分为三段，三条装饰带又将它横向划分为三部分。"长廊"上面为中央部分，两侧为两个巨大的石质中棂窗子，中间一个玫瑰花形的大圆窗，其直径约10米，建于1220～1225年。中央供奉着圣母、圣婴，两边立着天使的塑像。内部空间开敞，光线较好，内部装饰简洁（图1-5-8）。

小贴士：

在法国人的心目中，圣母院地位极高，过去法国历任国王的加冕典礼在此举行，共有二十四位法国国王在圣母院内加冕，甚至是拿破仑的加冕典礼。也有许多重大的典礼在这里举行，例如宣读1945年第二次世界大战胜利的赞美诗。大作家雨果在著名的小说《巴黎圣母院》中，将它形容为"石头的交响乐"。

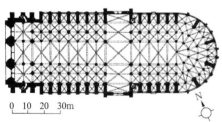

0 10 20 30m

图1-5-6 巴黎圣母院（左上）
图1-5-7 巴黎圣母院平面图（左下）
图1-5-8 巴黎圣母院内景（右）

亚眠主教堂（Amiens Cathedral）

亚眠主教堂（图1-5-9）是法国哥特式建筑盛期的代表作，长137米，宽46米，横翼凸出甚少，东端环殿成放射形布置7个小礼拜室。中厅宽15米，拱顶高达43米，中厅的拱间平面为长方形，每间用一个交叉拱顶，与侧厅拱顶对应。柱子不再是圆形，4 根细柱附在 1 根圆柱上，形成束柱。细柱与上边的券肋形成向上增强的动势。教堂内部遍布彩色玻璃大窗，几乎看不到墙面。

米兰大教堂（Milan Cathedral）

米兰大教堂（图 1-5-10）是欧洲中世纪最大的教堂之一，14 世纪 80 年代动工，直至 19 世纪初才最后完成。教堂内部由四排巨柱隔开，宽达 49 米。中厅高约 45 米，而在横翼与中厅交叉处，更拔高至 65 米多，上面是一个八角形采光亭。中厅高出侧厅很少，侧高窗很小。内部比较幽暗，建筑的外部全由光彩夺目的白大理石筑成。高高的花窗、直立的扶壁以及 135 座尖塔，都表现出向上的动势，塔顶上的雕像仿佛正要飞升。西边正面是意大利人字山墙，也装饰着很多哥特式尖券尖塔。但它的门窗已经带有文艺复兴晚期的风格。

图 1-5-9 亚眠主教堂（左）
图 1-5-10 米兰大教堂（右）

圣马可广场上的总督府

哥特建筑中典型的世俗建筑（图 1-5-11），被公认为中世纪世俗建筑中最美丽的作品之一。立面采用连续的哥特式尖券和火焰纹式券廊，构图别致，色彩明快。威尼斯还有很多带有哥特式柱廊的府邸，临水而立，非常优雅，最有名的是黄金府邸。

图 1-5-11 圣马可广场上的总督府

哥特建筑特点

哥特式教堂的结构体系由石头的骨架券和飞扶壁组成。装饰细部如华盖、壁龛等也都用尖券作母题，建筑风格与结构手法形成一个有机的整体。

结构特点

1. 框架式骨架券作拱顶承重构件，其余填充围护部分减薄，使拱顶减轻。

2. 独立的飞扶壁在中厅十字拱的起脚处抵住其侧推力，和骨架券共同组成框架式结构，侧廊拱顶高度降低，使中厅墙面开窗加大。

3. 使用双圆心的尖拱、尖券、侧推力减小，使不同跨度拱高可一样，内部空间达到完整统一。尖拱使承受到的重量更快地向下传递，进一步减小侧向的外推力，使整个建筑更竖长、高直，使之能建得更高。

空间特点

中厅一般不宽但很长，两侧支柱的间距不大，形成自入口导向祭坛的强烈的水平动势；中厅高度很高，两侧束柱柱头弱化消失，垂直线控制室内划分，尖尖的拱券在拱顶相交，如同自地下生长出来的挺拔枝干，形成很强的向上升腾的动势；两个动势体现对神的崇敬和对天国的向往。内部空间通透开敞，完整统一。

立面特点

立面典型构图是山墙被两个钟塔和中厅垂直划为三部分，水平上也分为三段，下面由横向券廊水平联系，三座大门由层层后退的尖券组成透视门，券面满布雕像。正门上面有一个大圆窗，称为玫瑰窗，雕刻精巧华丽。外部的扶壁、塔、墙面都是垂直向上的垂直划分，细部也都采用垂直划分，整个外形充满着向着天空的升腾感。

扩展阅读：兰斯主教堂（Rheims Cathedral）、沙特尔大教堂（Chartres Cathedral）、乌尔姆主教堂（Ulm Cathedral）、索尔兹伯里主教堂（Salisbury Cathedral）、科隆主教堂（Cologne Cathedral），以及各国世俗建筑特点。

➤ 相关链接

米兰大教堂参观提示

门票	教堂大堂免收门票，地下宝库门票3欧元/人； 乘坐电梯上教堂顶楼需5欧元/人，走楼梯3.5欧元/人
开放时间	2～10月：09：00～17：45；11～12月：09：00～16：00。教堂博物馆开放时间：10：00～13：15，15：00～18：00
到达方式	乘坐U、U1、U3在Duomo站下车即可
管理处电话	(+39) 02 72022419
娱乐	在米兰教堂左侧的维多利奥·埃玛努埃尔二世（Galleria Vittorio Emanuelell）回廊是米兰十分重要的购物场所，有很多国际知名的服装专卖店、商店、餐馆、咖啡馆等，满足游客的购物、餐饮、休闲娱乐的众多需求
景点地址	Piazza del Duomo 18

圣马可广场总督宫参观提示

景点地址	Piazza Matteotti 9 16123 Genova
开放时间	11～次年3月，09：00～17：00；4～10月，09：00～19：00
到达方式	交通汽艇：1、6、14、41、42、51、52或82路
管理处电话	(041) 522 4951
娱乐	圣马克广场周围有许多小店，主要以销售当地特产为主，如威尼斯玻璃制品、威尼斯狂欢面具等。圣马克广场上，有许多露天咖啡厅，而且还会有特别的音乐表演，此外，威尼斯冰激凌十分诱人，可以根据个人需要自调口味，一年四季均有销售

科隆主教堂参观提示

景点地址	Domkloster 3
开放时间	每天6：00～19：30
到达方式	公共交通：Dom/Hbf站下
管理处电话	+49 (0) 221/92584730

巴黎圣母院参观提示

景点地址	6，Place du Parvis de Notre-Dame 75004 Paris
开放时间	8：00～14：45，周六12：30～14：00
到达方式	公共汽车：4号线Cite站下车；地铁：RER B、C在St.Michel Notre-Dame下车
管理处电话	01-44321672

西方文艺复兴、巴洛克
与古典主义建筑

　　文艺复兴、巴洛克和古典主义是 15～19 世纪先后流行于欧洲各国的建筑风格，广义上这三者都可称为文艺复兴时期建筑。其中文艺复兴与巴洛克源于意大利，古典主义源于法国。

　　文艺复兴时期，在反封建、倡理性的人文主义思想指导下，提倡复兴古希腊、古罗马的建筑风格以之取代象征神权的哥特风格，认为古典柱式构图体现着和谐与理性，故古典柱式再度成为建筑造型的构图主题。但古典柱式的应用并不僵化，而是通过灵活变通、大胆创新，将不同建筑风格同古典柱式融合，将科学技术成果应用到建筑创作中。这个时期为市民服务的市政厅、议会大厦、广场、别墅等世俗建筑成为主要建筑类型。

第六章
文艺复兴建筑

➤ 关键要点

文艺复兴（Renaissance）

文艺复兴是 14 ~ 16 世纪反映西欧各国正在形成中的资产阶级在政治、思想、文化、艺术、科技等诸领域内的一场反对封建神学、反对封建特权、宣传资产阶级新思想的新文化运动。

帕拉第奥母题（Palladian Motive）

帕拉第奥在维琴察的巴西利卡上所创造的一种券柱式立面构图方式。

➤ 知识背景

新兴资产阶级认为中世纪文化是一种倒退，而希腊、罗马古典文化则是光明发达的典范，他们力图复兴古典文化——而所谓的"复兴"其实是一次对知识和精神的空前解放与创造。

地理

航海技术产生了一次革命性地飞跃，葡萄牙、西班牙、意大利的探险家们开始了一系列远程航海活动。哥伦布和麦哲伦等人在地理方面的发现，为地圆说提供了有力的证据。

天文学

哥白尼 1543 年出版了《天体运行论》。布鲁诺在书中宣称宇宙在空间与时间上都是无限的。伽利略 1609 年发明了天文望远镜，1632 年出版了《关于托勒密和哥白尼两大世界体系的对话》。德国天文学家开普勒提出了行星运动的三大定律。

数学

代数学在文艺复兴时期取得了重要发展，三、四次方程的解法被发现。韦达建立了二次和三次方程方程根与系数之间的关系，即韦达定理。

物理学

在物理学方面，伽利略通过多次实验发现了落体、抛物体和振摆三大定律。他的学生托里拆利证明了空气压力，发明了水银柱气压计。法国科学家帕斯卡尔发现液体和气体中压力的传播定律。英国科学家波义耳发现气体压力定律。

医学

比利时医生维萨留斯发表《人体结构》一书。西班牙医生塞尔维特发现血液的小循环系统。英国解剖学家哈维发表《心血运动论》等论著。

艺术

文艺复兴时期的艺术歌颂人体的美，主张人体比例是世界上最和谐的比例，并把它应用到建筑上，虽然仍然以宗教故事作为绘画、雕塑的主题，但表现的都是普通人的场景。达·芬奇、米开朗基罗、拉斐尔均是该时期的艺术家。

文学

各地的作家都开始使用自己的方言而非拉丁语进行文学创作，带动了大众文学，将各种语言注入大量文学作品，包括小说、诗、散文、民谣和戏剧等。如：意大利的《新生》、《神曲》、《歌集》、《十日谈》，英国的《乌托邦》，西班牙的《堂·吉诃德》等。

社会

随着工场手工业和商品经济的发展，资本主义关系已在欧洲封建制度内部逐渐形成；在政治上，民族意识开始觉醒。新兴资本主义势力不断扩张。

发展过程

大致可分为：以佛罗伦萨的建筑为代表的文艺复兴早期（15 世纪）；以罗马的建筑为代表的文艺复兴盛期（15 世纪末至 16 世纪上半叶）；以威尼斯和维琴察的建筑为代表的文艺复兴晚期（16 世纪中叶和末叶）。

➢ 建筑解析

文艺复兴建筑是公元 15 世纪在意大利随着文艺复兴文化运动而诞生的建筑风格。其最明显的特征是扬弃了中世纪时期的哥特式建筑风格，而在宗教和世俗建筑上重新采用古希腊罗马时期的柱式构图要素。基于对中世纪神权至上的批判和对人道主义的肯定，建筑师希望借助古典的比例来重新塑造理想中古典社会的协调秩序。所以一般而言文艺复兴的建筑是讲究秩序和比例的，拥有严谨的立面和平面构图以及从古典建筑中继承下来的柱式系统。

早期建筑
佛罗伦萨主教堂穹顶（The Dome of S.Maria del Fiore）

标志着意大利文艺复兴建筑史开始的是佛罗伦萨主教堂的穹顶（图 1-6-1）。设计者伯鲁乃列斯基。八边形的歌坛，对边宽度是 42.2 米，预计要用穹顶覆盖。八边形平面的大穹顶落在 10 多米高的鼓座上，穹顶有内外两层壳体，内径 42 米，高 30 余米，亭顶距地面 115 米。穹顶自而而上，壁越来越薄，受力均衡稳定。该穹顶的建成是当时建筑工程技术上的重大成就。

小贴士：

伯鲁乃列斯基，出身于行会工匠，精通机械、铸工，是杰出的雕刻家和工艺家，在透视学和数学方面都有过建树，是文艺复兴时代所特有的那种多才多艺的巨匠。

美狄奇府邸（Palazzo Medici）

1430 ～ 1444 年建于佛罗伦萨，是文艺复兴早期府邸建筑的代表作，设计者弥开罗卓，为佛罗伦萨的统治者美狄奇家族所建（图 1-6-2）。这座建筑的平面为长方形，有一个围柱式内院、一个侧院和一个后院，并不严格对称。外立面：第一层墙面用粗糙的石块砌筑；第二层用平整的石块砌筑，留有较宽较深的缝；第三层也用平整的石块砌筑，但砌得严丝合缝。这种处理方法，增强了建筑物的稳定性和庄严感，为后来的这类建筑所效法。

早期建筑特点

1. 重新使用古典建筑元素。
2. 建筑平面形式多采用基本几何形状（方形与圆形）；注重强调空间的集中性。

图 1-6-1 佛罗伦萨主教堂穹顶（左）
图 1-6-2 美狄奇府邸外立面（右）

盛期建筑
圣彼得大教堂（S.Peter）

圣彼得大教堂（图 1-6-3），世界上最大的天主教堂，1506 ～ 1626 年建于罗马。它凝聚了几代著名匠师的智慧，是意大利文艺复兴建筑的纪念碑。圣彼得大教堂是一座长方形的教堂，整栋建筑呈现出一个十字架的结构。教堂外部总长 211.5 米，集中式部分宽 137 米。其穹顶直径 41.9 米，穹顶下室内最大净高为 123.4 米。在外部，穹顶上十字架尖端高达 137.8 米，这在当时堪称工程技术的伟大成就。教堂正立面是后期加建的巨型门廊，高 45.5 米，长 115 米，有 8 根柱子和 4 根壁柱，女儿墙上立着 11 个使徒的雕像，两侧是钟楼。这一巨型门廊的设计是不明智的，它不但破坏了集中式的构图，而且遮挡了巨型圆顶，对走近前来的游客来说圆顶的景观丧失了。

教堂为石质拱券结构，外部用灰华石饰面，内部用各色大理石（图 1-6-4），并有丰富的镶嵌画、壁画和雕刻作装饰，大多出自名家之手。圣彼得大教堂是众多艺术家、工程师和劳动者智慧的结晶，也是意大利文艺复兴时代不朽的纪念碑。

小贴士：

圣彼得教堂的建造历经二百余年，是建筑家米开朗基罗、拉斐尔、伯拉孟特和小桑迦洛等的共同杰作。它的顶部采用了米开朗基罗设计的巨型圆顶，说明上帝并不是高高在上，而是在以博大的胸怀荫庇着人间。这一设计理念是对哥特式建筑的一种反叛，充分体现出文艺复兴的人文精神。

图 1-6-3 圣彼得大教堂（左）
图 1-6-4 圣彼得大教堂内景（右）

法尔尼斯府邸（Farnese）

1515 ～ 1546 年建于罗马，是文艺复兴盛期府邸的典型建筑（图 1-6-5）。设计人是小桑迦洛。府邸为封闭的院落，内院周围是券柱式回廊。入口、门厅和柱廊都按轴线对称布置，室内装饰富丽。外立面宽 56 米，高 29.5 米，分为三层，有线脚隔开，顶上的檐部很大，和整座建筑比例合度；墙面运用外墙粉刷与隅石的手法。正立面对着广场，气派庄重。现在该府邸为法国大使馆。

盛期建筑特点

1. 注重建筑立体特征的塑造（与早期相比，早期多注重沿街立面处理）。
2. 建筑贵族色彩凝重，丧失了早期文艺复兴建筑的某些健康性，建筑风格以雄伟、刚健为主，追求纪念性建筑风格。

晚期建筑
圆厅别墅（Villa Rotonda）

1552 年建于维琴察，是文艺复兴晚期府邸的典型建筑（图 1-6-6），为建筑大师 A. 帕拉第奥的代表作之一。别墅采用了古典的严谨对称手法，平面为

小贴士：

安德烈亚·帕拉第奥常常被认为是西方最具影响力和最常被模仿的建筑师，他的创作灵感来源于古典建筑，对建筑的比例非常谨慎，而其创造的人字形建筑已经成为欧洲和美国豪华住宅和政府建筑的原型。

帕拉第奥还通常被认为是欧洲学院派古典主义建筑的肇始人，但是，他自己的创作却是五花八门，包含着各种矛盾的趋向。他制订的严格的柱式规则，后人奉为金科玉律，于他自己却较少束缚。他的创作风格变化幅度之大，在文艺复兴时期是很突出的。

图 1-6-5　法尔尼斯
府邸（左）
图 1-6-6　圆厅别墅
（右）

正方形，四面都有门廊，正中是一圆形大厅。把集中式形制运用到居住建筑中。别墅的四面对称的形式对后来建筑颇有影响。

维琴察巴西利卡（Basilica Vicenza）

维琴察巴西利卡（图 1-6-7）原是建于 1444 年的哥特式的市政厅。建筑师帕拉第奥 1614 年对其进行修复。他在每开间中央按适当比例增加一个券，把券脚落在两个独立的小柱子上，小柱距大柱 1 米多，上加额枋，在额枋上、券两侧各开一个圆洞。此券柱式构图细腻，采用两套尺度而又有条不紊，被后人誉为帕拉第奥母题（Palladian Motive，见图 1-6-8）。

图 1-6-7　维琴察巴
西利卡（左）
图 1-6-8　帕拉第奥
母题（右）

晚期建筑特点

由于此时的文艺复兴遭到了打击，分为了两种流派：

1. 盲目教条的崇拜古代（古典主义）。

2. 手法主义（巴洛克）。

城市广场

恢复了古典的传统，克服了中世纪广场的封闭、狭隘，注意广场建筑群的完整性。

佛罗伦萨安农齐阿广场（Piazza Annunziata）

早期文艺复兴最完整的广场（图 1-6-9）。其三面是开阔的券廊，尺度宜人，风格平易，显得很亲切。

威尼斯的圣马可广场（Piazza and Piazzetta San Marco）

在文艺复兴时期最终完成的，被誉为"欧洲最漂亮的客厅"（图1-6-10），建于14～16世纪。南濒亚德里亚海，是由三个梯形平面空间组成的复合广场。广场中心是圣马可教堂。主广场（图1-6-11）在教堂的正面，封闭式，长175米，两端宽度分别为90米和56米，周围是下有券柱式回廊的房屋，是该城的宗教、行政和商业中心。次广场在教堂南面，开向亚德里亚海，南端的两根柱子划出了广场与海面的界限，是该城的海外贸易中心。教堂北面的小广场是主广场的一个分支，是市民集会的场所。

图1-6-9 佛罗伦萨安农齐阿广场（左上）

图1-6-10 威尼斯的圣马可广场全景（右上）

图1-6-11 圣马可广场（左下）

广场从中世纪自发形成后，经过不断的改建才形成现存的样子。建筑物建于不同时期。处于教堂西南角附近的大钟楼高100米，始建于10世纪，起着统一全局的作用，并使海外的商船在远处便能看到。次广场旁的公爵府属哥特风格。对面是两层高的圣马可图书馆，建筑师为珊索维诺。图书馆建于1536～1553年，是一座券柱式的壮丽而又活泼的文艺复兴建筑盛期代表作。16世纪，主广场进行大改建，改建了广场周围的回廊。整个广场建筑既各具特色又和谐统一，节奏分明，成为威尼斯的重要人文景观。

建筑理论

大抵是以维特鲁威的《建筑十书》为基础发展而成的。特点之一是强调人体美，把柱式构图同人体进行比拟，反映了当时的人文主义思想。特点之二是用数学和几何学关系如黄金分割（1.618：1）、正方形等来确定美的比例和协调的关系。作品有建筑理论家和建筑师阿尔伯蒂所写的《论建筑》，帕拉第奥的《建筑四书》（1570 年）和维尼奥拉的《五种柱式规范》（1562 年）。

教条主义和手法主义

16 世纪中叶，随着封建势力的进一步巩固，贵族纷纷在一些城市里复辟，所有的城市共和国都被颠覆了。宫廷着力恢复中世纪的种种制度，文艺复兴到了晚期。在这种情况下，建筑中出现了形式主义的潮流。一种倾向是泥古不化，教条主义地崇拜古代的"教条主义"；另一种倾向是追求新颖尖巧，堆砌建筑元素，玩弄光影、体形，使用毫无意义的装饰和虚假的图案的"手法主义"。这两种倾向似乎是相反的，其实却同出一源：进步思想被扼杀了，建筑艺术失去了积极的意义，形式成了独立的东西。手法主义在 17 世纪发展成为"巴洛克"式建筑；教条主义则在 17 世纪被学院派的古典主义建筑吸收，为君主专制政体所利用。

文艺复兴建筑的成就与特色

1. 世俗建筑成为建筑（市政大厦、钟塔、府邸、广场）活动的主要对象。

2. 风格上、构图上扬弃了中世纪的哥特式风格，而重新在宗教和世俗建筑上用古典建筑构图——尤其是柱式。

3. 采用其他构图要素同哥特式风格相抗衡，如半圆形券、厚重的实墙、圆形的穹顶、水平向的厚檐。

4. 建筑轮廓上强调整齐、统一。

5. 城市广场建筑与园林建筑非常活跃。

6. 建筑理论得到了系统的认识和总结，如阿尔伯蒂的《论建筑》、帕拉第奥的《建筑四书》。

7. 建筑结构没有太大的创新，是古罗马和拜占庭结构的延续，但施工技术水平有很大进步。

扩展阅读：巴齐礼拜堂（Pazzi Chaple）、坦比哀多（Tempietto）、圣马可图书馆（S.Marco）、尤利亚三世别墅（Villa di Papa Giulio）、罗马市政广场（The Capitol）。

➢ 相关链接

意大利对于一般的观光客来说，实在是有太多值得流连的地方。古城庞贝或梵蒂冈，托斯卡纳的明媚或西西里岛的神秘，以及集纳文艺复兴精华的佛罗伦萨或汇聚当今时尚的米兰。当然，罗马和威尼斯，同样让游客魂牵梦萦。

首都	罗马（Rome）
宗教	90%以上的国民信奉天主教
货币	欧元（纸钞面额有EUR 500、200、100、50、20、10、5；硬币则分为2欧元、1欧元和50、20、10、5、2、1欧分）
语言	意大利语，个别地区讲法语和德语
时差	比格林尼治时间早1小时；比北京时间晚7小时
娱乐	意大利歌剧享誉全球。意大利甲级足球联赛更是不可错过的经典
面积	30.13 平方公里
国庆日	6月2日（1946年）
地理位置	位于欧洲南部，包括亚平宁半岛以及西西里岛、撒丁岛等岛屿。北以阿尔卑斯山为屏障与法国、瑞士、奥地利和斯洛文尼亚接壤，东、西、南三面临地中海的属海亚德里亚海、爱奥尼亚海和第勒尼安海。海岸线长约7200多公里。全境4/5为山丘地带
人口	5788.82万（2003年底）。94%的居民为意大利人，少数民族有法兰西人、拉丁人、罗马人、弗留里人等
区划	全国划分为20个行政区，共103个省，8088个市（镇）
主要景点	罗马真理之口、许愿池、古城庞贝、梵蒂冈、西西里岛、托斯卡纳
特别提醒	中国驻意大利使馆 地址：Via Bruxelles，No56，00198Roma；值班室电话：0039-06-8413458；传真：0039-06-85352891；到意大利旅游的观光客购买一定数额的商品时，可返还附加价值税；景点营业时间：8：30～12：15，14：15～18：30，周末休息（因地而异）
气候	大部分地区属亚热带地中海式气候。气候温暖，四季鲜明，夏季干燥，冬季多雨。因此，尽管在盛夏之际、气温再高，但在阴凉处和室内却很凉快。夜间甚至会感到有些凉
美食	春天的嫩芦笋、秋天肥美的松茸、比萨都是意大利最令人垂涎的美食。意大利多数母亲会在周日做手擀的意大利面及调味酱，并留待冬天时用
行车	意大利的高速公路发达。和火车相比较，巴士费用更便宜。但外国旅行团进某些城市要收进城费。佛罗伦萨的进城费是280欧元，威尼斯的进城费是150欧元
购物	这里有世界知名品牌的老店和代表流行时尚的精品店。意大利佛罗伦萨城内托纳布奥尼街两旁名店林立。有名牌的鞋子、手袋及各种服饰
节日	意大利一年有122天节假日。全国性的节日、纪念日有圣诞节、主显节、复活节、狂欢节、八月节、元旦、万圣节、国庆节
小费	意大利有付小费的习惯。在意大利餐馆就餐后要付餐款的约5%～10%的小费

第七章
巴洛克建筑

➤ 关键要点

巴洛克风格（Baroque）

巴洛克一词的起源出于葡萄牙语 baroco 或西班牙语 barrueco，意为各种外形不规则的珍珠，引申为"不合常规"。这是在意大利文艺复兴建筑基础上发展起来的一种建筑和装饰风格。其特点是外形自由，追求动态，喜好富丽的装饰、雕刻和强烈的色彩，常用穿插的曲面和椭圆形空间。

手法主义（Mannerism）

手法主义是 16 世纪晚期欧洲的一种艺术风格。其主要特点是追求怪异和不寻常的效果，如以变形和不协调的方式表现空间，以夸张的细长比例表现人物等。建筑史中则用以指 1530 ～ 1600 年间意大利某些建筑师的作品中体现前期巴洛克风格的倾向。

➤ 知识背景

巴洛克风格打破了对古罗马建筑理论家维特鲁威的盲目崇拜，也冲破了文艺复兴晚期古典主义者制定的种种清规戒律，反映了向往自由的世俗思想。另一方面，巴洛克风格的教堂富丽堂皇，而且能造成相当强烈的神秘气氛，也符合天主教会炫耀财富和追求神秘感的要求。因此，巴洛克建筑从罗马发端后，不久即传遍欧洲，以至远达美洲。有些巴洛克建筑过分追求华贵气魄，甚至到了繁琐堆砌的地步。

➤ 建筑解析

巴洛克建筑
罗马耶稣会教堂（The Gesu）

意大利文艺复兴晚期著名建筑师和建筑理论家维尼奥拉设计的罗马耶稣会教堂（图1-7-1、图1-7-2）是由手法主义向巴洛克风格过渡的代表作，也有人称之为第一座巴洛克建筑。罗马耶稣会教堂平面为长方形，端部突出一个圣龛，由哥特式教堂惯用的拉丁十字形演变而来，中厅宽阔，拱顶满布雕像和装饰。两侧用两排小祈祷室代替原来的侧廊。十字正中升起一座穹窿顶。教堂的圣坛装饰富丽而自由，上面的山花突破了古典法式，作圣像和装饰光芒。教堂立面借鉴早期文艺复兴建筑大师阿尔伯蒂设计的佛罗伦萨圣玛丽亚小教堂的处理手法。正门上面分层檐部和山花做成重叠的弧形和三角形，大门两侧采用了倚柱和扁壁柱。立面上部两侧作了两对大涡卷。这些处理手法别开生面，后来被广泛仿效。

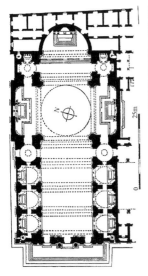 

图1-7-1 罗马耶稣会教堂平面（左）
图1-7-2 罗马耶稣会教堂（右）

罗马圣卡罗教堂（San Carlo alle Quattro Fontane）

1638～1667年建，是F.波洛米尼设计的。它的殿堂平面近似橢圆形，周围有一些不规则的小祈祷室（图1-7-3）；此外还有生活庭院。殿堂平面与顶棚装饰强调曲线动态（图1-7-4），立面山花断开，檐部水平弯曲，墙面凹凸度很大，装饰丰富，有强烈的光影效果。尽管设计手法纯熟，也难免有矫揉造作之感。

巴洛克广场
罗马城内之梵蒂冈圣彼得广场（S.Peter）

圣彼得广场（图1-7-5）同圣彼得大教堂是一组不可分割的建筑艺术整体。广场由梯形和橢圆形平面组成，长340米，宽240米，周围是一道橢圆形双柱廊，

图 1-7-3　罗马圣卡罗教堂（左）

图 1-7-4　罗马圣卡罗教堂内部图（右）

共有 284 根圆柱和 88 根方柱，柱端屹立着 140 尊圣人雕像，规模浩大，宏伟壮观。广场中央耸立着一座高 26 米的方尖石碑，建筑石碑的石料是当年专程从埃及运来的。石碑顶端立着一个十字架，底座上卧着 4 只铜狮，两侧各有一个。

罗马城内之西班牙大阶梯（Spanish Steps）

建筑师斯帕奇于 1721 ~ 1725 年所设计的西班牙大阶梯（图 1-7-6），阶梯平面呈花瓶形，布局时分时合，巧妙地把两个不同标高、轴线不一的广场统一起来，表现出巴洛克灵活自由的设计手法。

图 1-7-5　圣彼得广场（左）

图 1-7-6　西班牙大阶梯（右）

建筑风格特征

1. 追求新奇。建筑处理手法打破古典形式，建筑外形自由，有时不顾结构逻辑，采用非理性组合，以取得反常效果。

2. 追求建筑形体和空间的动态，常用穿插的曲面和椭圆形空间。

3. 喜好富丽的装饰、强烈的色彩，打破建筑与雕刻绘画的界限，使其相互渗透。

4. 趋向自然，追求自由奔放的格调，表达世俗情趣，具有欢乐气氛。

扩展阅读：德国德累斯顿茨温格宫（The Zwinger，Dresden）、德国班贝格十四圣徒朝圣教堂（Pilgrimage church of Vierzehn—heiligen，Franconia）、西班牙毕尔巴鄂圣地亚哥大教堂（Santiago de Compostala）、意大利罗马纳沃那广场（Piazza Navona）、罗马波波罗广场（Piazza del Popolo）。

➤ 相关链接

意大利罗马纳沃那广场参观提示

门票	无门票
开放时间	全天开放
到达方式	乘坐地铁A线到Spagna站下车，步行即可到达
管理处电话	(+39) 6 6796772
景点地址	从Via del Corso和Via di Muratte路口走进来约100多米

德国德累斯顿茨温格宫参观提示

门票	2.00欧元/人，团体票及学生票为1.6欧元/人
开放时间	每天6：00～22：00
到达方式	乘坐78、82、94路公交车到Postplatz站或者Theaterplatz站下车；也可以乘坐1、2、4、8、11、12路有轨电车在Postplatz站、Altmarkt站、Theaterplatz站下车皆可
管理处电话	(+49) 351 4914601
景点地址	Zwinger Theaterplatz 101067 Dresden

罗马城内之梵蒂冈圣彼得广场参观提示

门票	无门票
开放时间	圆屋顶顶楼营业时间：夏季7：00～19：00；冬季7：00～18：00
到达方式	公共汽车：到Basilica di San Pietro站下
管理处电话	(06) 6988 4466
景点地址	Piazza S.Pietro

第八章
古典主义建筑

➤ 关键要点

古典主义建筑（Classical Architecture）

广义的古典主义建筑指在古希腊建筑和古罗马建筑的基础上发展起来的意大利文艺复兴建筑、巴洛克建筑和古典复兴建筑，其共同特点是采用古典柱式。狭义的古典主义建筑指运用"纯正"的古希腊罗马建筑和意大利文艺复兴建筑样式和古典柱式的建筑，以法国为中心，向欧洲其他国家传播，后来又影响到世界广大地区，在宫廷建筑、纪念性建筑和大型公共建筑中采用更多。古典主义建筑通常是指狭义概念。

洛可可风格（Rococo Style）

一种建筑风格，主要表现在室内装饰上。18 世纪 20 年代产生于法国，是在巴洛克建筑的基础上发展起来的。以其不均衡的轻快、纤细曲线著称。

➤ 知识背景

历史背景

法国的早期文艺复兴——15 世纪中叶～ 16 上半叶；法国的盛期文艺复兴（早期古典主义）——16 世纪下半叶～ 17 世纪初；法国古典主义盛期（绝对君权时代）——17 世纪中叶～ 18 世纪初。

哲学基础

16 ～ 17 世纪全欧洲自然科学的进展，孕育了以培根为代表的唯物主义经验论与以笛卡儿为代表的唯理论。唯理论在当时产生最广泛影响。

建筑思潮

17世纪下半叶，法国文化艺术的主导潮流是古典主义。古典主义美学的哲学基础是唯理论，认为艺术需要有严格的像数学一样明确清晰的规则和规范。同当时在文学、绘画、戏剧等艺术门类中的情况一样，在建筑中也形成了古典主义建筑理论。

➤ 建筑解析

古典主义建筑
商堡府邸（Cheteau De Chambord）

商堡府邸（图1-8-1）的外形充满着新时期初期特有的矛盾。它抛弃了中世纪法国府邸自由的体形，为了寻求统一的民族国家的建筑形象，采取完全对称的庄严形式。反映着宫廷的情趣，它使用意大利柱式来装饰墙面，水平划分比较强，构图比较整齐。但四角上由碉堡退化而成的圆形塔楼、高高的四坡顶和塔楼上的圆锥形屋顶、正中楼梯上的采光亭，以及数不清的老虎窗、烟囱、楼梯亭等，使它的体形富有变化，轮廓线极其复杂，散发着浓烈的中世纪气息。柱式和法国传统尖锐地矛盾着。

巴黎卢佛尔宫的东立面（The East Front of The Louvre）

卢佛尔宫（图1-8-2）是世界最壮丽的宫殿之一，位于巴黎市中心。它展示了法国文艺复兴时期建筑的特点和成就。原为法国王宫，法国大革命后，1793年改为国立美术博物馆。

其东立面由勒伏、勒勃亨、彼洛设计，是典型的古典主义建筑作品，体现了古典主义的各项原则。立面全长172米，高28米，整个立面在横向可分成五部分，纵向按完整的柱式构图——三段式构图，并反映了一定的几何关系。占主导地位的是两列长柱廊。廊子采用科林斯双柱手法，柱高12.2米，贯通二、三两层，底层则作为基座，以增加雄伟感。意大利式的平屋顶代替了法国式的

小贴士：
中世纪时，卢佛尔宫原是国王的一个旧离宫。1546年，国王法兰西斯一世委派P.莱斯科建造新宫。设计采用16世纪法国流行的文艺复兴时期府邸建筑的形式，平面是一个带有角楼的封闭式四合院，53.4米见方。但莱斯科只建了西面的一部分，这就是现在卢佛尔宫院的西南一角。路易十四时期，著名建筑师L.勒伏又设计了卢佛尔宫院南、北、东三面的建筑。它们朝内院的立面都按原有的建筑形式设计。由勒勃亨、彼洛配合建成了著名的卢佛尔宫东柱廊。

图1-8-1 商堡府邸（左）
图1-8-2 卢佛尔宫的东立面（右）

高坡屋顶——加强了几何性，外观是古典主义的而内部装饰是巴洛克式的。东立面是皇宫的标志，它摒弃了繁琐的装饰和复杂的轮廓线，以简洁严肃的手法取得纪念性的效果。

小特里阿农宫（Petit Trianon）

小特里阿农宫（图1-8-3），路易十五为其王后建造。为典型的古典主义风格建筑，青色石灰石和玫瑰大理石建造。主要房间有大沙龙、小沙龙、画室、卧室、化妆室等。附近有路易十六为玛丽·安托瓦内特王后修建的瑞士农庄，有茅屋、磨坊、羊圈，王后常化妆为乡间牧羊女在此游玩。

凡尔赛宫（Versailles）

凡尔赛宫（图1-8-4）位于巴黎西南18公里的凡尔赛，于1689年全部竣工，占地111万平方米。由孟莎设计，法国绝对君权最重要的纪念碑，用石头表现了绝对君权的政治制度，其总体布局对欧洲的城市规划很有影响。包括三部分：宫殿、园林、放射形大道。是法国17～18世纪艺术和技术的集中体现者。凡尔赛宫宫殿为古典主义风格建筑，立面为标准的古典主义三段式处理，即将立面划分为纵、横三段，建筑左右对称，造型轮廓整齐、庄重雄伟，被称为是理性美的代表。其内部装潢则以巴洛克风格为主，少数厅堂为洛可可风格。

图1-8-3　小特里阿农宫（左）
图1-8-4　凡尔赛宫（右）

凡尔赛宫镜厅（Galerie des Glaces）

镜厅（图1-8-5）又称镜廊，凡尔赛宫最著名的大厅，由敞廊改建而成，在战争厅之南，西临花园。长76米，高13米，宽10.5米，一面是面向花园的17扇巨大落地玻璃窗，另一面是由400多块镜子组成的巨大镜面。厅内地板为细木雕花，墙壁以淡紫色和白色大理石贴面装饰，柱子为绿色大理石。柱头、

图1-8-5　镜厅

柱脚和护壁均为黄铜镀金，装饰图案的主题是展开双翼的太阳，表示对路易十四的崇敬。顶棚上为 24 具巨大的波希米亚水晶吊灯，以及歌颂太阳王功德的油画。大厅东面中央是通往国王寝宫的四扇大门。路易十四时代，镜廊中的家具以及花木盆景装饰也都是纯银打造，经常在这里举行盛大的化装舞会。

古典主义广场
旺道姆广场（Place Vendome）

旺道姆广场（图 1-8-6）由孟莎设计，平面为抹去四角的长方形，南北长 141 米，东西宽 126 米，轴线对称、四面一色的封闭性广场，轴线交点上立有纪功柱。是为歌颂路易十四的武功而建的纪念物。

协和广场（Place de la Concorde）

协和广场（图 1-8-7）位于巴黎市中心、塞纳河北岸，是法国最著名广场和世界上最美丽的广场之一。始建于 1755 年，由当时任职于路易十五宫廷的皇家建筑师雅克—昂日·卡布里耶（Jacques-Ange Gabriel）设计建造，工程历经二十年，于 1775 年完工。卡布里耶首先为协和广场设计了一个长 360 米，宽 210 米，总面积 84000 平方米的八角形广场的雏形。为了得到一个远景透视效果，他选择了与当初建巴黎的那些皇家广场不同的方案。他将协和广场设计成一个开放式的广场：人们在此可远眺丢勒里花园的千叶起舞，可俯视塞纳河的波光荡漾。广场两端由卡布里耶的另两部杰出之作：法国海军总部和克里昂大饭店（l'Hotel Crillon）为协和广场划出了终点线。1763 年取名"路易十五广场"，广场中心曾塑有路易十五骑像。大革命时期被称为革命广场，1795 年改称"协和广场"。

小贴士：
协和广场中央矗立着 23 米高的埃及方尖碑。这是路易·菲力普于 1831 年从埃及鲁克索神庙移来的。碑身的楔形文字记载着拉美西斯二世法老的事迹。方尖碑两侧各有一个喷泉水池，池中精致的雕刻是希托弗的作品。广场四角的 8 个雕像，是法国八大城市的象征。

图 1-8-6　旺道姆广场（左）
图 1-8-7　协和广场（右）

巴黎建筑学院

随着古典主义建筑风格的流行，巴黎在 1671 年设立了建筑学院，学生多出身于贵族家庭，他们瞧不起工匠和工匠的技术，形成了崇尚古典形式的学院派。学院派建筑和教育体系一直延续到 19 世纪。学院派有关建筑师的职业技巧和建筑构图艺术等观念，统治西欧的建筑事业达 200 多年。

古典主义建筑的成就和特点

1. 宫廷建筑是主要的建筑活动对象。

2. 排斥民族传统和地方特色，崇尚古典柱式。

3. 在总体布局、建筑平面与立面造型中以古典柱式为构图基础，强调轴线对称、注重比例、讲求主从关系、突出中心。

4. 提倡富于统一性与稳定感的横三段、竖五段式构图手段，追求端庄雄伟、完整统一和稳定感。

5. 建筑外观雄伟、端庄、简洁、高雅、装饰和色彩都比较少，而内部空间与装饰上常有巴洛克特征。

6. 与巴洛克风格相互渗透。

7. 园林艺术成就非凡，对欧洲影响很大。

8. 城市规划建设对欧洲也有很大影响。

9. 系统地总结了建筑理论，影响深远。

10. 建立了欧洲最早的建筑学院，形成了欧洲建筑教育的传统。

洛可可风格

洛可可风格（Rococo Style）主要表现在室内装饰上。18世纪20年代产生于法国，是在巴洛克建筑的基础上发展起来的，以其不均衡的轻快、纤细曲线著称。洛可可风格反映了法国路易十五时代宫廷贵族的生活趣味，曾风靡欧洲。

洛可可风格的特点

1. 室内应用明快的色彩和纤巧的装饰，家具也非常精致而偏于繁琐，不像巴洛克风格那样色彩强烈、装饰浓艳。德国南部和奥地利洛可可建筑的内部空间非常复杂。

2. 细腻柔媚，常常采用不对称手法，喜欢用弧线和S形线。

3. 爱用卷草舒花、旋涡作为装饰题材，缠绵盘曲，连成一体。顶棚和墙面有时以弧面相连，转角处布置壁画。为了模仿自然形态，室内建筑部件也往往做成不对称形状，变化万千，但有时流于矫揉造作。

室内墙面粉刷，爱用淡青、白色、嫩绿、粉红、玫瑰红等鲜艳的浅色调，线脚大多用金色。室内护壁板有时用木板，有时做成精致的框格，框内四周有一圈花边，中间常衬以浅色东方织锦。

4. 装饰材料大多用木材，除壁炉以外很少用大理石（太硬）。

5. 喜欢用镜面、金银漆、贝壳、水晶吊灯，造成闪烁的效果。

6. 大量使用东方装饰品、织锦。

代表作品： 巴黎苏俾士府邸公主沙龙（1735年，G. 布弗朗设计）、凡尔赛宫的王后居室。

扩展阅读： 法国巴黎恩瓦立德新教堂（Church of the Invalides）、俄国圣彼得堡海军部（Admiralteystvo）、法国南锡中心广场群（Place Louis XV，Nancy）。

➤ 相关链接

　　法兰西共和国(The Republic of France)，一个迷人的国度，一个浪漫的地方，一个历史悠久的国家，一个欧洲老牌的资本主义国家，经济发达。自尊心极强的法兰西民族，有着众多闻名世界的文化遗产和景点。热情、浪漫、穿着时尚、讲究礼仪、热爱自由等都是法国人的关键词，而法国人也以此为傲。

首都	巴黎 (Paris)
宗教	以天主教为主，此外还有新教、东正教、伊斯兰教和犹太教
货币	欧元（纸钞面额有EUR 500、200、100、50、20、10、5；硬币则分为2欧元、1欧元和50、20、10、5、2、1欧分）
语言	法语
时差	比北京时间晚6小时，实行夏令制，3月到10月比北京时间晚5个小时
文娱	法国的名人不胜枚举，以雨果、大仲马、小仲马、莫泊桑、莫里哀等为代表的文学大家，创作了许多脍炙人口的经典名著，如《巴黎圣母院》、《茶花女》、《基督山伯爵》等文学作品，今天仍是畅销书籍
面积	551602平方公里
国庆日	7月14日
地理位置	地处亚欧大陆西端，北隔英吉利海峡与英国相望，现有海底隧道可直接到达英国，东隔莱茵河与德国相连，东南部与瑞士隔阿尔卑斯山相接
人口	6290万，法兰西民族为主，还有阿尔萨斯人、布列塔尼人、科西嘉人、佛拉芒人、加泰隆人和巴斯克人等
购物	每年7、8月及新年过后的时间内，法国的商店都会有特别的折扣，大致在五折到七五折之间
主要景点	凡尔赛宫、卢浮宫、埃菲尔铁塔、巴黎圣母院、凯旋门、香榭丽舍大街、巴士底狱遗址
常用电话	中国驻法国使馆电话：(+33) 1 49521950；中国驻巴黎总领事馆电话：(+33) 1 53758921、(+33) 1 53758853、(+33) 1 53758860、(+33) 1 53758803
气候	春天来得较晚，大致在4月到5月，平均温度在15℃左右，较寒冷；9月、10月是法国的秋季，雨水较其他季节丰富，平均气温在12℃到15℃之间，和中国北方城市一样，这两个季节都需要准备羊毛衫等较厚、保暖性较好的衣物。夏天主要集中在6月到8月，也是法国最热的时候，雨水较少，尤其是最近几年欧洲各国夏天都很炎热，到法国旅游前做好防暑降温的准备是十分重要的。每年11月到3月是法国的冬天，温度低，最低气温可达到-5℃左右，日夜温差大，此时准备好防寒衣物方可出行
美食	盛产葡萄等水果和玉米等农作物，是世界第二农业出口大国。法国葡萄酒享誉世界，法国的食品加工业也居于世界领先水平。法国香槟及各红白餐酒如：BORDEAUX及BURGUNDY、各式芝士、白酒煨鸡、红酒煮牛肉、法式龙虾、大蒜蜗牛及大蒜田鸡腿
提示	在法国购物，需要缴纳购物税，购物税为20%，购买超过185欧元的商品就可以申请退13%的购物税。商店营业时间：09：30~19：00，周日休息。法国实行夏令制，每年的3月最后一个星期天凌晨2点时，将时间拨快1个小时，到10月的最后一个星期天凌晨3点时，再将时间调回。警察局上班时间为09：00~19：00，周六、周日、公共假日会有警察值班。银行营业时间：10：00~17：00，周六、周日休息
文化习俗	忌讳数字"13"、星期五，忌讳询问妇女的年龄。送双数枝数的花束也是不吉利，菊花、康乃馨则是不祥的代表；遇到法国朋友结婚或生孩子，一定要婚后或孩子出生后，再送礼
节日	法国的节庆假日多以宗教节日为主，包括复活节、耶稣升天节、圣灵降临节、圣诞节等，而国际性的节日，在法国也会放假，如新年元旦、国际劳动节等

西方近现代建筑

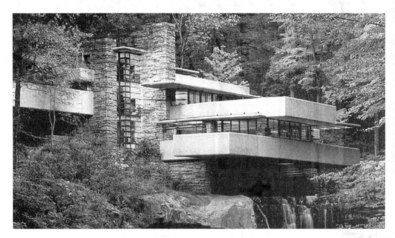

流水别墅

　　外国近现代建筑是建筑发展过程中的一个新阶段，在二百年内，已有了空前的变化，不论在建筑规模上、数量上、技术上、速度上都是以往任何历史时期所不能比拟的。由于社会的发展，促使了近现代建筑的革命，它正以崭新的面貌出现在人们的面前，越来越多地体现着功能与科学技术的特征。

第九章
西方近代建筑

➤ 关键要点

帝国风格建筑 (Empire Style Architecture)

法国拿破仑帝国的代表建筑风格。它追求外观上的雄伟、壮丽,内部则常常吸取东方或洛可可的装饰手法;建筑大多是罗马帝国建筑样式的翻版;它的作用是颂扬对外战争的胜利。

英雄主义建筑 (Heroism Style Architecture)

在启蒙思想的影响下,资产阶级为了夺取政权,需要奋不顾身战斗的英雄行为。建筑物要能引起激动的情绪,必须同英雄主义的表现结合起来。王室建筑师院士列杜和院士部雷在大批的设计中最突出地表现了昂扬的英雄主义。

古典复兴建筑 (Classical Revival Architecture)

采用严谨的古代希腊、罗马形式的建筑,又称新古典主义建筑,18 世纪 60 年代到 19 世纪流行于欧美一些国家。

浪漫主义建筑 (Romanticism Architecture)

18 世纪下半叶到 19 世纪下半叶,欧美一些国家在文学艺术的浪漫主义思潮影响下流行的一种建筑风格。浪漫主义在艺术上强调个性,提倡自然主义,主张用中世纪的艺术风格与学院派的古典主义艺术相抗衡。由于追求中世纪的哥特式建筑风格,又称为哥特复兴建筑。

折中主义建筑（Eclectic Architecture）

折中主义建筑任意模仿历史上各种建筑风格，或自由组合各种建筑形式，它们不讲求固定的法式，只讲求比例均衡，注重纯形式美，故也被称为集仿主义。

➢ 知识背景

启蒙运动

18 世纪中叶，欧洲先进的知识分子向封建制度和它的意识形态猛烈开火。这个运动得名为"启蒙运动"，以法国为中心。相应的建筑理论和创作也空前激进。

启蒙思想

启蒙运动的主要武器是批判的理性。启蒙主义者则宣扬唯物主义和科学，反对神学统治。作为启蒙思想主要支柱之一的自然科学在工业革命推动下突飞猛进。但启蒙思想是机械论和形而上学的，有些简单化和片面性。

美术考古

自从文艺复兴运动以来，欧洲始终存在着对古典主义即古希腊和古罗马文化的爱好。18 世纪中叶，在启蒙思想和科学精神推动下，欧洲的考古工作大大发达起来。从遗址中，欧洲建筑师发现古希腊建筑同古罗马建筑之间的巨大差异，他们的眼界更加开阔了，思想也更解放了。

建筑理论

启蒙思想产生了朝气勃勃的建筑思潮，它同时也受到自然科学和美术考古的灌溉，新思潮是全欧洲的现象，而以法国为中心。启蒙主义建筑理论的核心，也是批判的理性。启蒙主义理论家们以理性为矩度，实事求是地赞赏哥特式教堂的结构和形式的统一，但谴责它的装饰。这些理论突破教条主义，把真正科学的理性精神带进了建筑领域。

资本主义发展

决定欧洲从封建制度进入资本主义制度的，是英国和法国的资产阶级革命。资本主义社会的发展，需要有丰富多样的建筑来满足各种不同的要求。在19 世纪，交通的便利、考古学的进展、出版事业的发达，加上摄影技术的发明，都有助于人们认识和掌握以往各个时代和各个地区的建筑遗产。于是出现了希腊、罗马、拜占庭、中世纪、文艺复兴和东方情调的建筑在许多城市中纷然杂陈的局面。

新建筑的出现

产业革命所引起的生产上和科学技术上的大变革，要求一种同两千年来的建筑有很大不同的新建筑。资本主义生产的每一个环节都要求新型的建筑物：矿场、车间、仓库、火车站、博览会、商场、船埠等。这些建筑物，由于生产日新月异的发展，功能越来越复杂。

➢ 建筑解析

帝国风格建筑（Empire Style Architecture）

帝国风格是指法国拿破仑帝国的代表建筑风格。其外观雄伟、壮丽，大多是罗马帝国建筑样式的翻版，内部则常常采用东方或洛可可的装饰手法；它的作用是颂扬对外战争的胜利。

代表作品：军功庙、巴黎万神庙、雄师凯旋门等。

军功庙（Madeleine）

1806～1842年建，设计人维尼翁。又称马德兰教堂（图1-9-1）。1799年在巴黎马德兰教堂原址上设计建造一座陈列战利品的庙。采用了围廊式庙宇的形制。军功庙正面8根柱子，侧面18根，罗马科林斯式。军功庙的大厅由3个扁平的穹顶覆盖，而穹顶是用铸铁做骨架的。

古典复兴建筑（Classical Revival Architecture）

采用严谨的古代希腊、罗马形式的建筑，又称新古典主义建筑，18世纪60年代到19世纪流行于欧美一些国家。当时，人们受启蒙运动的思想影响，崇尚古代希腊、罗马文化。在建筑方面，古罗马的广场、凯旋门和纪功柱等纪念性建筑成为效法的榜样。考古取得的成绩，古希腊、罗马建筑艺术珍品大量出土，为这种思想的实现提供了良好的条件。采用古典复兴建筑风格的主要是国会、法院、银行、交易所、博物馆、剧院等公共建筑和一些纪念性建筑。

巴黎万神庙（Pantheon, Paris）

1755～1792年建。设计师J.G.苏夫洛设计。万神庙（图1-9-2）本来是献给巴黎的守护者圣什内维埃芙的教堂，又叫圣什内维埃夫（St.Genevieve）教堂。1791年用作国家重要人物的公墓，改名为万神庙。它是法国资产阶级革命前夜最大的建筑物，启蒙主义的重要体现者。它位于圣什内维埃芙山上，平面是希腊十字式的。万神庙的重要成就之一是结构空前地轻。穹顶有3层。穹顶和鼓座模仿圣保罗大教堂，采用坦比哀多式。支柱细，跨距大。鼓座立在帆拱之上。四臂是扁穹顶。万神庙正立面柱廊有6根19m高的柱子。上面顶戴着山花，下面没有基座。下部是方形的，上部是圆柱形的。上下部风格不协调，尺度也不统一，所以整体性比较差。

图 1-9-1　军功庙

图 1-9-2　巴黎万神庙

伦敦不列颠博物馆（The British Museum）

1823～1847 年建，立面是单层的爱奥尼柱廊，端丽典雅、气魄雄伟、十分壮观（图 1-9-3）。

德国柏林的勃兰登堡门（Brandenburger Gate）

1789～1793 年建，由 C.G. 朗汉斯设计。这座以沙石为建筑材料建造的柱廊式城门，仿照了雅典阿克波利斯（Akropolis）建筑风格（图 1-9-4）。两侧共有 6 根高达 14 米、底部直径为 1.70 米的多立克式立柱，支撑着 11 米深的五条通道。1794 年，勃兰登堡门顶上装饰了沙多（Schadow）塑造的四马战车及胜利女神塑像，指向东方的市中心。

图 1-9-3　伦敦不列颠博物馆

图 1-9-4　德国柏林的勃兰登堡门

华盛顿的林肯纪念堂（Lincoln Memorial）

1911～1922 年建，由名建筑设计家亨利·培根（Henry Bacon）设计。是一座通体洁白的用花岗岩和大理石建造的古希腊神殿式纪念堂（图 1-9-5），它是为纪念美国第 16 任总统阿伯拉罕·林肯而建造的。长方形的纪念堂矗立在一块相对独立、直径约 400 米的草坪中间，地表以上是将近 5 米高的花岗岩基石。建造在石台上的纪念堂高 60 英尺（约 18.3 米），加上基石，纪念堂有

小贴士：

走进纪念堂，迎面是洁白、庄严的林肯坐像，展堂南北两边石壁上铭刻着林肯的两篇著名演说，南墙上的是《自由的新生——葛底斯堡演说》全文。纪念堂北墙上则是林肯 1865 年第二次总统就职演说词，全文稍长一些。第二次就职演说气势磅礴，充满情感。由于林肯为人类平等作出的巨大贡献，洁白的林肯纪念堂自横空出世之日，就成为民权运动的圣地。1963 年 8 月 23 日，20 万人在林肯纪念堂东阶外至华盛顿纪念碑前举行和平集会，著名的民权运动领袖黑人牧师马丁·路德·金在纪念堂东台阶上发表了《我有一个梦》的著名演说。

23 米多高。纪念堂柱廊东西宽约 36 米，南北长约 57 米，是一个长方形建筑。林肯纪念堂外廊四周共有 36 根石柱，柱高 13.4 米，底部直径 2.26 米。高大厚重的外廊石柱颇有希腊帕提农神庙的风格，象征着林肯在世时美国的 36 个州。纪念堂顶部护墙上有 48 朵下垂的花饰，代表纪念堂落成时美国的 48 个州。廊柱上端护栏上刻着 48 个州的名字。

扩展阅读：巴黎雄师凯旋门 (Triomphe de l Etoile，Paris)、美国国会大厦 (The United States Capital)、柏林宫廷剧院 (Berlin Theater)。

浪漫主义建筑 (Romanticism Architecture)

18 世纪下半叶到 19 世纪下半叶欧美一些国家在文学艺术中的浪漫主义思潮影响下流行的一种建筑风格。浪漫主义在艺术上强调个性，提倡自然主义，主张用中世纪的艺术风格与学院派的古典主义艺术相抗衡。这种思潮在建筑上表现为追求超尘脱俗的趣味和异国情调。浪漫主义建筑主要限于教堂、大学、市政厅等中世纪就有的建筑类型。

英国伦敦议会大厦 (Houses of Parliament)

1836 ~ 1868 年建，G. 巴里设计。众人皆知的议会大厦其本来的名字为West Minister Palace，即威斯敏斯特宫 (图 1-9-6)。在 1834 年的一场大火中，这座宫殿几乎被毁，只留下了唯一的瓦顶的威斯敏斯特大厅。此后，又花费了几年时间重建成如今的规模。哥特复兴式，盖有如同针塔般的尖顶。负责 97米钟塔工程的人叫作本杰明·霍尔，人们便以他名字的爱称尊称这座时钟塔楼为 "大本钟"。但最初这个名字只是赋予塔中那座 13 吨重的大钟，如今却已成为整个塔楼的名字了。整个建筑物中西南角的维多利亚塔最高，高达 103 米。

扩展阅读：耶鲁大学的老校舍 (Yale University)。

图 1-9-5 华盛顿的林肯纪念堂（左）
图 1-9-6 英国伦敦议会大厦（右）

折中主义建筑 (Eclectic Architecture)

折中主义建筑在 19 世纪中叶以法国最为典型，巴黎高等艺术学院是当时传播折中主义艺术和建筑的中心；而在 19 世纪末和 20 世纪初期，则以美国最为突出。折中主义建筑师任意模仿历史上各种建筑风格，或自由组合各种建筑形式，他们不讲求固定的法式，只讲求比例均衡，注重纯形式美，故也被称为集仿主义。折中主义建筑思潮依然是保守的，没有按照当时不断出现的新建筑材料和新建筑技术去创造与之相适应的新建筑形式。

代表建筑：巴黎歌剧院、罗马的伊曼纽尔二世纪念建筑、巴黎的圣心教堂、芝加哥的哥伦比亚博览会建筑（威尼斯建筑的风格）等。

巴黎歌剧院（Paris Opera）

1861～1874年建，法兰西第二帝国的重要纪念物，剧院立面仿意大利晚期巴洛克建筑风格，并掺进了繁琐的雕饰，它对欧洲各国建筑有很大影响（图1-9-7）。

扩展阅读：罗马的伊曼纽尔二世纪念建筑（Monument to Victor Emmanuel II）、巴黎圣心教堂（Sacre Coeru）。

建筑新类型

工业大生产的发展，新材料、新结构技术、新施工方法的出现和新的使用要求与创作中的复古思潮矛盾，促使对古典建筑形式的简化，对新的建筑思潮与新建筑形式的变化。如铁结构、升降机与电梯的应用，装配化建造，新公共建筑类型的出现等迫切需要解决建筑创作的新方向问题。工程师成为新建筑思潮的促进者。代表建筑有伦敦水晶宫、巴黎埃菲尔铁塔、机械馆等。

伦敦水晶宫（Crystal Palace）

水晶宫是1851年英国伦敦世界博览会展览馆（图1-9-8），设计人为帕克斯顿（Paxton）。外形为T形的长方体，长1851英尺（563米，象征1851年建造），宽408英尺（124.4米）。其特点是：

图1-9-7 巴黎歌剧院（左）
图1-9-8 伦敦水晶宫（右）

1. 用新材料、新技术创造了前所未有的新形式。技术与形式达到了高度统一，是世界上第一座新建筑，标志着新建筑第一次走上主导地位，开辟了建筑史的新纪元。

2. 它是装配式建筑的始祖，体现了预制构件和装配化在建筑中的巨大的优越性。体现了"机械生产"的本能，它的各个面只显示铁构架与玻璃，摒弃了古典主义的装饰风格，表现的完全是一种机器化生产的本能。

3. 施工时间短、速度快。在八个月内完成74400平方米建筑面积。

埃菲尔铁塔、机械馆（Eiffel Tower）

建成于 1889 年，是法国政府为庆祝 1789 年法国资产阶级大革命一百周年，举办世界博览会而建立起来的永久性纪念物（图 1-9-9）。由工程师埃菲尔设计建造，埃菲尔铁塔高 328m（创造了当时世界最高建筑纪录），采用铁结构，使用了新的设备水力升降机。新结构和新设备体现工业生产的强大威力。机械馆长 420 米，创造了最大跨度 115m 的新纪录。四壁为大片玻璃，结构上首次使用了三铰拱的原理。表明 19 世纪结构科学、施工技术的巨大进步。

城市新发展

工业革命后欧美资本主义国家人口急剧增加，城市环境与面貌遭到破坏，既危害人民的生活，又妨碍资产阶级自身的利益，为了解决城市矛盾进行过一些有益的探索。代表作品：新协和村、花园城市、工业城市、带形城市等。

花园城市（Garden City）

又称田园城市（图 1-9-10）。19 世纪末英国社会活动家霍华德（Ebenezer Howard）在他的著作《明日，一条通向真正改革的和平道路》中认为应该建设一种兼有城市和乡村优点的理想城市，他称之为"田园城市"。

小贴士：

埃菲尔铁塔分为三层，从塔座到塔顶共有1711级阶梯，分别在离地面57米、115米和276米处建有平台。该塔共用去钢铁7000吨、12000个金属部件、250万只铆钉而相连起。1889 年 5 月 15 日 11 点 50 分，埃菲尔为国际博览会开幕式剪彩，是他亲手将法兰西的国旗第一次升到了300多米的高空。为了铭记这位钢铁建筑之父，人们将铁塔命名为"埃菲尔铁塔"。并在塔下为他塑了一座半身铜像。

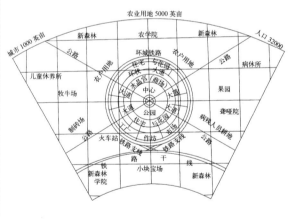

图 1-9-9　埃菲尔铁塔（左）
图 1-9-10　花园城市（右）

带形城市（Linear City）

19 世纪末西班牙工程师索里亚·伊·马泰（Arturo Soria y Mata）提出的一种主张城市平面布局呈狭长带状发展的规划理论。"带形城市"（图 1-9-11）的规划原则是以交通干线作为城市布局的主脊骨骼；城市的生活用地和生产用地，平行地沿着交通干线布置；大部分居民日常上下班都横向地来往于相应的居住区和工业区之间。城市继续发展，可以沿着交通干线纵向不断延伸出去。

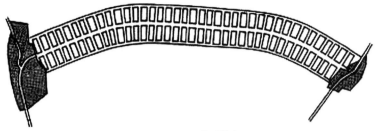

图 1-9-11　带形城市

➤ 相关链接

埃菲尔铁塔参观提示

门票	使用电梯到达铁塔一层，成人及12岁以上儿童，4.3欧元／人，12岁以下3岁以上儿童2.4欧元／人；使用电梯到达铁塔二层，成人及12岁以上儿童，7.7欧元／人，12岁以下3岁以上儿童，4.2欧元／人；使用电梯到达铁塔顶层，成人及12岁以上儿童，11欧元／人，12岁以下3岁以上儿童，6欧元／人；使用楼梯到达铁塔一层、二层，25岁以上成人3.8欧元／人，25岁以下成人3.0欧元／人；所有门票对3岁以下儿童，一律免收
开放时间	09：30～23：00（1月1日到6月15日，9月3日到12月31日）；09：00～24：00（6月16日到9月2日）
到达方式	乘坐42、69、72、82、87公交车可到达
饮食	在铁塔的一层和二层，设有餐馆，分别为ALTITUDE 95（铁塔离地高度95米处）和LE JULES VERNE（铁塔离地高度125米处），为游客提供餐饮服务，此外，在铁塔入口处，还有小吃店和冰激凌店
购物	铁塔入口和铁塔一层、二层等处，设有纪念品商店
管理处电话	(+33) 1 44112323
网址	www.tour-eiffel.fr
景点地址	Champs de Mars，Paris 7e

第十章
前现代主义时期建筑

> ➤ **关键要点**

前现代主义时期建筑 (Pre-modernism Architecture)

欧洲及美国 19 世纪末——第一次世界大战战后初期出现的对新建筑的探索。探求新建筑运动的派别有：工艺美术运动、新艺术运动、维也纳学派及分离派、德意志制造联盟、芝加哥学派、草原式住宅。

英国工艺美术运动 (Arts and Crafts Movement)

亦称手工艺运动。19 世纪 50 年代在英国出现的小资产阶级浪漫主义思想的反映，他们的观点是〝美术家与工匠结合才能设计制造出有美学质量的为群众享用的工艺品〞。他们敌视工业文明，认为机器生产是文化的敌人，热衷于手工艺的效果与自然材料的美。

新艺术运动 (Art Nouveau)

19 世纪 80 年代开始于比利时布鲁塞尔，主张能适应工业时代精神的简化装饰，反对历史式样，〝新艺术运动〞的思想主要表现在用新的装饰纹样取代旧的程式化的图案，主要从植物形象中提取造型素材，模仿自然界生长繁茂的草木形状和曲线。在室内装饰中，大量采用自由连续弯绕的曲线和曲面。

功能主义 (Functionalism)

在现代建筑设计中，将实用作为美学主要内容、将功能作为建筑追求目标的一种创作思潮。芝加哥建筑师沙里文 (Louis Henry Sullivan) 是功能主义的奠基者。提出〝形式服从功能〞的口号。早期功能主义的重点是解决人的生理需要，其设计方法为"由内向外"逐步完成。在功能主义发展的晚期。人的心理需要被引进建筑设计之中，建筑形式成为功能的一个组成部分。

➢ 知识背景

现代建筑的产生可以追溯到产业革命和由此而引起的社会生产和社会生活的大变革：

1. 房屋建造量急剧增长，建筑类型不断增多，建筑形制变化迅速。

2. 产业革命以后，如钢和水泥的应用使房屋建筑出现飞跃的变化。

3. 掌握了一般建筑结构的内在规律，建立了为实际工程所需要的计算理论和方法，形成系统的结构科学，从而做出合理、经济而坚固的房屋结构设计。

4. 建筑业的生产经营转入资本主义经济轨道。建筑师是自由职业者，他们在建筑设计中从事竞争，于是商品生产的经济法则也渗入建筑师的职业活动中。

➢ 建筑解析

英国工艺美术运动
代表作品

韦佰（Webb）设计的莫里斯的住宅"红屋"（图1-10-1、图1-10-2），平面为非对称的L形布局，根据使用要求布置房间，用当地产的红砖建造，表现了建筑材料的自然属性，将功能、材料与艺术造型有机结合。

图1-10-1 红屋（一）（左）
图1-10-2 红屋（二）（右）

新艺术运动

"新艺术运动"建筑为20世纪20年代的现代主义建筑奠定了基础。其特征主要表现在室内，外形上一般较简洁。在朴素地运用新材料、新结构的同时，处处浸透着艺术的考虑。建筑内外的金属构件有许多曲线，或繁或简，冷硬的金属材料看起来柔化了，结构显出韵律感。

代表人物及作品

新艺术运动的发源地是比利时，该流派在建筑与室内设计中喜用葡萄蔓般相互缠绕和螺旋扭曲的线条，这种起伏有力的线条成了比利时新艺术的代表性特征，被称为"比利时线条"或"鞭线"。这些线条的起伏，常常是与结构或构造相联系的。代表人物即霍塔（Victor Horta）和菲尔德（Henry van de Velde）。代表建筑是霍塔设计的布鲁塞尔都灵路12号住宅（Escalera de la Maison Tassel，见图1-10-3）、霍塔博物馆等。

西班牙建筑师高迪（Antonio Gaudi，1852～1926年）在建筑艺术风格上另辟蹊径。他以自己丰富的幻想、浪漫主义的手法吸取了东方建筑的一些特点，结合自然的形式，苦心营造他独创的塑性建筑。高迪的代表作是在巴塞罗那的米拉公寓（图1-10-4），于1906～1910年在西班牙巴塞罗那建成。建筑形象奇特，怪诞不经。同时吸收了伊斯兰建筑的风格，与哥特式建筑的结构特点相结合，采取自然的形式，精心去探索他独创的塑性建筑楷模。

图1-10-3 布鲁塞尔都灵路12号住宅（左）
图1-10-4 米拉公寓（右）

维也纳学派（Vienna School）

以瓦格纳（Otto Wagner）为首，在专著《现代建筑》中提出：新建筑要来自生活，表现当代生活。他认为没有用的东西不可能美，主张运用工业提供的建筑材料，推崇整洁的墙面、水平线条、集中装饰和平屋顶，认为从时代的功能与结构形象中产生的净化风格具有强大的表现力。认为新结构、新材料必然导致新形式的出现，反对使用历史式样。其代表作品是维也纳地下铁道车站（图1-10-5）和邮政储蓄银行（The Postal Savings Bank，见图1-10-6）。

维也纳的另一位建筑师路斯（Adolf Loos）主张建筑应以实用为主，反对把建筑列入艺术的范畴，并竭力反对装饰。1908年写了《装饰与罪恶》一文，声称"装饰是罪恶"。路斯的代表作是1910年建在维也纳的斯坦纳住宅（Steiner House，见图1-10-7）。

图 1-10-5　维也纳地下铁道车站（左）
图 1-10-6　维也纳邮政储蓄银行（右）

图 1-10-7　斯坦纳住宅（左）
图 1-10-8　阿姆斯特丹证券交易所（右）

北欧对新建筑的探索

反对折中主义，提倡"净化"建筑，主张表现建筑造型的简洁明快及材料的质感。

代表人物及作品

阿姆斯特丹证券交易所（Amsterdam Stock Exchange，见图 1-10-8），荷兰的贝尔拉格（H.P.Berlage）设计。这座交易所建筑有大片清水砖墙面和砖券，交易大厅上部为拱形钢铁屋架（图 1-10-9），有大面积玻璃天窗。建筑外观上还有一些大大小小的山墙、尖塔和一个高高的钟塔，显出同荷兰哥特建筑风格的一定联系。最突出的是设计者删繁就简，在新条件下追求理性和真实性。

图 1-10-9　阿姆斯特丹证券交易所拱形钢铁屋架

美国芝加哥学派

芝加哥学派（Chicago School）兴盛于 1883 到 1893 年间，是美国现代建筑的奠基者。创始人是工程师詹尼（William le Baron Jenney），代表人物是沙利文（Louis Henry Sullivan），他提出"形式追随功能（Form Follows Function）"

的口号。他认为建筑设计应该从功能出发，从内而外，同时，形式应该反映内容。他的思想为现代主义的建筑设计思想开辟了道路。芝加哥学派的代表性建筑集中在芝加哥的高层建筑。

建筑成就

工程技术上创造了高层金属框架结构和箱形基础；发展了高层办公楼建筑的典型形制；建筑造型上趋向简洁，并创造了独特的风格。芝加哥学派的高层建筑都有一些公共的特点，就是采用金属框架结构，建筑外观简洁，立面由一种宽阔的横向长方形窗整齐排列构成。这种窗就是所谓的"芝加哥窗 (Chicago Window，见图 1-10-10)"。

代表人物及作品

C.P.S. 芝加哥百货公司大厦 (Carson Pirie Scott Department Store，见图 1-10-11) 建于 1899 ~ 1904 年间，由著名建筑师、芝加哥学派的中坚人物 L.H. 沙利文设计，并作为沙氏的代表作载入史册。在社会经济和技术发生变化的时刻，他主张适应新的条件，创造新建筑。它的立面处理直率地反映出框架结构的特征，大部分采用横向长窗。但是 L.H. 沙利文并不完全抛弃以往的建筑手法，大楼细部有不少装饰，底部还用了许多铁的花饰，楼顶原来有小挑檐。自 C.P.S. 芝加哥百货公司大厦问世以后，因采用框架结构而诞生的横向扁平窗成为风靡一时的新形式，被人们赠以"芝加哥窗"的美名。

图 1-10-10　芝加哥窗（左）

图 1-10-11　芝加哥百货公司大厦（右）

德意志制造联盟

德意志制造联盟是 19 世纪末 20 世纪初德国建筑领域里创新活动的重要力量，由一些艺术家、建筑家、工业家等组成。它的目的在于结合各方面的努力提高工业制品的质量。德意志制造联盟继承了莫里斯倡导的"工艺美术运动"，但它的目的不在于恢复手工生产来提高工业品的质量，而是要使机器产物变为艺术品。

代表人物

彼得·贝伦斯（Peter Behrens），德国著名建筑师，工业产品设计的先驱，"德意志制造联盟"的首席建筑师，他对德国现代建筑的发展具有深刻的影响。主张以工业建筑为基地发展符合功能与结构特征的建筑。建筑应当是真实的，现代结构应当在建筑中表现出来，以产生新的建筑形式。

代表作品

德国通用电气公司透平机车间（AEG Turbine Factory，见图1-10-12），由贝伦斯设计。透平机车间按实际功能分成一个主体车间和一个附属建筑。主体部分屋顶为三铰拱，由此产生了开敞的大空间。建筑的立面开大玻璃窗反映了功能的需要，整座建筑摒弃了附加的装饰。

图1-10-12　德国通用电气公司透平机车间

赖特的草原式住宅（Prairie House）

在美国中西部的威斯康星州、伊利诺伊州和密歇根州等地设计的许多小住宅和别墅。这些住宅大都属于中产阶级，坐落在郊外，用地宽阔，环境优美。材料是传统的砖、木和石头，有出檐很大的坡屋顶。这些住宅既有美国民间建筑的传统性，又突破了封闭性。它适合于美国中西部草原地带的气候和地广人稀的特点，虽然它们并不一定建造在大草原上。

代表作品

罗伯茨住宅（Isabel Roberts House，River Forest，Illinois，见图1-10-13），1907年。建筑平面是惯用的十字形，大火炉在它的中央。室内采用两种不同的层高，顶棚根据屋顶的自然坡度灵活处理。室内空间丰富。外形上互相穿插的水平屋檐，衬托出一幅生动活泼的图景。和自然环境结合紧密。

罗比住宅（Robie House，1908年，见图1-10-14）创造了"像蔓生植物覆盖于地面上"的造型效果，给人以舒展、洒脱之感，是最具个性的草原式住宅。它体现了赖特苦苦追求的不同于传统样式的有着自己独立风格和语言的强烈愿望，被业界看作是"草原式风格"最杰出的代表作。

图1-10-13　罗伯茨住宅（左）
图1-10-14　罗比住宅（右）

新建筑运动总结

1. 意义重大，新建筑者的流派为现代主义全面奠定了基础。

2. 波及面广，各种艺术领域均受影响。

3. 各流派均有局限：都在某一方面与复古传统相抗衡，而不全面。

4. 百花齐放，有利于现代主义建筑的形成。各流派联系密切，并相互影响。

扩展阅读：德国的青年风格派（Jugendstil）、英国的格拉斯哥学派。

➢ 相关链接

圣家族大教堂参观提示

景点地址	西班牙巴塞罗那Provenca，450
开放时间	11月～次年2月，9：00～18：00；3月、9月、10月，9：00～19：00；其余月份，9：00～20：00
到达方式	坐地铁到Sagrada Familia站下
管理处电话	(93) 207 3031
网址	www.sagradafamilia.org

霍塔博物馆参观提示

景点地址	比利时布鲁塞尔Rue Mericaine 25
开放时间	周二～周日，14：00～17：30
门票价格	平日150法郎，假日200法郎

第十一章
现代主义建筑

➤ 关键要点

现代主义建筑（Modernism Architecture）

现代主义建筑又称为现代派建筑，是指 20 世纪中叶在西方建筑界居主导地位的一种建筑。强调建筑要随时代而发展；强调要研究和解决建筑的实用和经济问题；主张积极采用新材料、新结构；主张坚决摆脱过时的建筑样式的束缚，发展新的建筑美学，创造新风格。大胆创造适应于工业化社会要求的崭新建筑，其代表性建筑有包豪斯校舍、萨伏伊别墅、联合国总部大厦、巴西议会大厦等。

包豪斯学派（Bauhaus School）

20 世纪 20 年代德国以包豪斯为基地形成与发展的建筑学派。格罗皮乌斯（Gropius）是包豪斯的核心人物，他们重视空间设计；强调功能与结构的效能；把建筑美学同建筑的目的性、材料性能和建造方式联系起来；提倡以新的技术来经济地解决好新的功能问题。

少就是多（Less is more）

"少就是多"是密斯（Mies）的名言。其具体内容寓意于两个方面：一是简化结构体系，精简结构构件，使产生没有屏障或屏障很少的可作任何用途的建筑空间；二是净化建筑形式，精确施工，使之成为不附有任何多余内容的由直线、直角组成的规整和纯净的钢和玻璃的方盒子。

➤ 知识背景

第一次世界大战后，欧洲的政治、经济和社会思想状况对于建筑学领域的改革创新促使现代建筑的产生。

1. 战后初期欧洲各国的经济困难状况，促进了讲求实效的倾向，抑制了片面追求形式的复古主义做法。

2. 工业和科学技术的继续发展，带来更多的新建筑类型，要求建筑师突破陈规。建筑材料、结构和设备方面的进展，促使越来越多的建筑师走出学院派的象牙之塔。

3. 第一次世界大战的惨祸和俄国"十月革命"的成功在世人心理上引起强烈震动。人心思变，大战后社会思想意识各个领域内都出现许多新学说和新流派，建筑界也是思潮澎湃。新观念、新方案、新学派层出不穷。

4. 世界经济重心由欧洲转移到美国，且美国远离战争威胁，大量欧洲学者、艺术家、建筑师移居这片乐土。

➤ 建筑解析

一战后初期建筑流派
风格派（De Stijl）

风格派主张把艺术从个人情感中解放出来，寻求一种客观的、普通的、建立在对时代的一般感受上的形式。风格派建筑师努力寻求尺寸、比例、空间、时间和材料之间的关系，打破室内的封闭感与静止感而强调向外扩散，使建筑成为不分内外的空间和时间结合体。建筑造型基本以纯净的几何式：长方、正方、无色、无饰、直角、光滑的板料作墙身，立面不分前后左右。风格派的主要成员有画家蒙德里安、陶斯伯，雕刻家万顿吉罗，建筑师万特霍夫、奥德、里特维德等。

代表作品：1924 年由里特维德设计的乌德勒支的施罗德住宅（Utrecht Schroeder House，见图 1-11-1）。

构成主义（Construction）

俄国"十月革命"以后马列维奇（Kazimir Malevich，1878 ~ 1933 年）、贾波（Naum Gabo，1890 ~ 1977 年）和佩夫斯纳（Antoine Pecsner）把未来主义与立体主义的机械艺术相结合，发展成为构成主义。主张：谋求造型艺术成为纯时空的构成体，构成既是雕刻、又是建筑的造型，建筑的形成必须反映出构筑手段。构成主义的艺术家为未来的人们创造一种新的生活方式。

代表作品：1920 年塔特林（Vladimir Tatlin）设计的第三国际纪念碑模型（Model for the Monument to the Third International，见图 1-11-2）。

图 1-11-1　施罗德住宅（左）

图 1-11-2　第三国际纪念碑（右）

表现主义（Expressionism）

表现主义亦称表现派。产生于 20 世纪的德国和奥地利，于 1910 年前后趋于成熟。表现主义画家重个性、重感情、重主观需要，设想通过外在表现、扭曲形象或强调某些色彩，把梦想世界显示出来，以引起观者情绪上的激动。表现主义建筑师采用奇特、夸张的建筑形体来表现某些思想情绪、象征某种时代精神。

代表作品：门德尔松 1920 年设计的德国波茨坦市爱因斯坦天文台（Einstein Tower, Potsdam, 见图 1-11-3）。

图 1-11-3　爱因斯坦天文台

国际现代建筑协会（CIAM）

1928 年，来自 12 个国家的 42 名现代派建筑师代表在瑞士集会，成立国际现代建筑协会，简称 CIAM。

在 1933 年的雅典会议上，与会者专门研究现代城市建设问题，分析了 33 个城市的调查研究报告，指出现代城市应解决好居住、工作、游息、交通四大功能，提出了一个著名的城市规划大纲——《雅典宪章》。

在 1977 年的秘鲁首都利马会议上，总结了《雅典宪章》公布 40 年来的城市规划理论与实践，对当前各国城市规划的理论与方法，进行了广泛的讨论，提出了城市规划的新宪章——《马丘比丘宪章》。

欧洲现代主义建筑思潮

现代主义又被人称为诸如"功能主义"、"客观主义"、"实用主义"、"理性主义"，以及"国际式建筑"等。更多的人则称为"现代主义"。在 20 世纪

20～30年代，持有现代主义建筑思想的建筑师设计出来的建筑作品，有一些相近的形式特征，如平屋顶、不对称的布局、光洁的白墙面、简单的檐部处理、大小不一的玻璃窗、很少用或完全不用装饰线脚等。

设计思想

1. 强调建筑要随时代而发展，现代建筑应同工业化社会相适应。

2. 强调建筑师要研究和解决建筑的实用功能和经济问题，担负起自己的社会责任。

3. 主张积极采用新材料、新结构，在建筑设计中发挥新材料、新结构的特征。

4. 主张摆脱历史上过时的建筑样式的束缚，放手创造新形式的建筑。

5. 主张发展建筑美学，其中包括表现手法和建造手段的统一、建筑形体和内部功能的配合、建筑形象的逻辑性、灵活均衡的非对称构图、简洁的处理手法和纯净的造型等。

包豪斯（Bauhaus）

德国魏玛市的"公立包豪斯学校"（Staatliches Bauhaus）的简称。包豪斯一词又指包豪斯学派。包豪斯提倡客观地对待现实世界，在创作中强调以认识活动为主，并且猛烈批判复古主义。它主张新的教育方针以培养学生全面认识生活，意识到自己所处的时代并具有表现这个时代的能力为原则。它认为现代建筑犹如现代生活，包罗万象，应该把各种不同的技艺吸收进来，成为一门综合性艺术。

包豪斯学派的设计风格，可以归纳为如下几点：

1. 以功能为建筑设计的出发点，形态服从功能。

2. 打破对称的构图法则，采取灵活的不规则的布局构图。

3. 采用框架结构后，墙体不再负担承重的作用，窗可以尽量大。窗的几何秩序是新建筑外观形态的最大特征。

现代主义建筑四位大师及其作品、理论观点

沃尔特·格罗皮乌斯（Walter Gropius，1883～1969年）

现代建筑四位大师之一和建筑教育家，现代主义建筑学派的倡导人之一，包豪斯的创办人（图1-11-4）。1928年，他与勒·柯布西耶等组织国际现代建筑协会。1945年，同他人合作创办"协和建筑师事务所"，发展成为美国最大的、以建筑为主的设计事务所。

建筑理论：提出建筑要随时代而向前发展，必须创造这个时代的新建筑的主张。认为"建筑没有终极，只有不断的变革"，"美的观念随着思想和技术的进步而改变"。积极提倡建筑设计与工艺的统一、艺术与技术的结合，讲究功能、技术和经济效益。主张用工业化方法解决住房问题；把功能因素和经济

图1-11-4　沃尔特·格罗皮乌斯

小贴士：

　　包豪斯在十多年中设计和试制了不少宜于机器生产的家具、灯具、陶器、纺织品、金属餐具、厨房器皿等工业日用品，大多达到"式样美观、高效能与经济的统一"的要求。在建筑方面，师生协作设计了多处讲求功能、采用新技术和形式简洁的建筑。如德绍的包豪斯校舍、格罗皮乌斯住宅等。他们还试建了预制板材的装配式住宅；研究了住宅区布局中的日照以及建筑工业化、构件标准化和家具通用化的设计和制造工艺等问题。包豪斯的设计和研究工作对建筑的现代化影响很大。

因素放在建筑设计最重要的位置；把大量的光线引入室内；主张按空间的性质用途、相互关系来组织布局，按人体尺度及人的生理需求确定空间的最小极限。

代表作品：阿尔费尔德的法古斯工厂（Faguswerke，见图 1-11-5）。其幕墙由大面积玻璃窗和下面的金属板裙墙组成，室内光线充足，缩小了同室外的差别；房屋的四角没有角柱，充分发挥了钢筋混凝土楼板的悬挑性能。

图 1-11-5　法古斯工厂

德绍的包豪斯校舍（图 1-11-6、图 1-11-7）。它建于 1925～1926 年。校舍面积约一万平方米，共分三部分：教学楼、生活用房和四层的附属职业学校。设计强调实用功能，充分利用现代建材、结构，表现简洁、通透，用不对称的造型来寻求整个构图的平衡与灵活性，用非常经济的手段表现出严肃的几何图形。

图 1-11-6　包豪斯校舍（一）（左）
图 1-11-7　包豪斯校舍（二）（右）

扩展阅读：德国柏林西门子住宅区、美国格罗皮乌斯住宅、美国哈佛大学研究生中心、德国柏林汉莎区国际住宅展览会公寓、美国马萨诸塞州西水桥小学、美国何塞·昆西公立学校。

勒·柯布西耶（Le Corbusier，1887～1965 年）

柯布西耶（图 1-11-8）是对当代生活影响最大的建筑师，是 20 世纪文艺复兴式的巨人，在现代建筑运动中，他最有效地充当了前后两大阶

图 1-11-8　勒·柯布西耶

段的旗手：20世纪20年代的功能理性主义和后来更广泛的有机建筑阶段。他是20世纪最多才多艺的大师：建筑师、规划师、家具设计师、现代派画家、雕塑家、挂毯设计师，同时他又是多产作家，出版有50多部专著及大量文章。

建筑理论：在其著作《走向新建筑》中提出要创造新时代的新建筑。主张建筑工业化，把住房比作机器（"住房是居住的机器"）；并要求建筑师向工程师的理性学习；在设计方法上提出"设计不应是自外而内的，而应是自内而外的，外部是内部的结果，平面是整个设计的发动机"。

在住宅设计中提出了"新建筑五点"——底层的独立支柱、屋顶花园、自由平面、自由立面、横向长窗。强调建筑的艺术性，把建筑看成纯精神的创造。在具体设计上，柯布西耶强调以数学计算和几何计算为设计的出发点，一方面使建筑具有更高的科学性和理性特征，同时也体现了技术的原则。

代表作品：萨伏伊别墅（the Villa Savoye，见图1-11-9、图1-11-10）。位于法国巴黎近郊，由勒·柯布西耶大师于1928年设计，1930年建成。地段为12英亩，建筑占地只有20.50米×20米，方形，高3层。在设计中完全体现了"新建筑五点"，它在西方"现代建筑"历史上的重要地位，被誉为"现代建筑"经典作品之一。

朗香教堂（La Chapelle de Ronchamp，见图1-11-11）。建成于1953年。这是一座位于群山之中的小小天主教堂。它突破了几千年来天主教堂的所有形制，造型扭曲混沌，超常变形，怪诞神秘，如岩石般稳重地屹立在群山环

图1-11-9 萨伏伊别墅（一）（上）
图1-11-10 萨伏伊别墅（二）（左下）
图1-11-11 朗香教堂（右下）

绕的一处被视为圣地的山丘之上。朗香教堂的屋顶东南高、西北低，显出东南转角挺拔奔昂的气势，这个坡度很大的屋顶有收集雨水的功能，屋顶的雨水全部流向西北水口，经过一个伸出的泄水管注入地面的水池。教堂的三个竖塔上开有侧高窗。它以一种奇特的歪曲的造型隐喻超常的精神。朗香教堂是第二次世界大战以后，勒·柯布西耶设计的一件最引人注意的作品，它代表了勒·柯布西耶创作风格的转变，并对西方"现代建筑"的发展产生了重大的影响。

扩展阅读：巴黎瑞士学生宿舍、马赛公寓大楼。

密斯·凡·德·罗（Ludwig Mies van der Rohe，1886～1969 年）

现代建筑四位大师之一（图 1-11-12）。1919 年开始在柏林从事建筑设计。1930～1932 年任德国公立包豪斯学校校长。贡献在于通过对钢框架结构和玻璃在建筑中应用的探索，提出灵活多变的流动空间理论，倡导简洁精确的建筑处理手法。

图 1-11-12 密斯·凡·德·罗

建筑理论：强调建筑要符合时代特点，要创造新时代的建筑而不能模仿过去；重视建筑结构和建造方法的革新，认为"建造方法必须工业化"；以"少就是多"为建筑处理原则。一方面简化结构体系，精简结构构件，产生没有或极少屏障，而可作任何用途的建筑空间即全面空间，另一方面净化建筑形式，精确施工，创造出简洁明快、精确的建筑处理手法，使建筑技术与艺术高度统一起来。他主张钢框架建筑采用全玻璃的外墙以显示新型结构的特色，创造了"玻璃摩天楼"。密斯的这些独创的手法，在 20 世纪 50～60 年代曾广泛流行，被称作"密斯风格"。

代表作品：1929 年，巴塞罗那世博会德国馆（Barcelona Pavilion，见图 1-11-13、图 1-11-14）轰动了整个建筑界，这栋建筑本身成为了博览会上重要的展品。密斯·凡·德·罗在这个建筑物中完全体现了他在 1928 年所提出的"少就是多"的建筑处理原则。该建筑以空间为主题，打破封闭空间，在空间的流动中体验功能平面。大理石和玻璃构成的墙板是简单光洁的薄片，它们纵横交错，布置灵活，形成既分割又连通、既简单又复杂的空间序列；室

图 1-11-13 巴塞罗那博览会德国馆（一）（左）

图 1-11-14 巴塞罗那博览会德国馆（二）（右）

内、室外互相穿插贯通，没有截然的分界，形成奇妙的流动空间。

美国纽约西格拉姆大厦（Seagram Building, New York，见图 1-11-15）。建于 1954～1958 年，大厦共 40 层，高 158 米。大厦主体为竖立的长方体，除底层及顶层外，大楼的幕墙墙面直上直下，整齐划一。窗框用钢材制成，墙面上还凸出一条工字形断面的铜条，增加墙面的凹凸感和垂直向上的气势。整个建筑的细部处理都经过慎重的推敲，简洁细致，突出材质和工艺的审美品质。西格拉姆大厦实现了密斯本人在 20 世纪 20 年代初的摩天楼构想，被认为是现代建筑的经典作品之一。

图 1-11-15　西格拉姆大厦

扩展阅读：德国共产党领袖李卜克内西与卢森堡纪念碑、美国芝加哥伊利诺伊工学院校舍、美国伊利诺伊州女富豪范斯沃斯住宅、美国芝加哥湖滨公寓。

弗兰克·劳埃德·赖特（Frank Lloyd Wright，1869～1959 年）

现代建筑四位大师之一（图 1-11-16），是美国 20 世纪最重要的建筑师。赖特对建筑的看法与现代建筑大师中的其他人有所不同，以现代主义建筑同盟军的身份为现代建筑作出了贡献。

图 1-11-16　赖特

建筑理论：在美国西部建筑基础上融合了浪漫主义精神，创造了富有田园情趣的"草原式住宅"，在后来发展为"有机建筑"（Organic Architecture）论；主张建筑应"由内而外"，强调建筑的"整体性"；反对袭用传统建筑样式，主张创新，但不是从现代工业化社会出发，认为 20 世纪 20 年代现代建筑把新建筑引入歧途；他在创作方法上重视内外空间的交融，既运用新材料和新结构，又注意发挥传统建筑材料的优点；同自然环境的结合是他建筑作品的最大特色。每个建筑的形式、构成，以及与之有关的各种问题的解决，都要依据各自的内在因素来思考，力求合情合理。自然界是有机的，因而取名为"有机建筑"。

有机建筑特点：

1. 建筑的整体性与统一性。特别突出视觉和艺术的统一，常以母题构图贯穿全局。

2. 空间的自由性、连贯性和一体性。主张"开放布局"（Open Planning）。

3. 材料的视觉特色和形式美。

4. 形式与功能的统一，主张从事物的本质出发，提倡由内而外的设计手法。

主要著作：1901 年《机器的工艺美术运动》/《机器的艺术和工艺》有机

建筑论，1932 年《正在消失的城市》。

代表作品：约翰逊公司总部（Johnson and Son，Inc.Administration Building and Research Tower Racine，Wisconsin，见图 1—11—17、图 1—11—18）。赖特设计的公司总部大楼，整体布局是封闭式的。办公空间的柱高 7.3 米，上粗下细，柱顶上面是圆形平板组成有似睡莲浮叶的顶棚，平板间为细玻璃管做成的波纹状天窗，新颖夺目。

流水别墅（Kaufmann House on Waterfall，见图 1—11—19、图 1—11—20）。是赖特为考夫曼设计的别墅。流水别墅建筑面积 380 平方米，位于风景优美的山林中，赖特将其置于流水跌落的小瀑布之上。建筑以二层（主入口层）的起居室为中心，其余房间向左右铺展开来，两层巨大的平台高低错落，一层平台向左右延伸，二层平台向前方挑出，几片高耸的片石墙交错着插在平台之间。溪水由平台下怡然流出，建筑与溪水、山石、树木自然地结合在一起，像是由地下生长出来似的。材料上所有的支柱，都是粗犷的岩石。地坪使用的岩石，似乎出奇的沉重，尤以悬挑的阳台为最。室内空间透过巨大的水平阳台而延伸，衔接了巨大的室外空间。室内空间自由延伸，相互穿插；内外空间互相交融，浑然一体。

图 1—11—17 约翰逊公司总部（一）（左）
图 1—11—18 约翰逊公司总部（二）（右）

图 1—11—19 流水别墅（一）（左）
图 1—11—20 流水别墅（二）（右）

扩展阅读：纽约古根海姆博物馆（The Guggenheim Museum，New York）、日本东京帝国饭店（Imperial Hotel）、西塔里埃森（Taliesin West）、纽约州布法罗市拉金公司办公楼（Larkin Building）、芝加哥罗比住宅（Robie House）、伊利诺伊州罗伯茨住宅（Isabel Roberts House，River Forest，Illinois）。

➤ 相关链接

纽约古根海姆美术馆参观提示

景点地址	1071 5th Avenue (at 89th Street) ，New York
开放时间	周日~周三10：00~17：45，周五10：00~19：45，周四休息
到达方式	地铁4、5、6号线到86街下；公共汽车MI、M2、M3、M4到第五大街下
管理处电话	(212) 423 - 3500
门票	成人18美元，老人与学生15美元，12岁以下孩子免费
网址	www.guggenheim.org/new_york_index.shtml

郎香教堂参观提示

景点地址	Association Oeuvre Notre—Dame du Haut70250 Ronchamp ／ Haute—Saône
开放时间	教堂从4月1日到9月30日开放时间为：9：30~18：00；10月和3月开放时间为10：00~17：00；11月1日到2月28日10：00~16：00；1月1日不开放
网址	www.chapellederonchamp.com
管理处电话	03 84 20 65 13
门票	成人为2欧元，学生1.5欧元，30人以上团体1.5欧元

德绍包豪斯校舍参观提示

景点地址	Ebertallee 59—71，06846 Dessau
开放时间	夏季周二~周日10：00~18：00，冬季周二~周日10：00~17：00
网址	www.bauhaus—dessau.de
管理处电话	49 (0) 340 6508—0
门票	个人为5欧元，10人以上团体3欧元

巴塞罗那博览会德国馆参观提示

景点地址	Av. Marquès de Comilles，s/n，Montjuïc
开放时间	10：00~20：00，周三、周五17：00~19：00有导游服务
网址	pavello@miesbcn.com
管理处电话	93 423 40 16
门票	成人3.5欧元，学生及团体2欧元，18岁以下免费
到达方式	地铁L1、L2到ESPANYA下；公共汽车13、50及旅游车到CAIXAFORUM下

第十二章
现代建筑多元化

➤ 关键要点

密斯风格（Miesian Architecture）

由著名建筑师密斯·凡·德·罗（Ludwig Mies Van Der Rohe）提倡的，20 世纪 40 年代末到 60 年代盛行于美国的一种建筑设计倾向，以"少就是多"为理论根据，以"全面空间"、"纯净形式"和"模数构图"为特征的设计手法，其设计原则是"功能服从形式（Form Follows Function）"。

费城学派（Philadelphia School）

以美国著名建筑师路易斯·康（Louis I.Kahn）为核心的建筑流派。费城学派的理论基础是有关"形式"概念的提出。费城学派提出"形式唤起功能（Form Euokes Function）"的观点，把功能放在次要地位。

➤ 知识背景

第二次世界大战后，政治形势的变动，经济的盛衰，经过战后恢复时期，发达国家经济开始迅速发展。20 世纪 60 年代以前，建筑技术飞速发展，"现代建筑"设计原则得到广泛的普及。20 世纪 60 年代以后，生产的急速发展，生活水平的迅速提高，各种标榜个人与个性的社会思潮兴起，各种设计思潮应运而生。建筑思潮出现多元化的局面，建筑向讲求形式、标新立异的方向发展。

➤ 建筑解析

建筑设计思潮的七种倾向
对"理性主义"进行充实与提高的倾向

1. 对"理性主义"进行充实与提高是战后现代建筑中最普遍、最多数的一种倾向。在坚持"现代主义"的设计原则和方法、讲求功能与技术合理的同时，注意结合环境与服务对象的生活需要，力图把同建筑有关的形式上、技术上、社会上和经济上的各种问题统一起来考虑，创造出新的切实可行的经验。

2. TAC 协和建筑师事务所 (The Architect's Collaborative)，由格罗皮乌斯和他在美国的七个得意门生组成。主要作品有：哈佛大学研究生中心 (Harvard Graduate Center.C，见图 1-12-1)、国际住宅展览会公寓 (Hansa-Viertel Interbau)、西水桥小学 (West BridgeWater Elementary School) 等。

3. 多簇式。把一个个标准化的单位，按照功能、结构、设备与施工的要求与可能性组成小组的设计方法。为 TAC 协和建筑师事务所较早采用。

讲求技术精美的倾向

讲求技术精美是 20 世纪 40 ~ 60 年代末占主导地位的设计倾向。这种倾向的特点是全部用钢和玻璃来建造，构造与施工非常精确，内部没有或很少柱子，外形纯净与透明、清晰地反映着建筑的材料、结构与它的内部空间。

主要人物及其作品： 密斯的范斯沃斯住宅 (Farnsworth House)、湖滨公寓 (Lake Shore，Chicago)、纽约的西格拉姆大厦 (Seagram Building)、伊利诺伊工学院克朗楼 (Crown Hall) 和西柏林新国家美术馆 (National Gallery Berlin，见图 1-12-2)。

图 1-12-1 哈佛大学研究生中心（左）
图 1-12-2 西柏林新国家美术馆（右）

"粗野主义"倾向

粗野主义是 20 世纪 50 年代下半期到 20 世纪 60 年代中期喧噪一时的建筑设计倾向。粗野主义经常采用混凝土，把它最毛糙的方面暴露出来，极其夸大那些承重的构件，把他们碰撞在一起。特点概括为：毛糙的混凝土、沉重的构件、粗鲁的组合。

主要人物及其作品： 英国的斯特林和戈文的伦敦南岸艺术中心 (South Bank Centre，见图 1-12-3)、史密森夫妇的亨斯特顿学校 (Hunstanton School，见图 1-12-4)、美国的鲁道夫的耶鲁大学艺术与建筑学楼、日本的丹下健三的仓敷市厅舍等。

图 1-12-3　伦敦南岸
艺术中心（左）
图 1-12-4　亨斯特顿
学校（右）

"典雅主义"倾向

　　"典雅主义"是和"粗野主义"并进，然而在艺术效果上却与之相反的一种倾向，不过两者从设计思想上来说都是比较"重理"的。"典雅主义"主要在美国，致力于运用传统的美学法则来使现代的材料与结构产生规整、端庄与典雅的庄严感。这种风格的作品使人联想到古典主义或古代的建筑形式。

　　主要人物及其作品：纽约曼哈顿岛上的世界贸易中心（World Trade Center，见图 1-12-5）、美国约翰逊的谢尔顿艺术纪念馆（Sheldon Memorial art gallery）和纽约林肯文化中心（New York's Lincoln Center）、斯东的布鲁塞尔世博会美国馆（American Pavilion of Brussels World's Fair）、雅马萨基的麦格拉格纪念会议中心（McGregor Memorial Conference Center）、西雅图世博会科学馆（Federal Science Pavilion Seattle World's Fair）等。

注重"高度工业技术"的倾向

　　注重"高度工业技术"的倾向在 20 世纪 60 年代最为活跃。主张用最新的材料来制造体量轻、用料少，能够快速与灵活地装配、拆卸与改建的结构与房屋。它们强调系统设计和参数设计。其具体表现是多种多样的。有的努力使高度工业技术接近于人们所习惯的生活方式与美学观，尽管它所标榜的是"机器美"，但是它的"机器美"还是尽量想迎合人们的悦目要求的。

　　主要人物及其作品：巴黎蓬皮杜艺术与文化中心（Centre George Pompidou，见图 1-12-6），由意大利建筑师 R. 皮亚诺和英国建筑师 R. 罗杰斯共同设计的。总面积约 10 万平方米。他们认为现代建筑常常忽视起决定性作用的结构和设计。为了改变这一陈旧的观念，特意把结构和设备加以突出和颂扬，6 层楼的钢结构、电梯、电缆、上下水管、通风管道都悬挂在立面上，并涂上大红大绿的色彩。建筑师有意将这座建筑设计成类似机械框架的装置，将

图 1-12-5　世界贸易
中心（左）
图 1-12-6　蓬皮杜艺
术与文化中心（右）

内部做成宽敞的无阻拦的大空间，允许内部布置灵活变动。整个建筑被纵横交错的管道和钢架所包围，像一幢地道的工厂。

其他代表作品：德国埃尔曼的布鲁塞尔世博会德国馆、SOM的兰姆伯特银行大楼、美国科罗拉多州空军士官学院教堂、小沙里宁的英国伦敦美国大使馆、日本丹下健三的山梨文化馆等。

讲究"人情化"与地方性的倾向

讲究"人情化"与地方性的设计方法是二战后"现代建筑"中比较"偏情"的方面。"多无论"按挪威建筑师与历史学家舒尔茨的解释是"以技术为基础的形式主义"，"其对形式的基本目的是要使房屋与场地获得独特的个性"。他们是既要讲技术又要讲形式，而在形式上又强调自己特点的倾向。

主要人物及其作品：阿尔瓦·阿尔托的芬兰珊纳特塞罗市政中心（Town Hall of Säynätsalo，见图1-12-7）、卡雷住宅（Maison Carre）、沃尔夫斯堡文化中心（Wolfsburg Cultural Center）、日本丹下健三的香川县厅舍等。

讲求"个性"与"象征"的倾向

"多元论"与"有机的"建筑的一个方面是各种讲求"个性"与"象征"的倾向。它们开始于20世纪50年代末，到20世纪60年代很盛行。讲求"个性"与"象征"的倾向是要使每一房屋与每个场地都要具有不同于他人的个性和特征，其标准是要使人一见之后难以忘情。究其手法，大致有三：运用几何形构图、运用抽象的象征、运用具体的象征。

主要人物及其作品：丹麦建筑师J.伍重的悉尼歌剧院（Sydney Opera House，见图1-12-8）。位于澳大利亚悉尼大桥附近一个三面环水的奔尼浪岛上。坐落在距海面19米的花岗岩基座上，八个薄壳分成两组，每组四个，分别覆盖着两个大厅。最高的壳顶距海面60米。另外有两个小壳置于小餐厅上。壳下吊挂钢桁架，桁架下是顶棚。两组薄壳彼此对称互靠，外面贴乳白色的贴面砖，闪烁夺目。它包括一个2700座位的音乐厅、一个1550座位的歌剧院、一个550座位的剧场、一个420座位的排演厅，还有众多的展览场地、图书馆和其他文化服务设施，总建筑面积达88000平方米，连观众和工作人员在内，同

图1-12-7 芬兰珊纳特塞罗市政中心（左）
图1-12-8 悉尼歌剧院（右）

时可容纳 7000 人，是一座大型综合性文化演出中心。歌剧院从设计到完工达 14 年之久，耗资 1.2 亿美元，建成后受到人们的广泛喜爱。

赖特的古根海姆美术馆、伊朗公主的珍珠宫（Pearl Palace）和普赖斯大楼（Price Tower）、柯布西耶的朗香教堂、夏隆的柏林爱乐音乐厅、路易斯·康的理查医学研究楼。

各倾向共同特征

1. 反对外加装饰，重视建筑空间设计，寻求真实的美。
2. 提倡技术与艺术相结合。
3. 讲究建筑的时代性，采用新技术、新材料、新结构、新形式。
4. 提倡形式与内容的一致性。

这一时期主要建筑师

路易斯·康（Louis Isadore Kahn，1901 ～ 1974 年）

路易斯·康（图 1-12-9），为美国现代建筑师。发展了建筑设计中的哲学概念，认为盲目崇拜技术和程式化设计会使建筑缺乏立面特征，主张每个建筑题目必须有特殊的约束性。成功地运用了光线的变化，是建筑设计中光影运用的开拓者。他的作品坚实厚重，不表露结构功能，并突破了学院派建筑设计从轴线、空间序列和透视效果入手的陈规，对建筑师的创作灵感是一种激励启迪。

代表作品：宾夕法尼亚大学理查德医学研究中心（Richards Medical Research Laboratories，见图 1-12-10）、耶鲁大学美术馆（Yale University Art Gallery）、索克大学研究所（Salk Institute，见图 1-12-11）、爱塞特图书馆（Exeter Library）等。

图 1-12-9　路易斯·康

图 1-12-10　宾夕法尼亚大学理查德医学研究中心（左）
图 1-12-11　索克大学研究所（右）

奥斯卡·尼迈耶（Oscar Niemeyer，1907 ～ 2012 年）

尼迈耶（图 1-12-12）是巴西建筑师，拉丁美洲现代主义建筑的倡导者。尼迈耶受到勒·柯布西耶的影响，又增加了表现主义和巴洛克的因素。尼迈耶重视体形的表面，尤其爱用"自由的和有感情的曲线"。他的作品具有现代主

图 1-12-12　尼迈耶

图 1-12-13　三权广场

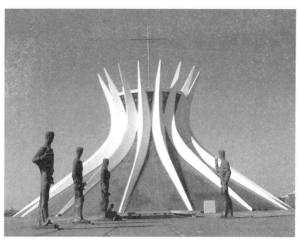

图 1-12-14　巴西里卡大教堂

义建筑的形象特征，又有强烈的个人风格——曲线体形。1956～1961 年，参加了巴西利亚的规划建设工作，设计了三权广场（图 1-12-13）、总统府、巴西议会大厦、巴西里卡大教堂（图 1-12-14）、外交部大楼等主要建筑。

阿尔瓦·阿尔托（Alvar Aalto，1898～1976 年）

　　芬兰现代主义建筑师（图 1-12-15），人情化建筑理论的倡导者。探索民族化和人情化的现代建筑道路。他认为工业化和标准化必须为人的生活服务，适应人的精神要求。他所设计的建筑平面灵活，使用方便，结构构件巧妙地化为精致的装饰，建筑造型娴雅，空间处理自由活泼且有动势，使人感到空间不仅是简单地流通，而且在不断延伸、增长和变化。阿尔托热爱自然，他设计的建筑总是尽量利用自然地形，融合优美景色，风格纯朴。他的作品不浮夸，不豪华，也不追随欧美时尚，创造出独特的民族风格，有鲜明的个性。

　　代表作品：芬兰珊纳特塞罗市政中心、卡雷住宅、沃尔夫斯堡文化中心、帕伊米奥结核病疗养院（Paimio Sanatorium，见图 1-12-16）、美国麻省理工学院贝克大楼等。

SOM

　　SOM 建筑设计事务所是美国最大的建筑师－工程师事务所之一。1939 年，斯基德莫尔（Louis Skidmore）、N. 奥因斯（Natha-niel Owings）、J.O. 梅里尔（John O.Merrill）三人合作在芝加哥成立事务所，按三人姓氏的第一个字母取名为 SOM。后来，事务所的规模逐步扩大，拥有 1800 多名建筑师和工程师。

图 1-12-15　阿尔瓦·阿尔托

图 1-12-16　帕伊米奥结核病疗养院

SOM 的早期作品受密斯的影响很大，20 世纪 60 年代中期以后，情况有所改变，但其作品仍然保持干净利索、简洁新颖的特点，结构体系则更为多样化，外部轮廓增加了变化。SOM 在高层和超高层建筑设计方面的成就得到公认。

代表作品：纽约利华公司办公大厦（Lever House，见图 1—12—17）、纽约大通曼哈顿银行（One Chase Manhattan Plaza）、休斯敦贝壳广场大厦（Houston Shell Plaza）、芝加哥汉考克大厦（John Hancock Tower）和西尔斯大厦（Willis Tower）、上海金茂大厦（Jin Mao Building，见图 1—12—18）等。

图 1—12—17　纽约利华公司办公大厦（左）
图 1—12—18　上海金茂大厦（右）

埃罗·沙里宁（Eero Saarinen，1910 ～ 1961 年）

有机功能主义主将，老沙里宁之子，国际建筑运动中非常重要的大师（图 1—12—19），在国际主义风格盛行的时候，独自突破单调刻板的密斯传统，开创了有机功能主义风格，丰富了现代建筑的面貌。

美国环球航空公司候机大楼（图 1—12—20）是奠定他有机功能主义的里程碑建筑。保持了现代建筑的功能化，现代建筑材料和非装饰化的基本特征，是走出有机形态道路的重要建筑。代表作品还有杰斐逊国家纪念碑、杜勒斯国际机场等。

图 1—12—19　埃罗·沙里宁

图 1—12—20　美国环球航空公司候机楼

贝聿铭（I. M. Pei, 1917～）

世界著名的华裔美国建筑师（图1-12-21）。贝聿铭以设计大规模城市建筑和建筑群著称。他认为应从整个城市的规划结构出发，而不能孤立地对待个体建筑，他在建筑设计中善于运用抽象的几何形体，作品的雕塑感很强。

代表作品：卢浮宫扩建工程（图1-12-22）、北京香山饭店、香港中银大厦、哈佛大学肯尼迪纪念图书馆、苏州博物馆新馆等。

图1-12-21 贝聿铭

图1-12-22 卢浮宫扩建工程

丹下健三（Kenzo Tange, 1913～2005年）

丹下健三（图1-12-23）是世界著名的日本建筑师。丹下健三的创作活动大致可分为三个阶段：

第一阶段为二战后20世纪50年代，提出"功能典型化"的概念，赋予建筑比较理性的形式，并探索现代建筑与日本建筑相结合的道路。代表作品有东京都厅舍、香川县厅舍、仓敷县厅舍等。

第二阶段为20世纪60年代。1960年的东京规划中，提出了"都市轴"的理论，对以后城市设计有很大影响。在大跨度建筑方面作了新的探索，最著名的是东京代代木国立综合体育馆。在运用象征性手法和新的民族风格方面也进行了成功的探索，如静冈新闻广播东京支社（图1-12-24）等。

第三阶段为1970年以后，丹下健三对镜面玻璃幕墙也进行了探索，重要作品有东京都新市政厅（图1-12-25）、东京草月会馆新馆、赤坂王子饭店等。

图1-12-23 丹下健三

图1-12-24 静冈新闻广播东京支社（左）
图1-12-25 东京都新市政厅（右）

爱德华·斯通（Edward Durell Stone，1902～1978年）

　　美国建筑师，现代建筑中典雅主义的代表人物之一（图1-12-26）。斯通在重视理性的同时，致力于运用传统的美学法则来使现代材料与结构产生规整、端庄与典雅的庄严感，并能使人联想到古典主义或古代建筑形式。在后期多产的年代中，他反复使用的设计手法和词汇也正是从古典主义派生出来的。

图1-12-26　爱德华·斯通

　　代表作品：美国驻印度新德里大使馆（图1-12-27）、纽约现代艺术馆、华盛顿肯尼迪表演艺术中心等。著有自传《一个建筑师的成长》。

　　扩展阅读：汉斯·夏隆（Hans Scharoun，1893～1962年）、保罗·鲁道夫（Paul Marvin Rudolph，1918～1997年）、皮埃尔·奈尔维（Pier Luigi Nervi，1891～1979年）、雅马萨奇（Minoru Yamasaki，1912～1986年）、马塞尔·布劳耶（Marcel Lajos Breuer，1902～1981年）、约恩·伍重（Joern Utzon）。

图1-12-27　美国驻印度新德里大使馆

➢ 相关链接

纽约联合国总部大厦参观提示

门票	成人6.5美元，学生、老人4.5美元，儿童3.5美元（5～14岁）
开放时间	9：00～16：45，每15分钟一次。1、2月周六、周日不开放
到达方式	M15、17、42、50、104线公共汽车
景点地址	First avenue NewYork，NY10017
娱乐	只有此处邮局才发行的每年五套邮票。地下一层购物中心有来自世界各地的艺术品且免关税
管理处电话	1-212-963-1234

纽约林肯中心参观提示

门票	演出剧目不一，价格不一
开放时间	周一～周六：10：00～18：00；周日：12：00～18：00
到达方式	M5、M7、M10、M11、M66、M104线公共汽车
景点地址	10 Lincoln Center Plaza，NewYork，NY10023
娱乐	可参加1小时团队游参观场馆和后台，也可欣赏精彩绝伦的演出
管理处电话	1-212-875-5456

巴黎蓬皮杜艺术与文化中心参观提示

开放时间	11：00～22：00
到达方式	公共汽车：21、29、38、47、58、69、70、72、74、75、76、81、85、96可到达
景点地址	Centre George Pompidou，75191 Paris cedex 04
管理处电话	33（1）1 44 78 42 11
网址	www.centrepompidou.fr

华盛顿美国国家美术馆东馆参观提示

开放时间	周一～周六10：00～17：00；周日11：00～18：00；12.25～1.1休息
到达方式	地铁红线停Judiciary Square站，黄线与绿线停Archives站，蓝线与橙线停Smithsonian站；公交特区环线
景点地址	4th and Constitution Avenue NW，Washington，DC 20565
管理处电话	（202）737-4215
网址	www.nga.gov

第十三章
后现代建筑

➤ 关键要点

后现代建筑（Post-modern Architecture）

"后现代建筑"是指现代以后的各流派的建筑总称。所以包含了多种风格的建筑。包括后现代主义、解构主义、新理性主义等。后现代建筑的特点：复杂性、矛盾性、多元化、不确定性。

➤ 知识背景

历史背景

第二次世界大战及战后西方动荡不安的社会生活。资本主义社会的固有矛盾进一步激化。科技的发展使得社会信息化、程式化、电脑化，社会越来越像一架精密的大机器。20世纪以来大众传播媒介和交通、通信的发展使整个人类的联系越来越紧密。现代出版业、新闻业、影视业的巨大发展，增加了人与人之间的相互了解。人类历史上一个从未有过的大规模的国际间的文化传播时代已经开始，这便是所谓"信息时代"。

建筑文化背景

部分人认为现代主义只重视功能、技术和经济的影响，认为现代主义建筑同各民族、各地区的原有建筑文化不能协调，破坏了原有的建筑环境。此外，经过20世纪70年代的能源危机，许多人认为现代主义建筑并不比传统建筑经济实惠，需要改变对传统建筑的态度。还有人认为现代主义满足产业革命和工业化时期的要求，而一些发达国家已经越过那个时期，因而现代主义不再适合新的情况了。一种新的理念与形式应运而生……

➤ 建筑解析

后现代建筑的流派
后现代主义（Post-Modernism）

20世纪60年代以来，在美国和西欧出现的反对或修正现代主义建筑的思潮。主张采用装饰、具有象征性或隐喻性、与现有环境融合。进而反对和背离现代主义的倾向。他们包括许多派别的探求设计方法和建筑形式、风格的改革。但没有统一的理论和组织。

代表著作及理论：《建筑的复杂性与矛盾性》（罗伯特·文丘里）、《后现代建筑的语言》（查尔斯·詹克斯）、《形式跟随惨败——现代建筑何以行不通》（彼得·布莱克）、《向拉斯维加斯学习》（罗伯特·文丘里）等。

代表人物及其作品：文丘里（Robert Venturi）：美国费城栗子山母亲的住宅（Vanna Venturi House，Philadelphia，1962年，见图1-13-6、图1-13-7），采用传统的坡顶，作为正面入口的宽阔山墙当中断裂，门上方的弧线引喻拱券，使建筑物有一种复杂、暧昧、混乱的美学趣味。母亲之家是文丘里关于"建筑的复杂性和矛盾性"的一个试验品。这种原则使建筑空间得以丰富，恰当地反映了现代人生活的繁复多样，于是时代的建筑体现了时代文化的徽志。

菲利普·约翰逊（Philip Johnson）：纽约美国电话电报公司大楼（AT&T Telephone Company，1978～1984年，见图1-13-1）37层的大楼，立面作竖向三段式古典构图，顶部是有圆形缺口的山花，底部券柱廊是文艺复兴的处理手法，正中一个圆拱门高33米。

迈克尔·格雷夫斯（Michael Graves）：美国波特兰市政大楼（Portland Building，1982年，见图1-13-2），15层的立方体形大楼，墙面处理具有浓厚的装饰性，色彩丰富：奶黄色墙面，不同色调的深色"壁柱"、"楔石"、"拱心石"和基座等，体现出以非传统的方式利用传统的手法。

图1-13-1 纽约美国电话电报公司大楼（左）
图1-13-2 美国波特兰市政大楼（右）

矶崎新（Arata Isozaki）：日本筑波中心大厦（Tsukuba Centre Building，1979～1983年，见图1-13-3）。广场完全是米开朗基罗的罗马市政厅广场的再现，但地画的凹凸、铺砌的花纹与前者完全相反，在广场的一角有花岗石叠成瀑布流进广场，打破了广场的完整性。所有这些都强调了历史古典样式（文脉的和国际化的）统一运用。

图1-13-3　筑波中心大厦

查尔斯·穆尔（Charles Moore）的美国新奥尔良市意大利广场（Piazza d'Italia，New Orleans，1984年）、西班牙建筑师波菲尔（R.Bofill）设计的巴黎拉瓦雷新区住宅（Marne-la-Vallee Social Housing，1983年）、奥地利建筑师汉斯·霍莱因（Hans Hollein）的奥地利旅行社业务处（Austrian Tourist Office，Vienna，Austria，1976～1978年）等。

解构主义（Deconstruction）

解构主义是后结构主义哲学家德里达的代表性理论。概括地说，解构主义建筑是指后结构主义的解构理论在建筑创作中的反映。解构主义的涵义就是对于解构主义哲学所认定的事物诸要素之间构成关系的稳定性、有序性、确定性的统一整体进行破坏和分解。一切固有的确定性，所有的既定界限、概念、范畴等都应该颠覆、推翻。

解构建筑的形象特征主要有：

1. 总体形象上的散乱破碎，拆散建筑元素之间的系统关系，制造建材间的矛盾性与冲突性。在形状、色彩、比例、尺度等方面的处理，脱离了古典的轴线与秩序散乱解构建筑，体量上支离破碎、疏松零散，但变化万千。

2. 形体具有动态，倾倒、扭转、弧形波浪、衍生等手法造成的动势或不安定效果，有别于一般稳重肃立的建筑形体。

3. 突变解构建筑中的种种元素和各部分连接突然。

4. 建筑师在创作中总是努力标新立异。

代表人物：弗兰克·盖里（Frank Gehry，见图1-13-42）、扎哈·哈迪德（图1-13-51）、蓝天组（Coop Himmelblau）、彼得·埃森曼（Peter Eisenman）、伯纳德·屈米（Bernard Tschumi）等。

新理性主义（Neo-Rationalism）

发源于20世纪60年代的意大利，以罗西和克里尔兄弟为代表。新理性主义基本上承袭了20世纪20年代产生于意大利的理性主义。1926年"理性主义"运动的宣言中指出："新的建筑、真正的建筑应当是理性和逻辑的紧密结合……。我们并不刻意创造一种新的风格……。我们不想和传统决裂，传统本身也在演化，并且总是表现出新的东西"。理性主义的建筑往往采用简单的几何形，但却建立在历史的基础之上，蕴含着深刻的历史内涵。因此，理性和情感的结合、抽象和历史的结合构成理性主义的主要特征，也与现代主义有着重要的区别。

代表人物及其作品：意大利建筑师罗西的圣·卡塔多公墓、特里中心、拉维莱特公寓（图1-13-24）、贝鲁加新市政中心；瑞士建筑师马里奥·博塔的圣·维塔莱河旁的住宅（图1-13-26）、旧金山现代艺术博物馆、希腊国家银行。

新陈代谢派（Metabolism）

在日本著名建筑师丹下健三的影响下，于1960年前后形成的建筑创作组织。他们强调事物的生长、变化与衰亡，竭力主张采用新的技术来解决问题，反对过去那种把城市和建筑看成固定地、自然地进化的观点。认为城市和建筑不是静止的，它像生物新陈代谢那样是一个动态过程，应该考虑城市和建筑各个要素的周期。1966年，丹下健三完成的山梨县文化会馆，较为全面地体现了新陈代谢派的建筑观。

白色派（The Whites）

以"纽约五人组"为核心的建筑创作组织，在20世纪70年代前后最为活跃。他们的建筑作品以白色为主，具有一种超凡脱俗的气派和明显的非天然效果，被称为美国当代建筑中的"阳春白雪"。他们的设计思想和理论原则深受风格派和勒·柯布西耶的影响，对纯净的建筑空间、体量和阳光下的立体主义构图、光影变化十分偏爱，故被称为早期现代主义建筑的复兴主义。

银色派（The Silvers）

20世纪60年代流行于欧美的一种建筑思潮。银色派在建筑创作中注重先进技术、综合平衡、经济效益和装修质量。其风格特征主要表现在大面积的玻璃幕墙上。其建筑特点是：通过大面积镜面或半反射玻璃使建筑融合在四周环境的映像或蓝天的背景之中；反映工业化的时代特点，反映出新的艺术观；它具有风格程式化的趋向，缺乏地方特色。银色派的代表人物是耶鲁大学建筑学院院长西萨·佩里。1971年，佩里创造了银色派的经典作品——洛杉矶太平洋设计中心（Pacific Design Center，见图1-13-4）。

图1-13-4　洛杉矶太平洋设计中心

灰色派（The Grays）

20世纪60年代流行于欧美的一种建筑思潮，后现代派的主要创作思潮。宣布与现代主义分道扬镳，认为建筑应该兼收并蓄各种形式，可以将古往今来不同建筑特点结合在一起，建筑应该是开放的、包罗万象的、联系传统的建筑。灰色派的建筑理论基础来自于美国著名建筑师文丘里（Robert Venturi）。

这一时期主要建筑师

罗伯特·文丘里（Robert Venturi，1925～）

罗伯特·文丘里（图1-13-5）的作品、著作与20世纪美国建筑设计的功能主义主流分庭抗礼，成为建筑界中非正统分子的机智而又明晰的代言人。文丘里是奠定建筑设计上的后现代主义基础的第一人。他反对密斯的名言"少就是多"，认为"少就是光秃秃"。他认为群众喜欢的建筑往往形式平凡、活泼，装饰性强，又具有隐喻性。文丘里并不反对现代主义的核心内容，他的努力是在于改变现代主义单调的形式特点。

图1-13-5　罗伯特·文丘里

代表作品：母亲住宅（Vanna Venturi House，Philadelphia，1962年，见图1-13-6、图1-13-7）采用传统的坡顶，作为正面入口的宽阔山墙当中断裂，门上方的弧线引喻拱券，使建筑物有一种复杂、暧昧、混乱的美学趣味。母亲之家是文丘里关于"建筑的复杂性和矛盾性"的一个试验品。

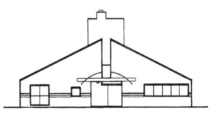

图1-13-6　母亲住宅（左）

图1-13-7　母亲住宅立面（右）

伦敦英国国立美术馆扩建（An Extension to The National Gallery，见图1-13-8）。扩建设计着眼于体现建筑文化和所在城市环境的连续性。新馆与旧馆毗邻的主立面上，采用了后者的语言，包括壁柱和盲窗。为了与周围原有建筑物协调对话，新馆的四个立面不作统一处理和"交圈"，而是各自为政，视老邻居的脸色办事。在新馆与旧馆间安排了一个壮观大楼梯，装了玻璃墙和玻璃顶棚，在视觉上将旧馆和新馆联系在一起。

其他作品还包括费城富兰克林故居（Franklin Court）、俄亥俄州奥柏林大学的艾伦美术馆（Allen Memorial Art Museum）、费城老年人公寓（Guild House，见图1-13-9）等。

图 1-13-8 伦敦英国
国立美术馆扩建（左）
图 1-13-9 费城老年
人公寓（右）

阿尔多·罗西（Aldo Rossi，1931～1997年）

他是一位国际知名的意大利建筑师（图1-13-10）。罗西1966年出版著作《城市建筑》，将建筑与城市紧紧联系起来，提出城市是众多有意义的和被认同的事物（Urban Facts）的聚集体，它与不同时代、不同地点的特定生活相关联。罗西将类型学方法用于建筑学，认为古往今来，建筑中也划分为种种具有典型性质的类型，它们各自有各自的特征。罗西还提倡相似性的原则，由此扩大到城市范围，就出现了所谓"相似性城市"的主张。罗西在20世纪60年代将现象学的原理和方法用于建筑与城市，在建筑设计中倡导类型学，要求建筑师在设计中回到建筑的原形去。它的理论和运动被称为"新理性主义"。

图 1-13-10 阿尔多·罗西

代表作品： 维尔巴尼亚研究中心（图1-13-11）、佩鲁贾社区中心（图1-13-12）、博戈里科市政厅、卡洛·卡塔尼奥大学、林奈机场、住宅综合楼、多里购物中心、加拉拉特西公寓、维亚尔巴住宅、巴西集合住宅、现代艺术中心、拉维莱特公寓、迪斯尼办公建筑群（图1-13-13）、弗雷德里希大街公寓、广场饭店、购物中心、卡洛·菲利斯剧院（图1-13-14）、博尼苏丹博物馆等。

图 1-13-11 维尔巴
尼亚研究中心（左）
图 1-13-12 佩鲁贾
社区中心（右）

图 1-13-13 迪斯尼
办公建筑群（左）
图 1-13-14 卡洛·菲
利斯剧院（右）

理查德·迈耶（Richard Meier，1934～）

美国建筑师,现代建筑中白色派的重要代表(图1-13-15),迈耶的作品以"顺应自然"的理论为基础，他表面材料常用白色，以绿色的自然景物衬托，使人觉得清新、脱俗。他善于利用白色表达建筑本身与周围环境的和谐关系。在建筑内部运用垂直空间和天然光线在建筑上的反射达到富于光影的效果。他以新的观点解释旧的建筑语汇，并重新组合于几何空间。他特别主张回复到20世纪20年代荷兰风格派和勒·柯布西耶倡导的立体主义构图和光影变化，强调面的穿插，讲究纯净的建筑空间和体量。

图1-13-15　理查德·迈耶

代表作品：罗马千禧教堂（Jubilee Church，2003年，见图1-13-16）。高19～30米不等,如船帆状的三片白色弧墙，层次井然地朝垂直与水平双向弯曲。这座引人注目有特色的千禧教堂，外观上仍具传统教堂予人的那份崇高和令人敬畏之意，然而，在这一片只有一般公寓的郊区里，并不会显得过于夸大或让人感到畏惧不可亲近。尤其教堂内部，由于天窗的设置，人们可以沐浴在阳光里，再加上看似突兀即将倾倒的高墙（不论由外或由内观看），使得人们就好像在户外做礼拜一样。三面墙高耸入云的线条强而有力地展现了哥特式教堂的垂直风格，前来礼拜的民众会惊讶地发现，自己正置身在三个大小相同、虚幻又彼此交叉的巨大球体中。然而，北侧的活动中心却又是严谨的方形混凝土构造体。就像迈耶自己形容的：″圆形是圆满，意在表现天穹。方形则展现大地，也是理性的象征。″

其他作品还包括法兰克福装饰艺术博物院（Museum of Decorative Arts，见图1-13-17）、海牙市政厅及中心图书馆（City Hall Hague Netherlands，见图1-13-18）、密歇根州道格拉斯住宅，新哈莫尼文艺俱乐部和亚特兰大高级美术馆（图1-13-19）,史密斯住宅（Smith House）、保罗·盖地中心博物馆（The Getty Museum）、巴塞罗那现代艺术馆、德国乌尔姆市政厅等。

图1-13-16　罗马千禧教堂（左）
图1-13-17　法兰克福装饰艺术博物院（右）

图1-13-18　海牙市政厅及中心图书馆（左）
图1-13-19　新哈莫尼文艺俱乐部和亚特兰大高级美术馆（右）

黑川纪章（Kisho Kurokawa，1934～2007年）

日本建筑师（图1-13-20）。黑川纪章重视日本民族文化与西方现代文化的结合，认为建筑的地方性多种多样，不同的地方性相互渗透，成为现代建筑不可缺少的内容。他提出了"灰空间"的建筑概念，这一方面指色彩，另一方面指介乎于室内外的过渡空间。对于前者他提倡使用日本茶道创始人千利休阐述的"利休灰"思想，以红、蓝、黄、绿、白混合出不同倾向的灰色装饰建筑；对于后者他大量采用庭院、过廊等过渡空间，并放在重要位置上。

图1-13-20　黑川纪章

代表作品：名古屋市立现代美术馆（图1-13-21），在该设计中黑川力求表现的是他一贯所追求的"共生"思想。"鸟居"式框架、江户时代著名画家所画天文图案的圆窗、使人联想到传统格子窗的墙面、象征腐朽原木的柱子；圆形、方形、三角形；花岗岩、大理石、瓷砖、铝、不锈钢……各种不同要素既相互冲突又在争取和谐。自然的公园和人工的建筑物、建筑物与艺术品、传统的美与现代的美……似乎都包含在建筑师所说的"共生领域"之内。由梁、柱和墙等构件组成的一个独立结构，位于整栋建筑的前部，既是象征性的"大门"，也可以看作室外展品。位于底层的大型下沉式庭院通过舒缓弯曲的玻璃幕墙向中庭（休息厅）延续，形成一个既是室内又是室外的中间领域。这种含蓄的处理也用于此建筑物的立面设计，以显示传统的日本建筑技术同现代表现手法的结合。

其他作品还包括东京规划、螺旋体城市方案、中银舱体楼（Tokyo Nakagin Capsule Tower）、福冈银行本店（Fukuoka Bank，见图1-13-22）、琦玉县立近代美术馆（Saitama Prefectural Museum of Modern Art）、东京瓦科尔曲町大楼（Wacoal Kojimachi Building）、名古屋市立美术馆（Metropolitan Museum of Modern Art—Nagoya）等。

图1-13-21　名古屋市立现代美术馆（左）
图1-13-22　福冈银行本店（右）

矶崎新（Arata Isozaki，1931～）

矶崎新（图1-13-23）在设计的色彩和风格等形式上相当大胆，其创造力和细节设计能力成为其独特的设计标志。矶崎新的工作深受当地文化的影响，但也展示了其敏锐的洞察力和微妙的幽默感。他将文化因素表现为诗意隐喻，体现了传统文化与现代生活的结合。矶崎新运用简单的几何模式营造出结构清晰的系统和高水准的建筑技术，他常将立方体和格子体融入现代时尚之中。其作品通常简洁、粗犷却不显自大，圆拱状的屋顶是他设计的主要特点。他能利用不同的结构和造型创造出大量的空间，并努力使边缘看起来更为柔和。在设计时，矶崎新一般先在脑海中勾勒出大致图形，然后将其转换为一种清新、多彩、纯粹和深刻的几何模式。他的作品不但有其内在意义而且更显活泼和动人心弦。

图 1-13-23　矶崎新

代表作品：水户艺术馆。该艺术馆占地 13941 平方米，建筑面积 22432 平方米。包括有剧场、音乐厅、现代美术画廊、会议厅，还有一座标志塔。其总体布置不同一般的是，未采用综合楼形式，而是设计成一个个单栋建筑，围绕着一个大的绿色广场——"城市广场"，形成了优美的内院式环境。标志塔高 100 米，象征水户市成立 100 周年。塔身由 56 个四面体叠合成螺旋状。其表面的钛合金板在阳光照射下闪闪发光，成为水户市的标志。

其他作品还包括日本九州岛大分国家图书馆（1966 年，Oita Prefectural Library）、日本富士山乡间俱乐部（1980 年，Fujimi Country Club Fujimi）、美国路易斯安那州现代美术馆（1986 年，LA-Museum of Contemporary Art）、美国佛罗里达州迪斯尼大楼（1990 年，Team Disney Building Florida）等。

安藤忠雄（Tadao Ando，1941～）

安藤忠雄（图 1-13-24）是位难得的日本建筑师，他集艺术和智慧的天赋于一身，他所建的房屋无论大小，都是那么实用，有灵性，他有超强的洞察力，超脱了当今最盛行的运动学派或风格。柱、墙、拱这些普通的元件一经他的组合，都总是充满了活力与动态感。此外，他的设计概念和材料还结合了国际现代主义和日本传统审美意识。他成功地完成了强加给自己的使命，即恢复房屋与自然的统一，通过最基本的几何形式，他用不断变幻的光图成功地营造了个人的微观世界。

图 1-13-24　安藤忠雄

代表作品：大阪光的教堂（图 1-13-25、图 1-13-26）。教堂建筑的设计在安藤忠雄的作品群中是十分独特的，安藤忠雄以其抽象的、肃然的、静寂的、纯粹的、几何学的空间创造，让人类精神找到了憩栖之所。光的教堂，其设计是极端抽象简洁的，建筑只是简洁的混凝土箱型。礼拜堂正面的混凝土墙壁上，留出十字形切口，呈现出光的十字架。建筑内部尽可能减少开口，主体限定在对自然要素"光"的表现上。这是安藤忠雄所谓的对自然进行抽象化作业。

图 1-13-25　光的教堂内部

图 1-13-26 光的教堂外部（左）
图 1-13-27 水的教堂（右）

其他作品还包括北海道水的教堂（图 1-13-27）、住吉的长屋、六甲的集合住宅、美国得克萨斯州沃斯堡现代美术馆等。

彼得·埃森曼（Peter Eisenman，1932～）

他是首位能通过自身领域的工作来证明当代文化是一个交互影响的连续体，而所有的文化现象和人类的智识都有可能成为建筑学的一部分的美国建筑师（图 1-13-28）。埃森曼的工作构成了一种持续的"批判性"的实践——此种实践的最基本的产品是建筑学的"知识话语"，并且，埃森曼的独到之处在于能将该"知识话语"同时在建筑文本（理论）和建筑形式（建造）两个层面上加以阐述。

图 1-13-28 彼得·埃森曼

代表作品：布谷办公楼（Nunotani Building，见图 1-13-29），1990～1992年建于日本东京。日本的大陆板块经常发生地震活动，布谷办公楼被看作是那些连续震动记录的隐喻。与此同时，该项目试图对那些垂直的办公楼进行反思。首先，创造了一个没有骨架和线条的建筑，它是由一个壳体和被压缩和翻新的金属板制成的；其次，他制造了一种介于挺拔和柔软之间的形象。该建筑包括：工作室、办公空间、一个多媒体演示中心、图书馆、咖啡间、CAD 工作室和传统的日本休息室。

图 1-13-29 布谷办公楼

其他作品包括德国柏林大屠杀纪念碑、美国新泽西州普林斯顿住宅一、美国佛蒙特州 Hardwick 住宅二、美国俄亥俄州哥伦布韦克斯讷学习中心等。

约翰·波特曼（John Portman，1924～2017 年）

美国建筑师波特曼（图 1-13-30）开创了以"中庭"为特色的新一代宾馆建筑形式。波特曼的建筑思想是以对现代建筑的弊端和美国城市建筑批判入手，立足点是对现状的改进。波特曼在《波特曼的建筑理论及事业》一书中，详细描述了自己的诸多建筑理念，如"共享空间"、"人看人"、"大自然"、"运动"、"统一与多样同时兼顾"等。波特曼认为"建筑是空间，空间是建筑的实质，它是一种流动的供人使用的媒介"，而"空间的本质是为人服务"。

图 1-13-30　约翰·波特曼

代表作品：埃伯卡德欧中心（Embarcadero Center）。该设计是波特曼一个里程碑式的作品，位于美国的西海岸。由于桃树中心在亚特兰大的不断发展，波特曼及其合作者转向旧金山的城市更新项目——埃伯卡德欧中心，这一项目为实现城市规划中以人文价值为主体的崭新的生活方式提供了绝妙的机会。将衰落破败的仓储区转换为旧金山最成功的以人为中心的商业区。尽管群体中每一栋单体建筑均十分出色，然而埃伯卡德欧中心的意义更多的是在于其构成的整体之间的相互协调，这种协调以空间体验的巨大改进提升城市的整体环境，这一设计理念超越了埃伯卡德欧中心本身，而进入将城市作为整体看待的更广阔的范围。

其他作品还包括美国亚特兰大凯悦酒店、亚特兰大桃树中心、圣迭戈希尔顿酒店。

诺曼·福斯特（Norman Foster，1935～）

英国建筑师福斯特是高技派（High-tech）建筑师的代表人物（图 1-13-31）。他以设计金融证券类商业建筑和机场建筑而闻名。诺曼·福斯特的设计门类众多，他对建筑设计有其独特的见解以及全新的诠释。福斯特认为建筑应该给人一种强调的感觉，一种戏剧性的效果，给人带来宁静，同时体现一种精神。

图 1-13-31　诺曼·福斯特

代表作品：德国柏林议会大厦。在该设计中充分展现了诺曼·福斯特的巧妙设计手法，他引用生态建筑设计手法，将太阳能推广运用，利用自然采光和通风，并结合同时发热、发电及热能回收的新技术系统。在改建的过程中，他在原有建筑的基础上，注入了新的元素——"玻璃穹顶"。这个穹顶结构能够将一定角度的光线折射到穹顶下面的议会大厅，同时作为自然通风系统的一部分将空气排出。在这个钢结构的玻璃穹顶中，诺曼·福斯特安装了一排太阳能电池，作为议会大厅遮阳和通风系统的动力能源系统。

其他作品还包括德国柏林新议会大厦、伦敦大不列颠博物馆大厅、法兰克福德意志商业银行总部、伦敦新议会大厦瑞士中心等。

理查德·罗杰斯（Richard Rogers，1902～1979 年）

英国建筑师理查德·罗杰斯也是建筑高技派的重要代表人物（图 1-13-32）。外露的钢铁、玻璃和管道设施使得传统建筑的门、墙、房间等构成因素全部消失了。没有屋顶和地板，也没有了连接部分和入口，而这些都是先驱建筑师们着重予以表现的建筑元素。此外，他还运用一种装饰的手法来使用技术和结构，耐人寻味的细部使他的建筑蒙上了一层浪漫主义的色彩。

代表作品：伦敦的劳埃德大厦（Lloyds London，见图 1-13-33）。大厦位于伦敦的金融中心，被临近的狭窄街巷所包围。它的固定设施，如楼梯间、电梯间和厕所依然布置在主楼的外侧，形成六座塔楼，共同确立了街道的界线，也丰富了伦敦的天际线。大厦的北部与邻近的商业联盟大厦、邮电塔楼等建筑体形相当，南部则设计成逐渐低矮的台阶状，与兰顿霍市场相呼应。建筑内部是一个单一的、可灵活隔断的空间，以适应功能要求的变化。建筑有着高质量的空调和照明系统，节点和构造有着令人着迷的表现力。用于外装修的钢化玻璃产生出柔和的漫射光，不锈钢板材则散发出精密技术的魅力。

其他作品还包括英国威尔士议会大厦、巴黎蓬皮杜艺术中心（图 1-13-34）、欧洲人权法院、伦敦第四频道电视台总部、布劳德威克住宅、罗杰斯住宅等。

图 1-13-32 理查德·罗杰斯

图 1-13-33 伦敦劳埃德大厦（左）
图 1-13-34 巴黎蓬皮杜艺术中心（右）

弗兰克·盖里（Frank Gehry，1929～）

美国建筑师盖里（图 1-13-35）被认为是世界上第一个解构主义建筑设计师。盖里的设计注重有机形体拼合的破碎结构方式，设计的建筑物往往倾斜歪曲，由多个独立的歪曲结构拼合而成。有时还使用一些特殊的金属材料，如铝板、不锈钢板甚至昂贵的钛金属板作墙面覆盖材料。盖里的作品新奇刺激，有一种使人振奋的礼堂效果。

代表作品：西班牙毕尔巴鄂古根海姆博物馆（Guggenheim Museum in Bilbao，见图 1-13-36），建筑面积 2.4 万平方米，位于勒维翁河滨。主要部分的体形弯扭复杂，难以名状。博物馆造型由曲面块体组合而成，内部采用钢结构，

图 1-13-35 盖里

外表用闪闪发光的钛金属饰面。古根海姆负责人希望这幢建筑具有强烈的吸引力，成为城市的标致。为利于布置展品，首层基座部分也是相对比较规整的。动态部分主要是入口大厅和四周的辅助用房，变化的形态向上逐渐收缩。博物馆建在水边，与城市立交桥形成有机的组合，这种嵌入城市肌理的构思也为造型独特的博物馆增添了理论依据。

图 1-13-36　毕尔巴鄂古根海姆博物馆

图 1-13-37　保罗·安德鲁

其他作品还包括美国洛杉矶航天博物馆、罗拉法拉学院、德国魏尔市维特拉家具博物馆、美国西雅图摇滚乐博物馆、Chiat Day 办公室、跳舞楼等。

保罗·安德鲁（Paul Andreu，1938～）

提到法国建筑师安德鲁（图 1-13-37）和巴黎机场公司，很多人自然而然地把他们与机场设计联系在一起，因为他们的确在世界上有五十余座机场的设计经验。然而，类型只是品评建筑的一种表征，大量的问题与技术、材料、艺术等紧密联系在一起，最终传达出建筑设计水平的高低，而这些却正是我们亟待提高的重要内容。安德鲁的作品系列和建筑追求是非常独特的，他的代表作之一戴高乐机场的建设历经三十余年，有着高品质的完成度和撼人心魄的感染力。

代表作品：戴高乐机场。机场占地约 30 平方公里，设计高峰容量为每小时起降班机 150 架次，客运量为每年 5000 万人次。机场有两座候机楼，分别供国际和国内旅客使用。1 号候机楼供国际航线使用，是一座采用高度集中式布局的 11 层圆形大楼，2 号候机楼供国内航线使用，采用分散的单元式布局。整个候机楼为钢筋混凝土结构，外观浑厚和谐，不施多余装饰；内部装修简洁明快、色彩鲜艳。

其他作品还包括新凯旋门、日本关西国际机场、英法海底隧道法方终点站及"欧洲之城"、大阪海洋博物馆、戴高乐飞机场等。

雷姆·库哈斯（Rem Koolhaas，1945～）

荷兰建筑师雷姆·库哈斯（图 1-13-38）被预言为"21 世纪最伟大的建筑师"。库哈斯认为虽然每一个建筑师都有机会在世界各地建立自己的作品，但更应把自己的兴趣与每个国家的文化相互渗透，这样他的作品才可能有持续的生命力。库哈斯清醒地意识到只有多元、矛盾和冲突的不确定性才是建筑在每一个时代的永恒主题，也是建筑得以不被历史淘汰的根本所在。

主要著作：《癫狂的纽约——一部曼哈顿的回溯性的宣言》、《大跃进（Great Leap Forward）》、《哈佛购物指南（The Harvard Design School Guide to Shopping）》。

图 1-13-38　雷姆·库哈斯

代表作品：乌德勒支教育中心。这个教育中心主要由几大部分组成：一个容纳 1000 人的综合餐厅，同时可用于自习、集会和举办聚会等；另外还有两个观众厅，分别容纳 40 人和 500 人；还有三个大教室，可分别容纳 150 人、200 人和 300 人在此考试，其中两个小教室还可以合并使用。建筑外观的明显特征是两片不同特点的混凝土板结合在一起。其中的一片，即阶梯状的观众厅地面向上卷起与第二片即顶棚相连，顶棚同时也是上层大教室的地面。两者性质相对，一个柔和，体现出积极的特征；另一个则相对平直，刚性更突出一些，这种对比充分体现了混凝土板的延展性。在内部空间，斜面、坡道的连续使用，使得空间融为一体，充分体现了连续性与渗透性的大空间特征。

其他作品还包括法国波尔多住宅、荷兰驻德国大使馆、美国西雅图图书馆等。

伦佐·皮亚诺（Renzo Piano，1937～）

意大利著名建筑师，近几十年来国际上最富创造精神、创造力和影响力的建筑师之一（图 1-13-39）。他不跟随任何形式或是理论的潮流，也不局限于个人的风格，始终偏爱开放式设计与自然光的效果。皮亚诺注重建筑艺术、技术以及建筑周围环境的结合。他的建筑思想严谨而抒情，在对传统的继承和改造方面，大胆创新勇于突破。皮亚诺用现代主义的表现手法实现了建筑和环境完美的和谐，并以热诚的态度关注着建筑的可居住性与可持续发展性。他的建筑作品没有一个固定的模式。皮亚诺作品的识别标志是它们没有识别标志。

代表作品：南太平洋岛国新喀里多尼亚的让·马利·奇芭欧文化中心（Jean Marie Tjibaou Cultural Centre，见图 1-13-40）建于 1998 年。文化中心 10 个平面接近圆形的单体顺着地势展开，根据功能的不同，设计者将他们分做三组并以低廊串连。文化中心造型有些像未编织完成的竹篓；垂直方向上的木肋微微弯曲向上延伸，这是皮亚诺运用木材与不锈钢组合的结构形式继承了当地传统民居——篷屋的结果。巧妙地将造型与自然通风结合，通过高科技手段达到了与自然的生态平衡。

其他作品还包括日本关西国际机场、瑞士贝耶勒基金会博物馆、KPN 电信大楼、罗马综合音乐厅、伦敦桥塔（图 1-13-41）等。

图 1-13-39 伦佐·皮亚诺

图 1-13-40 让·马利·奇芭欧文化中心（左）
图 1-13-41 伦敦桥塔（右）

扎哈·哈迪德（Zaha Hadid，1950～2016年）

伊拉克裔英国女建筑师扎哈·哈迪德（图1-13-42）的设计一向以大胆的造型出名，被称为建筑界的"解构主义大师"。这一光环主要源于她独特的创作方式。她的作品看似平凡，却大胆运用空间和几何结构，反映出都市建筑繁复的特质，通过营造建筑物优雅、柔和的外表和保持建筑物与地面若即若离的状态，达到理想的效果。

图1-13-42　扎哈·哈迪德

代表作品：维特拉消防站（图1-13-43），位于德国莱茵河畔魏尔镇，是1993年扎哈推出的成名作，她通过营造建筑物与地面若即若离的状态，达到一种海市蜃楼的效果。

英国伦敦水上运动中心（图1-13-44）是2012年伦敦奥运会比赛场馆之一，由著名建筑师扎哈·哈迪德设计。于2008年动工，2011年7月完工。可同时容纳约17500人。体育馆最主要的特色是其十分壮观的波浪式屋顶，长160米，宽80米，其跨度比伦敦希斯罗机场的5号航站楼还长。

图1-13-43　维特拉消防站（左）
图1-13-44　英国伦敦水上运动中心（右）

其他作品还包括日本札幌餐厅（1990年）、迪拜舞蹈大厦（图1-13-45）等。

扩展阅读：詹姆斯·斯特林（James Stirling，1926～1992年）、菲利普·约翰逊（Phillip Johnson）、迈克尔·格雷夫斯（Michael Graves）、查尔斯·摩尔（Charles Willard Moore）。

图1-13-45　迪拜舞蹈大厦

小贴士：

　　扎哈（1950～2016年）被认为是当今最出色的女性建筑师，是建筑史中第一位被授予普利兹克奖的女性建筑师。她的建筑风格为很多当代建筑师所效仿，形成了标志性的"扎哈风格"。其中她为SOHO公司设计的扎哈SOHO系列——银河SOHO、望京SOHO、凌空SOHO是在中国较新的代表作，柔和曲线风格统一，却又变化自如。除此之外，她还为SOHO公司设计了一些室内公共空间，如上海SOHO东海广场1～2层公共空间。曲线风格统一，却难以琢磨一二。

➤ 相关链接

德国斯图加特新国家艺术博物馆参观提示

景点地址	Konrad-Adenauer-Str.30-3270173 Stuttgart
开放时间	周一关闭，周四10：00～21：00开放，每个月的第一个星期六10：00～24：00，其余时间10：00
到达方式	城市火车：U1、U2、U4、U9、U14路公共汽车：40、42、43路
管理处电话	+49 (0) 711/2124050

美国纽约现代美术馆参观提示

景点地址	11 W.53rdSL, NewYork 10019-5497
开放时间	周五～周二11：00～18：00（周日、周五11：00～20：30），周三休息
门票	成人8美元，老人、学生5美元
网址	www.moma.org
到达方式	地铁E、V线到53街下，B、D、F线到47-50街下；公共汽车M1、M2、M3、M4、M5到53街下

西班牙毕尔巴鄂古根海姆美术馆参观提示

景点地址	Abandoibarra Et, 248001 Bilbao, Spain
开放时间	周二～周日10：00～20：00，周一休息，七、八月每天开放，12.25～1.1闭馆
门票	成人普通票10.5欧元，特殊票12.5欧元；老人与学生6.5欧元；有大人陪同的12岁以下孩子免费；20人以上团体9.5欧元
网址	www.guggenheim-bilbao.es
管理处电话	(+34) 94 435 90 80
到达方式	地铁Moyua站下；公共汽车1、10、13、18"第五艺术博物馆广场"站下；此外公共汽车27、38、46、48也可到达

法国巴黎拉维莱特公园参观提示

景点地址	211 avenue Jean-Jaurès 75019 Paris
开放时间	9：30～18：30
门票	20人以上成人团体5欧元，学生4.5欧元，学生团体3.5欧元
网址	www.villette.com
管理处电话	0140037575
到达方式	地铁5号线到Porte de Pantin，7号线到Porte de La Villette (e2)；公共汽车75、151，PC 2 et 3

第十四章
高层建筑与大跨度建筑

➤ 关键要点

高层建筑的结构体系

是指结构抵抗外部作用的构件类型和组成方式。在高层建筑中，随高度增加，抵抗水平力作用下的侧向变形是主要问题。因此，抗侧力结构体系的合理选择和布置，就成为高层建筑结构设计的关键。高层建筑的基本抗侧力单元有框架、剪力墙、实腹筒、框筒等。

➤ 知识背景

高层建筑的发展原因

社会发展中，城市人口高度集中，市区用地紧张，建筑不得不向高空发展；高层建筑占地面积小，在既定的地段内能最大限度地增加建筑面积，扩大市区空地，有利城市绿化；特别是电子计算机与现代先进技术的应用，为高层建筑的发展提供了科学基础。因此，高层建筑成为了目前国外建筑活动的重要内容。

大跨度建筑的发展原因

大跨度建筑的发展，一方面是由于社会、经济和文化发展的需要，人们不断追求覆盖更大的空间；另一方面则是新材料与新技术的应用所促成，各种合金钢、特种玻璃、化学材料已开始广泛应用于建筑，为大跨度建筑轻质高强的屋盖提供了有利条件。

➢ 建筑解析

高层建筑

高层建筑在 19 世纪末就已出现，但真正在世界上得到普遍的发展还是 20 世纪中叶的事，尤其是近二十年来，它如雨后春笋，逐渐遍及世界各国。

高层建筑的发展阶段

1．19 世纪中叶到 20 世纪中叶。随着电梯系统的发明与新材料、新技术的应用，城市高层建筑不断涌现。

2．20 世纪中叶以后，特别是 20 世纪 60 年代以后。随着资本主义经济的上升，以及发展了一系列新的结构体系，使高层建筑的建造又出现了新的高潮，并且在世界范围内逐步开始普及。

高层建筑的分类

第一类高层：9 ~ 16 层（最高到 50 米）；

第二类高层：17 ~ 25 层（最高到 75 米）；

第三类高层：26 ~ 40 层（最高到 100 米）；

第四类高层：超高层建筑，40 层以上（100 米以上）。

高层建筑的结构体系

高层建筑的结构体系在近些年来有很大的发展，主要是在研究解决抗风力与地震力的影响方面获得了显著的成就。

钢结构的新体系有：

1．剪力架与框架相互作用的体系（Shear Truss Frame Interaction）；

2．有钢性带的剪刀架相互作用体系（Shear Truss Frame Interactiom with Rigid Belt Trusses）；

3．框架筒体系（Framed Tube）；

4．对角架柱筒体系（Column Diagonal Truss Tube）；

5．束筒体系（Bundled Tube System）。

钢筋混凝土结构的新体系有：

1．抗剪墙框架互相作用体系（Shear Wall Frame Interaction）；

2．框架筒体系（Framed Tube）；

3．套筒体系（Tube in Tube System）。

代表建筑

美国纽约帝国大厦（Empire State Building，见图 1-14-1）。建于 1929 ~ 1931 年，大厦的建筑师为 R.H. 施里夫、W.F. 拉姆和 A.L. 哈蒙，工

程师是 H.G. 巴尔科姆。帝国大厦号称 102 层。由地面至第 102 层观光平台的高度为 381 米，1950 年在顶部加建电视塔后为 448 米。建筑占地长 130 米，宽 60 米。大厦在第 6 层、第 25 层、第 72 层、第 81 层和第 86 层分别缩进，体形略呈阶梯状，比例匀称。大厦为钢框架结构，采用门洞式的连接系统，即在大梁与柱的接头处，把梁两端的厚度加大，呈 1/4 圆形，以增加梁和柱的铆接面。这种做法保证了刚度，但用钢量大，在空间使用率上也不经济。

图 1-14-1　纽约帝国大厦

联合国总部大厦（United Nations Buildings，见图 1-14-2）。设计总负责人为美国建筑师 W.K. 哈里森。大厦 1947 年动工，1953 年建成。大厦占地 7.2 公顷。居中为大会堂，供联合国大会使用。大厅内墙为曲面，屋顶为悬索结构，上覆穹顶。南面为 39 层的联合国秘书处大楼，是早期板式高层建筑之一，也是最早采用玻璃幕墙的建筑。前后立面都采用铝合金框格的暗绿色吸热玻璃幕墙，钢框架挑出 90 厘米，两端山墙用白色大理石贴面。大楼体形简洁，色彩明快，质感对比强烈，为现代主义风格的代表作品之一。

图 1-14-2　联合国总部大厦

美国芝加哥西尔斯大厦（Sears Tower，见图 1-14-3）。美国芝加哥的一幢办公楼，由 SOM 建筑设计事务所设计。1974 年建成，高 443 米。总建筑面积 418000 平方米，地上 110 层，地下 3 层。底部平面 68.7 米 ×68.7 米，由 9 个 22.9 米见方的正方形组成。整个大厦平面随层数增加而分段收缩。在 51 层以上切去两个对角正方形，67 层以上切去另外两个对角正方形，91 层以上又切去三个正方形，只剩下两个正方形到顶。大厦结构工程师是美籍建筑师 F. 卡恩。他为解决像西尔斯大厦这样的高层建筑的关键性抗风结构问题，提出了束筒结构体系的概念并付诸实践。整幢大厦被当作一个悬挑的束筒空

图 1-14-3　芝加哥西尔斯大厦

间结构，离地面越远剪力越小，大厦顶部由风压引起的振动也明显减轻。大厦的造型有如 9 个高低不一的方形空心筒子集束在一起，挺拔利索，简洁稳定。不同方向的立面，形态各不相同，突破了一般高层建筑呆板对称的造型手法。这种束筒结构体系是建筑设计与结构创新相结合的成果。束筒结构体系概念的提出和应用是高层建筑抗风结构的明显进展。

大跨度建筑

为了适应新需求，大跨度建筑的外貌已逐渐打破人们习见的框框，愈来愈紧密地与新材料、新结构、新的施工技术相结合。朝着更广阔方向发展。

结构分类

大跨度建筑的结构形式，有网架结构、薄壳结构、折板结构、悬索结构、膜结构等。

钢筋混凝土薄壳顶：用钢筋混凝土建造的大空间壳体屋顶结构。壳体形式有圆筒形、球形扁壳、劈锥形扁壳和各种单曲、双曲抛物面、扭曲面等形式。美国在 20 世纪 40 年代建造的兰伯特圣路易市航空港候机室（Lambert-St Louis International Airport，见图 1-14-4），由三组厚

图 1-14-4 兰伯特圣路易市航空港候机室

11.5 厘米的现浇钢筋混凝土壳体组成，每组是两个圆柱形曲面壳体正交，并切割成八角形平面状，相接处设置采光带。两个圆柱形曲面相交线做成突出于曲面上的交叉拱，既增加了壳体强度，又把荷载传至支座。支座为铰结点，壳体边缘加厚，有加劲肋，向上卷起，使壳体交叉拱的建筑造型简洁别致。

折板结构：一种由许多块钢筋混凝土板连接成波折形的整体薄壁折板屋顶结构。跨度一般不超过 30 米，常用有 V 形、梯形等形式。折板屋顶结构组合形式有单坡和多坡，单跨和多跨，平行折板和复式折板等，能适应不同建筑平面的需要。常用的截面形状有 V 形和梯形。折板可分为有边梁和无边梁两种。比较著名的例子如 1953 ～ 1958 年在巴黎建造的联合国教科文组织的会议大厅的屋盖，这是奈尔维工程师的又一杰作，他根据结构应力的变化将折板的截面由两端向跨度中央逐渐加大，使大厅顶棚获得了令人意外的装饰性的结构韵律，并增加了大厅的深度感。

悬索结构：由钢索网、边缘构件和下部支承构件三部分组成的大跨度屋顶结构，见杜勒斯国际机场候机厅（图 1-14-6）。

膜结构：薄膜结构也称为织物结构，是 20 世纪中叶发展起来的一种新型大跨度空间结构形式。它以性能优良的柔软织物为材料（膜材料是指以聚酯纤维基布或 PVDF、PVF、PTFE 等不同的表面涂层，配以优质的 PVC 组成的具有

稳定的形状，并可承受一定载荷的建筑纺织品。它的寿命因不同的表面涂层而异，一般可达 12 ～ 50 年。），由膜内空气压力支承膜面，或利用柔性钢索或刚性支承结构使膜产生一定的预张力，从而形成具有一定刚度、能够覆盖大空间的结构体系。

网架屋顶结构：使用比较普遍的一种大跨度屋顶结构。这种结构整体性强，稳定性好，空间刚度大，防震性能好。网构架高度较小，能利用较小杆形构件拼装成大跨度的建筑，有效地利用建筑空间。适合工业化生产的大跨度网架结构，外形可分为平板型网架和壳形网架两类，能适应圆形、方形、多边形等多种平面形状。上海文化广场的改建设计采用钢结构球节点平板型网架，1970 年建成。1976 年建成的美国新奥尔良市体育馆（New Orleans Arena，见图 1-14-5），圆形平面直径达 207.3 米，曾经是世界上最大的钢网架结构建筑。

代表建筑

杜勒斯国际机场候机厅（Terminal Building, Dulles International Airport，见图 1-14-6）。位于华盛顿郊区，建于 1958 ～ 1962 年，设计人小沙里宁。悬索结构的著名实例。建筑物宽为 45.6 米，长为 182.5 米，分为上下两层。大厅屋顶每隔 3 米有一对直径为 2.5 厘米的钢索悬挂在前后两排柱顶上，悬索顶部再铺设预制钢筋混凝土板，建筑造型轻盈明快，能与空港环境有机结合。

图 1-14-5　美国新奥尔良市体育馆（左）
图 1-14-6　杜勒斯国际机场候机厅（右）

日本福冈体育馆（Fukuoka dome，见图 1-14-7）。昵称福冈巨蛋，1993年建成。体育馆直径 222 米，高 68.1 米，相当于七层楼高，总占地面积176000 平方米，是日本最大规模的体育馆，也是世界规模及跨度最大的开合结构。其特点是它的可开合性：它的球形屋盖由三块可旋转的扇形网壳组成，扇形沿圆周导轨移动，体育馆即可呈全封闭、开启 1/3 或开启 2/3 等不同状态。各片网壳均为自支承，为避免在开合过程中振幅特别大的顶部引起装饰材料互相碰撞，在屋顶中心设置液压阻尼器减震。屋盖移动的轨道上装有地震仪，当地震仪接收到超过 50gal（$0.5m/s^2$）的加速度时，能自动停止移动。

蒙特利尔博览会德国馆（图 1-14-8）。自它成功地运用了索膜建筑技术之后，索膜建筑在世界上得到了广泛应用。它采用先进的预张力结构技术与轻

图1-14-7 日本福冈
体育馆（左）
图1-14-8 蒙特利尔
博览会德国馆（右）

质膜材料，其形式具有极高的艺术感染力，是建筑艺术与结构形式的完美结合。
索膜建筑设计方案实质上同时是索膜结构体系方案，因此要求从事索膜建筑设
计的建筑师了解索膜结构技术并能熟练地将其运用到建筑设计中。

➤ 相关链接

芝加哥汉考克大厦参观提示

门票	成人8美元，儿童/老人6美元
开放时间	9：00~12：00
到达方式	151路巴士
管理处电话	312-751-3680
娱乐	1~12层是购物中心和宾馆，94层是展望台，95层是餐厅，96层是酒吧，乘坐高速电梯到达94层的话，要比希尔斯大厦的电梯更快，39秒钟就可到达
景点地址	875 N Michigan Ave Chicago 60611

下篇　中国建筑简史

绪　言

保和殿内景

　　伟大的中国，拥有九百六十万平方公里的广袤国土，占世界总数五分之一以上的人口，五十六个民族和超过三千年有文字记载的历史，创造了独具特色的中华文明。中国建筑艺术是中华文明之树中特别美丽的一枝，作为世界三大建筑体系之一，与西方建筑和伊斯兰建筑并列，自豪地立足于世界文化之林。

第一章
中国古典建筑概况

➢ 关键要点

开间

四根木头圆柱围成的空间称为"间"。建筑的迎面间数称为"开间",或称"面阔"。中国古代以奇数为吉祥数字,所以平面组合中绝大多数的开间为单数;而且开间越多,等级越高。北京故宫太和殿为九间。

进深

建筑的纵深间数称"进深"。表示房间由门口向屋里延伸的深度。

➢ 知识背景

中国是世界四大文明古国之一,有着悠久的历史,劳动人民用自己的血汗和智慧创造了辉煌的中国建筑文明。中国古建筑是世界上历史最悠久、体系最完整的建筑体系之一,从单体建筑到院落组合、城市规划、园林布置等在世界建筑史中都处于领先地位。

风水

是中国古代特有的一种建筑文化,以阴阳、五行、八卦、"气"等中国古代自然观为理论依据。风水的一个重要哲学根基是"天人合一"的思想,在实践中主要从善择基址、因地制宜、心理补偿等方面来处理建筑与环境的关系。

观念文化

天人合一的宇宙观

"天人合一"是中国人基本的思维方式，具体表现在天与人的关系上。人生活在天地之间、自然环境之内，与自然环境是一个整体。当自然环境发生变化时，人体也会受到影响。同时，人又是社会整体的一部分，所以，社会的变化必然对人体产生影响。当然，人又会反过来影响社会。自然、社会和人体紧密联系，互相影响，是一个不可分割的整体。

阴阳有序的环境观

环境观指的是人对周围环境因素及相互关系的认识。在天人合一的宇宙观下，古代以农立国的生存环境中，形成天地、日月、昼夜、阴晴等来概括为阴阳的一系列对立又相互转化的矛盾范畴。阴阳学说在思想上根深蒂固影响了中国人对居住环境的选择，这种影响表现在三方面：首先是认定了方位是有主有从的，上古时代对太阳的崇拜形成日出日落的方位观，也是这一体系的一部分；其次是赋予构成环境的各种要素以互相依存又有主有次的属性；第三是这种序的观念与礼制对社会等级制度的维护要求相结合并逐渐与车舆、服装等一样纳入规范文化的要求中，且随着统治者强化等级制、维护皇权至尊的需求日趋强烈而渐趋明确。

社会文化心理

内向性

古代中国文化不断地同化着外来文化，却从来不被外来文化所同化。

尚祖制

中国文化中对祖神崇拜的宗教心理。

中庸

所谓中庸之道就是孔子提倡、子思阐发的提高人的基本道德素质达到太平和合的一整套理论与方法。中庸主要有三个含义：折中致和——就是追求中正平和，所谓"过犹不及"就是不要"过"也不可以"不及"；执中守正——即坚守中正，就是不要偏斜，更不可走极端；时中行权——即中庸方法的运用要根据具体的情况因地因人而制。中庸的重心是追求和谐、追求稳定、追求平衡。

➤ 建筑解析

中国古代建筑艺术特征

审美价值与政治伦理价值的统一。艺术价值高的建筑，也同时发挥着维系、加强社会政治伦理制度和思想意识的作用。

植根于深厚的传统文化，表现出鲜明的人文主义精神。建筑艺术的一切构成因素，如尺度、节奏、构图、形式、性格、风格等，都是从当代人的审美心理出发，为人所能欣赏和理解，没有大起大落、怪异诡谲、不可理解的形象。

总体性、综合性很强。古代优秀的建筑作品，几乎都是动员了当时可能构成建筑艺术的一切因素和手法综合而成的一个整体形象，从总体环境到单座房屋，从外部序列到内部空间，从色彩装饰到附属艺术，每一个部分都不是可有可无的，抽掉了其中一项，也就损害了整体效果。

中国古代建筑特征

1. 中国古代建筑以木材、砖瓦为主要建筑材料，以木构架结构为主要的结构方式。

2. 中国古代建筑的平面布局具有一种简明的组织规律，重视建筑组群。

3. 中国古代建筑造型优美。

4. 中国古代建筑的装饰丰富多彩。

5. 中国古代建筑注重与周围自然环境的协调。

主流建筑——木构架建筑

木构架建筑的优、缺点：

1. 取材方便，加工容易，施工快捷，便于修缮；

2. 适用于不同气候条件，适应性强；

3. 抗震性能好，墙倒屋不塌；

4. 不耐火，不耐虫蛀，易吸湿变形，易腐朽。

木构架建筑的结构体系：

木构架建筑是由柱、梁、檩、枋等构件采用榫卯结合形成框架来承受屋面、楼面的荷载以及风力、地震力的破坏，墙本身并不承重，只起围蔽、分隔和稳定柱子的作用。中国古代木构架体系有抬梁、穿斗、井干三种不同的结构方式。

抬梁式也称叠梁式（图2-1-1）。其构架形式是沿着房屋的进深方向在石础上立柱，柱上架梁，再在梁上重叠数层柱和梁，最上面梁上立脊瓜柱，构成一组木构架。在平行的两组木构架之间，用横向的枋连络柱的上端，并在各层梁头和脊瓜柱上安置若干与构架成直角的檩，檩子上排列椽子，承托屋顶重量。如此的梁、枋、柱、檩，受力明确，脉络清晰。内部空间比较大，多用于宫殿、庙宇等建筑。

穿斗式（图2-1-2）与抬梁式不同的是，它没有梁，把柱子布得比较密，用穿枋把柱子串联起来，形成一榀榀的房架；檩条直接搁置在柱头上；沿檩条方向再用斗枋把柱子串联起来，由此形成一个整体框架。这种木构架广泛用于江西、湖南、四川等南方地区。这种空间分割不好，但节约材料。室内空间尺度不大时（如居室、杂屋）较适合使用。

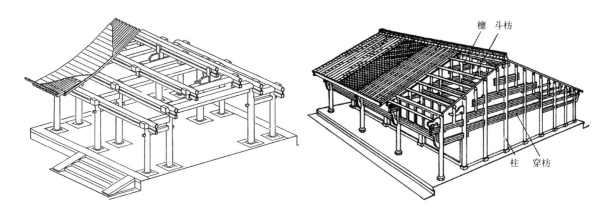

图 2-1-1 抬梁式（左）
图 2-1-2 穿斗式（右）

井干式（图 2-1-3）是一种不用立柱和大梁的房屋结构。这种结构以圆木或矩形、六角形木料平行向上层层叠置，在转角处木料端部交叉咬合，形成房屋四壁，形如古代井上的木围栏，再在左右两侧壁上立矮柱承脊檩构成房屋。该式样耗木较多，主要用在盛产林木的林区。

斗栱（图 2-1-4）是我国木构架建筑特有的结构部件，其作用是在柱子上伸出悬臂梁承托出檐部分的重量。古代的殿堂出檐常达三四米，如无斗栱支撑，屋檐将难以保持稳定。斗栱的主要构件是：栱、斗、昂。栱是短臂悬梁，是斗栱的主干部件；斗是栱与昂的支座垫块；昂是斜的悬臂梁，和栱的作用相同。当建筑物非常高大而屋檐伸出相应加大时，斗栱挑出距离也必须增加，其方法是增加栱和昂的数量（即跳数），每增加一层栱或昂，斗栱即多出一跳，最多可加至出五跳。

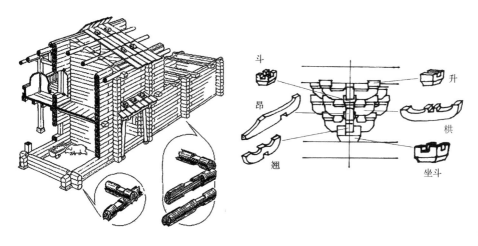

图 2-1-3 井干式（左）
图 2-1-4 斗栱（右）

单体建筑

一、特点

无论单体建筑规模大小，其外观轮廓均由台基、屋身、屋顶三部分组成（图2-1-5）：下面是由砖石砌筑的阶基，承托着整座房屋；立在阶基上的是屋身，由木制柱额作骨架，其间安装门窗隔扇；上面是木结构屋架的屋顶，屋面做成柔和雅致的曲线，四周均伸出屋身以外，上面覆盖着青灰瓦或琉璃瓦。单体建筑的平面通常都是长方形，只是在有特殊用途的情况下，才采取方形、八角形、圆形等；而园林中观赏用的建筑，则可以采取扇形、万字形、套环形等平面。

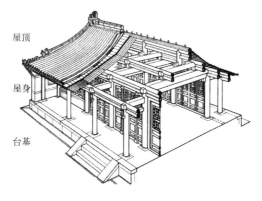

屋顶

屋身

台基

图 2-1-5　单体建筑轮廓

二、屋顶样式

屋顶在单座建筑中占的比例很大，一般可达到立面高度的一半左右。古代木结构的梁架组合形式，很自然地可以使坡顶形成曲线，不仅坡面是曲线，正脊和檐端也可以是曲线，在屋檐转折的角上，还可以做出翘起的飞檐。飞檐不但扩大了采光面、有利于排泄雨水，而且增添了建筑物飞动轻快的美感。巨大的体量和柔和的曲线，使屋顶成为中国建筑中最突出的形象。样式主要有庑殿、歇山、悬山、硬山、攒尖、卷棚等（图 2-1-6）。

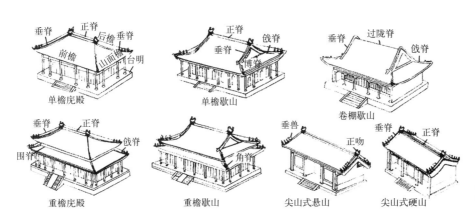

图 2-1-6　古建筑屋顶样式

庑殿顶——四面斜坡，有一条正脊和四条垂脊，屋面稍有弧度，又称四阿顶。

歇山顶——是庑殿顶和硬山顶的结合，即四面斜坡的屋面上部转折成垂直的三角形墙面。有一条正脊、四条垂脊，四条戗脊组成，所以又称九脊顶。

悬山顶——屋面双坡，两侧伸出山墙之外。屋面上有一条正脊和四条垂脊，又称挑山顶。

硬山顶——屋面双坡，两侧山墙同屋面齐平，或略高于屋面。

攒尖顶——平面为圆形或多边形，上为锥形的屋顶，没有正脊，有若干垂脊交于上端。一般亭、阁、塔常用此式屋顶。

卷棚顶——屋面双坡，没有明显的正脊，即前后坡相接处不用脊而砌成弧形曲面。

群体建筑

一、特点

铺陈展开的空间序列。中国建筑艺术主要是群体组合的艺术，由若干单体建筑和一些围廊、围墙之类环绕成一个个庭院而组成的，群体间的联系、过渡、转换，构成了丰富的空间序列。木结构的房屋多是低层（以单层为主），所以组群序列基本上是横向铺陈展开。空间的基本单位是庭院。

二、组合方式

十字轴线对称。主体建筑放在中央，这种庭院多用于规格很高、纪念性很强的礼制建筑和宗教建筑，数量不多；

以纵轴为主，横轴为辅，主体建筑放在后部，形成四合院或三合院，大至宫殿小至住宅都广泛采用，数量最多；

轴线曲折，或没有明显的轴线。多用于园林空间。

序列又有规整式与自由式之别。现存规整式序列最杰出的代表就是明清北京宫殿。

建筑与环境的关系

建筑选址的理论基础就是风水。建筑选址的理想模式，显示了多种因素复杂的相互作用和影响，其中不仅包含传统观念上的要求，而且也包括对于社会、经济、防御、生产及地域环境等多方面的考虑。在选择基址时往往争取环境具有良好的防御性，形成天然的屏障。如利用被围合的平原、流动的河水、丰富的山林资源，既可以保证市民、村民采薪取水等生产生活需要，又为村民创造了一个符合理想的生态环境。此外，"退隐田园"、"放啸山林"的传统思想对于寻求理想的建筑环境也起了一定的影响作用。

选址的原则：

整体系统原则；因地制宜原则；依山傍水原则；观形察势原则；地质分析原则；水质分析原则；坐北朝南原则；适中居中原则；顺乘生气原则；改造风水原则。

对环境的改造：

风水热衷于追求天时、地利、人和的融洽境界，同时也很注意以人工弥补自然的缺憾，对环境进行改造，使环境由不利转为有利，能逢凶化吉。这种改造之法归纳起来大致表现在两个方面：

其一是对自然界的山、水、地势本身进行改造，如遇到缺水或水势不佳的地区，则用开沟引水，挖湖、塘蓄水，筑堤坝拦水等办法取得宝贵的水；遇到不利的山则用山上植树、挖补山形以达到逢凶化吉。

其二是采用象征性的改造办法。如水口建桥、造亭以锁住水源；村头筑塔建阁以保住文运等。用现代的科学眼光来审视风水理论，它蕴含有大自然的美学原理，也有人类对环境科学的认识，其间隐藏着传统文化与艺术的精华。

建筑形制与构造

一、大木作

1. 定义

木结构古建筑中，承重的木构件及由这些构件组成的木构架，总称为大木作。由柱、梁、枋、檩等组成，也是木建筑比例尺度和形体外观的重要决定因素。宋代以来，手工行业多以作为名，遂称设计、制作、安装大木的行业为大木作（图 2-1-7）。

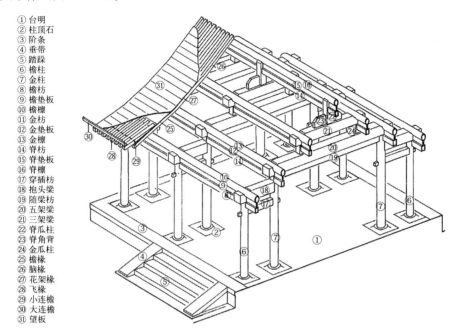

① 台明
② 柱顶石
③ 阶条
④ 垂带
⑤ 踏跺
⑥ 檐柱
⑦ 金柱
⑧ 檐枋
⑨ 檐垫板
⑩ 檐檩
⑪ 金枋
⑫ 金垫板
⑬ 金檩
⑭ 脊枋
⑮ 脊垫板
⑯ 脊檩
⑰ 穿插枋
⑱ 抱头梁
⑲ 随梁枋
⑳ 五架梁
㉑ 三架梁
㉒ 脊瓜柱
㉓ 脊角背
㉔ 金瓜柱
㉕ 檐椽
㉖ 脑椽
㉗ 花架椽
㉘ 飞椽
㉙ 小连檐
㉚ 大连檐
㉛ 望板

图 2-1-7　大木作

2. 构件分类

大木作结构构件，按功能可分为 12 类。其中栱、昂、爵头、斗 4 类属铺作构件。其余几类如下：

柱。直立承受上部重量的承压构件。按外形分为直柱、梭柱，截面多为圆形。按所在位置有不同名称：在房屋最外圈的柱子为外檐柱，外檐柱以内的称屋内柱（金柱），转角处的称角柱等。柱有侧脚，即向中心倾斜；有生起，即自中间柱向角柱逐渐加高。

枋。包括阑额（大额枋）、由额（小额枋或由额垫板）、普拍枋（平板枋）、屋内额、地伏、绰幕（后演化为雀替）等，是连接柱头或柱脚的水平旋转的、矩形截面的连系构件。

梁。是承受屋顶重量的水平放置的受弯构件；上一梁较下一梁短，层层相叠，构成屋架。最下一梁置于柱头上或与铺作组合。最上一梁称平梁（三架梁），梁上立蜀柱（脊瓜柱）承脊椽（脊桁）。显露的或在平闇（音暗，天花的一种）以下的梁，称为明伏。明伏按外形分为直梁、月梁。直梁四面平直；月梁经过艺术加工，形弯如弓。隐蔽在平闇以上的梁，表面不必加工，称为草伏。四阿（庑殿）屋顶和厦两头（歇山）屋顶两侧面所用垂直于主梁的梁称丁伏（顺梁或扒梁）。在最下一梁之下安于两柱之间与梁平行的枋，称顺伏串（跨空随梁枋）。

椽。架在檩（桁）上密排的圆木或方木。相邻两椽间的净距离，称为椽当。一般椽当等于或近于椽径（或方椽的宽），习惯上称之为"一椽一当"。架在脊檩和上金檩上的椽称为脑椽；上、下金檩之间的椽称为花架椽；金檩与檐檩（或正心桁）之间的椽称为檐椽。檐椽常外伸到檐柱中心线以外，形成挑檐。这时，檐椽外端上面常再加一排继续外挑的椽，称为飞椽。脑椽、花架椽、檐椽一般用圆椽，飞椽则为方椽。

檩。屋面以下、梁架之间，沿建筑物纵向布置的圆木构件，上承椽所传递下来的屋面荷载，两端落在梁架上，对梁架兼起连系作用。明清建筑中，正脊下的檩称脊桁，屋檐下的檩称檐桁，檐、脊之间的称为金桁，如有两根金桁则分别称为上金桁和下金桁。屋檐下有两根桁，一根在檐柱中心线上，称为正心桁，一根在挑檐枋上，称为挑檐桁，其余的桁则相应地称为脊桁、金桁。

蜀柱、驼峰托脚、叉手等。是各架梁之间的构件。早期建筑，梁上安矮柱、驼峰或敦添，上安斗、襻间，承托上一梁首，又在梁首斜安托脚，斜托上架椽（檩）。平梁上安蜀柱、叉手。蜀柱头也安斗，用襻间，承脊椽，柱脚用合沓（角背）。叉手原是立在平梁上，顶部相抵成人字形的一对斜撑，承托脊椽，通用于汉至唐。晚唐五代起改用蜀柱承椽，叉手成为托在两侧加强稳定的构件，作用近于托脚。明清官式建筑梁上均用短柱，按所在位置称上金瓜柱、下金瓜柱、脊瓜柱等。柱下各用角背，并不用托脚、叉手。当庑殿推山加长脊椽时，在椽头下另加一道平梁，称太平梁，梁上立一柱称雷公柱。

替木。与椽、枋平行，用于两构件对接的接口之下，以增加连接的强度，并产生缩短跨距的作用。替木在唐宋是必用的，明清官式建筑已不用。

阳马（角梁）。用于四阿（庑殿）屋顶、厦两头（歇山）屋顶转角45°线上，安在各架椽正侧两面交点上。最下用大角梁（老角梁）、子角梁承受翼角椽尾。子角梁上，逐架用隐角梁（由戗）接续。用于四阿（庑殿）的，至脊椽止；用于厦两头（歇山）的，至中平暗止。

此外还有望板。铺钉于椽上、用以封闭屋顶的木板，一般多与椽垂直铺放，称为横望板。也有时顺椽铺放，称为顺望板。清制：横望板以椽径十分之二定厚；顺望板以椽径二倍定宽，以椽径三分之一定厚。

二、小木作

1.定义

小木作，又称装修，可分为外檐装修和内檐装修。前者在室外，如走廊的栏杆、屋檐下的挂落和对外的门窗等；后者装在室内，如各种隔断、罩、天花、藻井等。

2.构件分类

（1）门 古称双扇为门，单扇为户，后世统称为门。常用的有以下几种：

棂星门。出现于唐代或稍早。地上栽两根木柱，柱间上方架横额，形成门框，内装双扇门。宋代因柱头装黑色瓦筒，故称乌头门。门扇四周有框，上部装直棂，下部嵌板，大的在背面加剪刀撑。一般用作住宅、祠庙的外门。明清时用在坛庙、陵墓中的棂星门的立柱改用石制。

板门（图2-1-8）。用竖向木板拼成，两侧两块加厚，做门轴和门关卯口，其余的在背面嵌入水平的带。宫殿上的板门，板钉在门上，钉头加镏金铜帽称门钉，为装饰品。门环由兽首衔住，称铺首。一般住宅不用门钉，铺首做成钹形，称门钹。

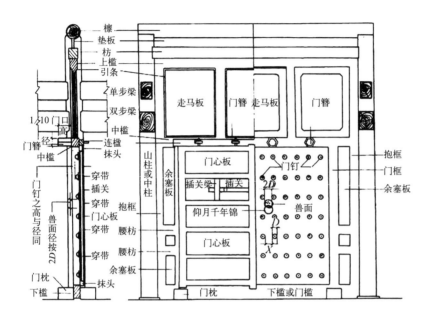

图2-1-8　门构造

软门。用竖板拼成，拼缝处加压条。一种背面有穿带，构造近于板门，称牙头护缝软门；一种有边框，近于格子门，中心填板加护缝，称合板软门。软门用作大门门扇是宋代的做法，清代已不用。

扇（构造见图2-1-9）。始见于宋代，也称格子门，是由唐代有直棂窗的板门发展出来的，用在外檐。清代有用在内檐的，称碧纱橱。每间可用四、六、八扇不等。每扇用边挺、抹头等枋木构成内分两格至五格的框子。一般为三格，

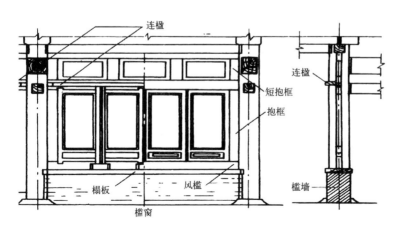

图2-1-9　扇构造

上格最长，装透空心，中格最窄，装绦环板，下格装裙板。五格的在上下端各再加一绦环板。三至五格的门扇称四至六抹。门扇透光部分的格心有单层、双层两种，上糊纸、绢。

（2）窗　西周铜器和战国木椁上已有带十字格或斜方格的窗的形象；汉代明器陶楼和壁画中，在窗外多有花格篦子。唐以后的窗大体有如下数种：

直棂窗。清代以密排竖棂为主，加几道横棂，背面糊纸的固定窗为"一码三箭"窗，源于古代的板棂窗。这种窗古代只有竖棂，棂断面为矩形的称板棂窗，棂断面为正方形斜锯成的三角形的称破子棂窗。有的窗只一层，装可推拉的板以启闭。有的窗内外二层，内层可推移，内外棂重合则开，错开则闭。

槛窗（图2-1-10）。去掉绦环板以下部分的窗扇，立在槛墙上，和明间的窗扇配合使用，其线脚、窗格也和窗扇相同。宋《营造法式》未有专名，但在"阑槛钩窗"一条中有类似处理，宋画中也曾出现过槛窗形象。

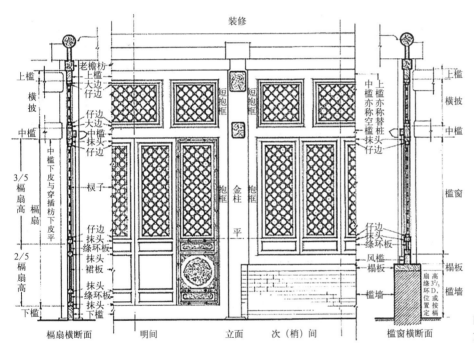

图2-1-10　槛窗（《清式营造则例》）

支摘窗（图2-1-11）。亦称和合窗。支窗是可以支撑的窗，摘窗是可以取下的窗，后来合在一起使用，所以叫支摘窗。清代的支摘窗用于槛墙上，上部为支窗，用时拿一根竹竿将窗从下向上支起；下部为摘窗。南方建筑因夏季通风的需要，支窗的面积比摘窗大一倍左右。

横披（图2-1-12）。清代统称门窗上面固定的高窗为横披，棂格与下层门窗相同，宋代做成水波形棂条。

（3）门窗采光材料　门窗格上一般糊纸、绢，有的还用油浸过以增加透光度。个别有用云母片及贝壳加工品的。清末开始用玻璃。

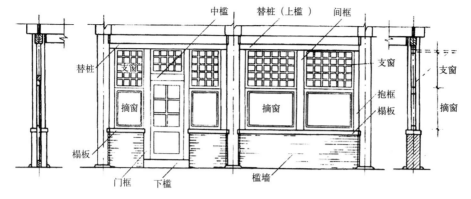

图 2-1-11 支摘窗

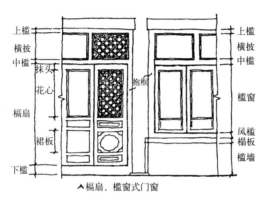

▲槅扇、槛窗式门窗

图 2-1-12 横披

（4）门窗轴　古代门窗多在一侧的上下出转轴，上端插在连楹的孔内，下端插在门枕石的槽内。山门和门扇的连楹不是整木而是近于梯形的木块，分钉在门额、门限上，中有孔以纳转轴。

（5）限隔用石木装修　包括栏杆、靠背栏杆、叉子、拒马叉子、露篱等（图 2-1-13）。

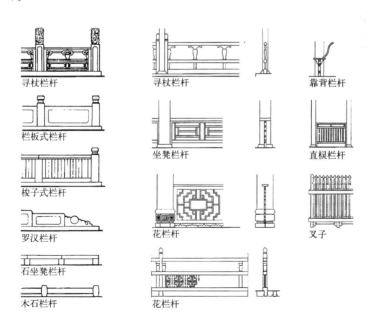

图 2-1-13　限隔用石木装修

栏杆　宋称勾阑，有单勾阑和重台勾阑两种，后者规格高。清代木栏杆多是单勾阑（图2-1-14）。单勾阑上下用三根横木。上一根为扶手，称寻杖；中间隔一定距离加一立柱。勾阑用在台阶、楼梯等处。

靠背栏杆　宋称阑槛钩窗，下部为勾阑，但中间横木加宽可坐，用"鹅项"将寻杖向外探出，俗称美人靠或吴王靠。

叉子　是用在廊柱间或室内龛橱外的防护性栅栏，两端有立柱，下端有地栿，中间有两道水平的"串"，构成骨架用侧面起线脚的垂直棂子穿过串，形成栅栏。

拒马叉子　又称行马，是放在城门、衙署门前的可移动路障。它是在一根横木上十字交叉穿棂子，棂下端着地为足，上端尖头斜伸，以阻止车马突过。

图2-1-14　栏杆

(6) 外檐装饰和防雨遮檐构件　包括山面搏风板上的悬鱼、惹草（图2-1-15），自檐头外挑以遮阳防雨的板引檐、水槽子，檐下的牌匾等。

图2-1-15　悬鱼、惹草

(7) 地板　宋称地棚，在地面加木垫块，上架木枋，枋上铺地板，用在仓库中。考究的建筑在木楼上仍铺砖，不暴露木地板。

(8) 楼梯　宋称胡梯，坡度45°，每高一丈分十二级。以两块厚板为斜梁，内侧相对开槽，其间嵌入促板（踢板）、踏板，构成梯级。再在两板间加几个木枋，出榫透过板身加抱寨，把板和梯级拉紧，构成整体梯段，称一盘。

(9) 井亭、井屋　宋式是立在井口上的木屋。悬山顶无斗栱的称井屋子，歇山顶有斗栱的称井亭子。清式多用八角井亭。

(10) 天花　有三种类型：

平闇（图2-1-16）：为了不露出建筑的梁架，在梁下用天花枋组成木框，框内放置密且小的木方格（见唐佛光寺大殿和辽独乐寺观音阁）。

平棊（图2-1-17）：在木框间放较大的木板，板下施彩绘或贴以有彩色图案的纸，这种形式在宋代称为平棊，后代沿用较多。

图2-1-16　平闇（左）
图2-1-17　平棊（右）

藻井（图2-1-18）：是一种高级的天花，一般用在殿堂明间的正中，如帝王御座之上、神佛像座之上，形式有方、矩形、八角、圆形、斗四、斗八等。

（11）罩　多用于室内，是用硬木浮雕或透雕成几何图案或缠交的动植物、神话故事等，在室内起着隔断空间和装饰的作用。

栏杆罩：槛框、大小花罩、横披、栏杆（图2-1-19）。其用于较大的房间，有四根落地的边框，将房屋进深间隔成中间大、两边小的三开间。中间的部分与几腿罩做法一致。两边部分的上端也同于几腿罩，只是下端加上栏杆。

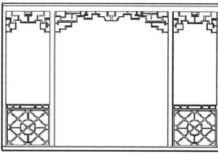

图2-1-18　藻井（左）
图2-1-19　栏杆罩（右）

几腿罩：用于进深较浅的房间，这种罩的两根抱框不落地，它与上槛、挂空槛之间的关系，犹如一个几案。这两根抱框正像几案的腿，故而得名。

落地罩：包括槛框、花罩、横披与隔扇。两端的抱框落地，紧挨着抱框各安一扇隔扇，隔扇下端做须弥墩（图2-1-20）。

圆光罩、坑罩、八方罩：这几种基本上沿用着开间分隔空间用的罩。于两柱之间做装修，留出门的位置，门之形状可圆、可方、可六角、可八方，而形成的罩（图2-1-21）。

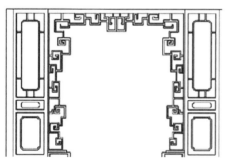

图2-1-20　落地罩（左）
图2-1-21　圆光罩（右）

博古架：做成博古架形式，留出通行之洞口，也是室内隔断的一种方式。进深与开间两个方向均可采用。罩类均为双面透雕装饰；题材主要是花草，并由此组成的富于文化蕴涵的内容，如：岁寒三友、富贵满堂、松鹤延年、福寿绵长等。在这种大面积的透雕中，时或加进贝螺嵌雕等工艺，使画面更加多彩俏丽。

三、其他构件

1. 台基：一称基座。系高出地面的建筑物底座。用以承托建筑物，并使其防潮、防腐，同时可弥补中国古建筑单体建筑不甚高大雄伟的欠缺。大致有四种：

（1）普通台基用素土或灰土或碎砖三合土夯筑而成，约高一尺，常用于小式建筑。

（2）较高级台基：较普通台基高，常在台基上边建汉白玉栏杆，用于大式建筑或宫殿建筑中的次要建筑。

（3）更高级台基：即须弥座，又名金刚座（图2-1-22）。中国古建筑采用须弥座表示建筑的级别。一般用砖或石砌成，上有凹凸线脚和纹饰，台上建有汉白玉栏杆，常用于宫殿和著名寺院中的主要殿堂建筑。

（4）最高级台基：由几个须弥座相叠而成，从而使建筑物显得更为宏伟高大，常用于最高级建筑，如故宫三大殿和山东曲阜孔庙大成殿，即耸立在最高级台基上。

2. 踏道：踏道是台阶的学名。台阶发展到后来出现了三种形式：垂带踏跺、如意踏跺和礓磋。

（1）垂带踏跺最为常见（图2-1-23），它的特点是在台阶的两端各砌一个斜面，好似玉带从基座上垂下。

（2）如意踏跺的特点是三面设台阶，都可以上下。

（3）礓磋的特点是总体修成一个大的坡面，在坡上用砖砌出一条一条的楞儿，防止滑倒。

3. 铺地：其实是一种地面装饰。分为室内铺地和室外铺地。室外铺地主要用于园林。除了铺在厅堂等建筑前，更多筑于路径，岸畔崖间、花下林中、台沿堂侧，它们或盘山腰，或曲洞壑，或穷水际，蜿蜒无尽通幽处。

4. 墙壁：在中国古建筑中，墙壁一般不承重，只起围护作用。室外墙壁有土筑、砖砌等类型；室内墙壁除此之外还可用其他材料建造，如木板墙、编竹夹泥墙等。

5. 屋顶：包括以下内容：

（1）屋脊（见图2-1-24，歇山屋顶）：屋顶两坡面相交

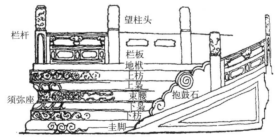

图2-1-22　须弥座

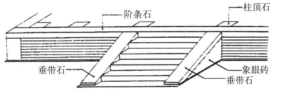

图2-1-23　垂带踏跺

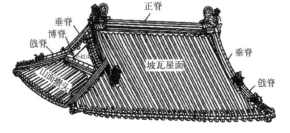

图2-1-24　歇山屋顶

隆起之处，一般用瓦条和砖垒砌而成。最初是一种防漏措施，后演变成优美的曲线轮廓和活泼的屋顶装饰。位于房屋前后两坡接缝部分的屋脊称正脊，自正脊端向下垂至檐部的屋脊叫垂脊，其余还有戗脊、角脊、岔脊等。

（2）屋檐：中国古代木构建筑的屋顶都有挑出的屋檐，目的是保护檐口下的木构架及夯土墙少受雨淋。

（3）瓦件：大屋顶上的瓦件分成三类——屋面瓦件、屋脊瓦件和吻兽。屋面瓦件包括板瓦、筒瓦、勾头瓦、滴水瓦、帽钉。屋脊瓦件包括正、垂、戗脊上的瓦件和装饰。吻兽包括正吻（图2-1-25）、垂兽、戗兽、走兽（图2-1-26）、套兽。

图2-1-25　正吻吻兽

仙人　　　　龙　　　　凤　　　　狮

天马　　　　海马　　　狻猊　　　押鱼

狮子　　　　斗牛　　　行什　　　垂兽座

垂兽

图2-1-26　走兽

6.色彩与装饰

彩绘具有装饰、标志、保护、象征等多方面的作用。用于建筑的许多部件中，如墙、柱、门窗、屋顶……油漆颜料中含有铜，不仅可以防潮、防风化剥蚀，而且还可以防虫蚁。

清代彩画可分为三类，从等级高低来分依次为和玺彩画、旋子彩画和苏式彩画。

（1）和玺彩画（图2-1-27）：是等级最高的彩画。其主要特点是：中间的画面由各种不同的龙或凤的图案组成，间补以花卉图案；画面两边用"《》"形框住，并且沥粉贴金，金碧辉煌，十分壮丽。

（2）旋子彩画（图2-1-28）：等级次于和玺彩画。画面用简化形式的涡卷瓣旋花，有时也可画龙凤，两边用"《》"形框起，可以贴金粉，也可以不贴金粉。一般用于次要宫殿或寺庙中。

（3）苏式彩画（图2-1-29）：等级低于前两种。画面为山水、人物故事、花鸟鱼虫等，两边用

图 2-1-27　和玺彩画

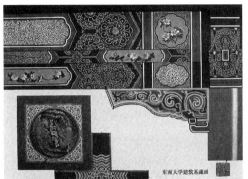

图 2-1-28　旋子彩画

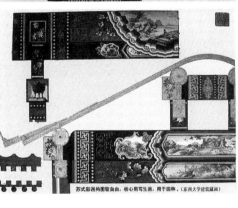

图 2-1-29　苏式彩画

"《》"或"（）"形框起。"（）"形框起部分被建筑家们称作"包袱"，苏式彩画，便是从江南的包袱彩画演变而来的。

雕饰也是中国古建筑艺术的重要组成部分，包括墙壁上的砖雕，台基、石栏杆上的石雕、金银铜铁等建筑饰物。雕饰的题材内容十分丰富，有动植物花纹、人物形象、戏剧场面及历史传说故事等。

中国古代工官制度，匠师与典籍
一、中国古代工官制度

工官制度是建设和建筑营造的具体掌管者和实施者，对古代建筑的发展有着重要的影响。西汉，称为"将作少府"，东汉改为"将作大匠"，唐宋称"将作监"，副手称"少匠"、"少监"。到隋朝的时候在中央政府设立"工部"来掌管全国的土木建筑工程和各种工务。工官集制定法令法规、规划设计、征集工

匠、采办材料、组织施工于一身。直到清康熙时，出现了"样房"，即"样式雷"，实现了建筑设计的专业分工。

二、匠师

中国古代建筑匠师和工官制度密切相关。汉代阳城延，北魏李冲、蒋少游，隋代宇文恺，唐代阎立德等都是著名的将作大匠。宋将作监李诫著《营造法式》，尤为著名。明代专业匠师有不少人后来升任为主管工程的高级官吏。清代还出现了匠师世家，样式雷一门七代掌管宫廷营建，山子张长期主持皇家园林造园叠山。中国古代许多著名匠师，事迹大都记载不详，如著名的安济桥设计者，其原始传记材料只留下"隋匠李春"四字。

三、著作

中国古代主要建筑典籍：中国古代建筑著作有官书和私人著作两类。

官书：现知最早的官书是《考工记》，一般认为是春秋时齐国人所作，是记录手工业技术的专书。唐代颁有《营缮令》，规定官吏和庶民房屋的形制等级制度（宋、明、清也颁布过）。宋代两次颁布《营造法式》，为当时宫廷官府建筑的制度材料和劳动日定额等甚为完整的规范，是古代建筑学的专著。元代有《经世大典》，其中"工典"门分 22 个工种，与建筑有关者占半数以上。明代建筑等第制度多纳入《明会典》，另外还有一些具体规章，如《工部厂库须知》等。清代颁有《工部工程做法则例》，是一部有关建筑的大型文献，内务府系统还有若干匠作则例规定比较详细。

私人著作：北宋初，都料匠喻皓著《木经》3 卷，是一部建筑学专著。明中叶有《鲁班营造正式》，是南方民间匠师所著。万历（1573～1620 年）时又有《新镌京版工师雕斫正式鲁班经匠家镜》，并有崇祯本及多种清代翻刻本。崇祯本 3 卷，明午荣汇编，章严集、周言校正。明清文士著述，有文震亨《长物志》记载居室及庭园环境布置等；计成《园冶》则更是造园学的专著。李斗《扬州画舫录》附录《工段营造录》，传自内廷的工程人员。

城市建设

我国的城市建设与城市规划是具有悠久历史传统的。随着社会的演进，城市建设与规划不断得到革新与发展。

中国古代早有关于都城的制度规定：《周礼·考工记》中记载"匠人营国，方九里，旁三门，国中九经九纬，经涂九轨，左祖右社，面朝后市……"（图 2-1-30）。

中国的五大古都：西安、洛阳、开封、南京、北京（七大古都则加上安阳、杭州）。

中国列入世界文化遗产的城市有：平遥古城（图 2-1-31）、丽江古城（图 2-1-32）。

图 2-1-30 《周礼·考工记》都城制度

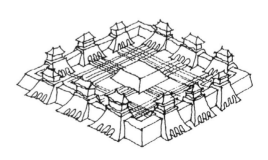

图 2-1-31 平遥古城
（左）

图 2-1-32 丽江古城
（右）

建筑类型与特色
居住建筑

中国传统民居的历史非常悠久，从先秦发展到 20 世纪初，其基本特点始终是以木构架为结构主体，以单体建筑为构成单元。尽管历史在推移，但住宅的格调没有太大变化，传统民居具有浓厚的中国传统文化特色，显露出中国的思想内涵。传统住宅的主要类型有：

1. 院落式——是中国传统住宅的主要形式，包括多种形态。如：四合院、四水归堂、一颗印、土楼等。

（1）四合院（图 2-1-33）。四合院是中国传统的院落式住宅。布局上围绕院子，四面建有房屋，从四面将庭院合围在中间。住宅中轴对称，等级分明，秩序井然。一般门窗开向院子，对外不开窗。根据规模和级别不同，可以分为一进院、二进院、三进院、四进院等。此外，大门的类型和影壁均因级别和主人的不同而有区别，有严格的等级要求。

（2）四水归堂（图 2-1-34）。中国江南地区的住宅名称很多，平面布局同北方的"四合院"大体一致，只是院子较小，称为天井，仅作排水和采光之用，谓之"五岳朝天，四水归堂"。古时徽州人聚水如聚财，选设天井，不仅是通风采光的需要，还图"肥水不外流"之吉利。

（3）一颗印（图 2-1-35）。云南高原地区多风，故住房墙厚瓦重，外观方整，形如印章，故称为"一颗印"。"一颗印"外围均为高墙，用夯土或土

图 2-1-33 四合院
（左）

图 2-1-34 四水归堂
（右）

坯筑成；也有用内土外砖形式筑成者，称为"金包银"。"一颗印"通常形式为"三间四耳"，即正房三间，耳房（厢房）东西各两间，均做成两层楼房。

图 2-1-35 一颗印

（4）土楼（图 2-1-36）。在福建永定县，经常可以看到这种圆楼。福建土楼主要类型有圆楼、方楼、五凤楼三种。屋的所有朝外的窗口都非常小，而朝里的窗则是尽可能的大，在底层一般都不会有朝外的窗口。已有四十六座土楼列入世界文化遗产——"六群四楼"。土楼多数只有三层，有些亦会有五至六层。三层的土楼各层的用途：第一层：厨房；第二层：仓库；第三层：卧室。每一家庭居于同一"直栋"楼房内。底层中间部分，是家族的聚会厅，祠堂。

图 2-1-36 土楼

2.窑洞：分布于河南、山西、陕西等黄土高原区域。窑洞可分为以下几种。

（1）靠崖式窑洞（崖窑，见图 2-1-37）：在山畔、沟边，利用崖势修挖而成的窑洞形式。

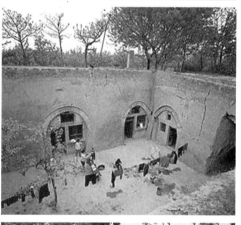

图 2-1-37 靠崖式窑洞

（2）下沉式窑洞（地窑，见图 2-1-38）：在没有山坡、沟壁可利用的地区，先就地向下挖一个方形地坑，然后再在坑内向四壁修挖而成的窑洞形式。

图 2-1-38 下沉式窑洞

（3）独立式窑洞（箍窑，见图 2-1-39）：独立式窑洞是一种掩土的拱形房屋。这种窑洞无需靠山依崖，能自身独立。可建成单层，也可建成为楼。若上层也是箍窑即称"窑上窑"；若上层是木结构房屋则称"窑上房"。

图 2-1-39 独立式窑洞

3. 帐房、蒙古包（图 2-1-40）：分布于内蒙古、青海等地，方便拆卸和安装，是牧民的移动式房屋。木枝条编成可开可合的木栅做壁体骨架，整体骨架外用两至三层羊毛毡围裹，之后用马鬃或驼毛拧成的绳子捆绑。骨架最上方留有圆形套脑作为天窗，内部毡帐的地面还铺有很厚的毡毯。在牧民迁徙时，把蒙古包拆好收起来，到达目的地便又将蒙古包重新搭建起来。

图 2-1-40　蒙古包

4. 碉房（图 2-1-41）：碉房是中国西部青藏高原的住宅形式，外地人因其用土或石砌筑，形似碉堡，故称碉房。碉房一般为 2 ～ 3 层。底层养牲畜，楼上住人。

图 2-1-41　碉房

5. 干阑式住宅（图 2-1-42）：干阑式住宅是用竹、木等构成的楼居。它是单栋独立的楼，底层架空，用来饲养牲畜或存放东西，上层住人。主要分布在中国西南部的云南、贵州、广西等地区。

图 2-1-42　干阑式住宅

礼制建筑

在传统的中国观念上，除了将整个建筑形制本身看作是"礼制"的内容之一外，同时另外也产生了一系列由"礼"的要求而来的"礼制建筑"。"礼制建筑"一般就是指《仪礼》上所需要的建筑物或者建筑设置，再或者是"礼部"本身的所属建筑物。例如为"祭祀"而设的郊丘、宗庙、社稷，为宣传教育（教化）而设的明堂、辟雍、学校等就均属"礼制建筑"之列。

一、坛庙

祭坛和祠庙都是祭礼神灵的场所。"台而不屋为坛，设屋而祭为庙"。坛庙建筑的历史远比宗教建筑久长，中国在内蒙古、辽宁、浙江等地发现的一批最早的祭坛和神庙，距今约有五六千年。随着社会的发展，这类建筑逐步脱离原始宗教信仰的范畴而变为一种有明显政治作用的设施。于是，坛庙建筑有了特别重要的意义和地位，在都城建设和府县建设中成了必不可少的工程项目。

代表建筑：北京天坛（图 2-9-12、图 2-9-13）、社稷坛、太庙（图 2-1-43）、太原晋祠、曲阜孔庙等。

图 2-1-43　太庙

二、陵墓

一般情况，陵墓分为地下和地上两部分。地下，主要是安置棺椁的墓室；开始（约从商代到汉）用木椁室，随后出现砖石结构墓室，东汉以后成为主流。这种地下砖石构筑物，发展到后来，规模宏大，结构严密，真正成为"地下宫殿"。还有一类墓室，由天然山岩开凿而成，开凿岩墓始见于汉代，但是用于陵墓一级则主要是唐代。我国早期砖石结构资料，多数来自古代墓葬，表现古代对砖石结构在力学和材料施工技术方面达到的水平。古代墓葬的地下结构物较地面建筑保存为多，其中还有大量古代建筑的形象和雕刻、绘画艺术等多方面资料。

代表建筑：秦始皇陵、明十三陵（图2-1-44）等。

政权建筑
一、宫殿

中国古代帝王所居的大型建筑组群，是中国古代最重要的建筑类型。在中国长期的封建社会中，以皇权为中心的中央集权制得到充分发展，宫殿是封建思想意识最集中的体现，在很多方面代表了传统建筑艺术的最高水平。

为了体现皇权的至高无上，表现以皇权为核心的等级观念，中国古代宫殿建筑采取严格的中轴对称的布局方式：中轴线上的建筑高大华丽，轴线两侧的建筑相对低小简单。古代宫殿建筑组群自身依"前朝后寝"的原则："前朝"是帝王上朝治政、举行大典之处，"后寝"是皇帝与后妃们居住生活的所在。中国宫殿传承有序，各代都有所增益。其总的设计思想都在于强调秩序和逻辑，以渲染皇权意识，具有鲜明的民族的和时代的特色。

此外，由于中国的礼制思想里包含着崇敬祖先、提倡孝道和重五谷、祭土地神的内容，中国宫殿组群的左前方通常设祖庙(也称太庙)供帝王祭拜祖先，右前方则设社稷坛供帝王祭祀土地神和粮食神（社为土地，稷为粮食），这种格局被称为"左祖右社"。

代表建筑：唐长安大明宫、明清北京宫殿（图2-1-45）等。

图2-1-44 明十三陵之长陵（左）
图2-1-45 明清北京宫殿（右）

二、衙署

中国古代官吏办理公务的处所（《周礼》称官府，汉代称官寺，唐代以后称衙署、公署、公廨、衙门，见图2-1-46）。衙署是城市中的重要建筑，大多有规划地集中布置，采用庭院式布局，建筑规模视其等级而定。衙署中正厅（堂）为主建筑，设在主庭院正中，正厅前设仪门、廊庑，遇有重要情况才开启正门，使用正厅。

宗教建筑

一、寺庙建筑

古建筑中的寺庙建筑，有佛教的、喇嘛教的、伊斯兰教的和道教的。所有这些宗教建筑由于其不同的教义和使用要求，而表现为不同的总体布局和建筑式样。

1. 佛教建筑（指汉传佛教建筑）

中国宗教建筑的主要建筑类型。佛寺建筑采取了中国传统建筑的院落式布局。寺中的单体建筑除了某些砖石结构的塔以外，也大都采取了木结构建筑方式，而砖石塔也大多模仿木结构建筑的形象。这说明佛寺的艺术面貌在整体上和世俗建筑差别不大。

代表建筑：山西五台山佛光寺大殿、河北正定隆兴寺、天津蓟县独乐寺（图2-1-47）。

图 2-1-46　衙署（左）
图 2-1-47　河北承德须弥福寿之庙（右）

2. 道教建筑

中国道教供奉神像和进行宗教活动的庙宇。道教建筑主要是庙宇建筑组群，宋以后也有极少数的石窟和塔。由于祭祀名山大川、土地城隍等神的祠庙历来都由道士主持，所以许多这类祠庙也成为道教建筑。

代表建筑：武当山道教宫观（图2-1-48）、永乐宫。

3. 喇嘛教建筑（指藏传佛教建筑）

喇嘛教建筑一般有两种形式，一种是和汉传佛寺相近的宫室式木建筑；另一种是属于碉房式的砖石建筑。北京的雍和宫和东、西黄寺都属于前者，只有颐和园后山的一组喇嘛寺是碉房式的。木建筑的喇嘛寺仍旧采用了四合院式布局，寺庙前半部的山门、天王殿、大殿，都和佛寺差不多。但大殿以后的部分常有高大而雄伟的建筑，在布局上也有所变化。

代表建筑：西藏拉萨布达拉宫（图2-1-49）、内蒙古呼和浩特席力图召、河北承德须弥福寿之庙（图2-1-47）和普陀宗乘之庙。

图 2-1-48　武当山道教宫观（左）

图 2-1-49　布达拉宫（右）

4. 伊斯兰教建筑

最初建造的伊斯兰教寺庙完全是阿拉伯式的建筑。以后逐渐采用了中国传统木建筑形式，但在建筑制度、总体布局和内部装饰上仍然保持了伊斯兰教的特点。伊斯兰教礼拜寺建筑特点：①不供偶像；②设朝圣地麦加朝拜的龛；③不用动物图像作装饰，用可兰经文、植物及几何图案作装饰；④设有邦克楼、望月楼等。

代表建筑：广州怀圣寺（俗名狮子寺，见图 2-1-50），泉州清净寺（俗名麒麟寺，见图 2-1-51），杭州真教寺（俗名凤凰寺，见图 2-1-52），扬州仙鹤寺（图 2-1-53）。

图 2-1-50　广州怀圣寺（左）

图 2-1-51　泉州清净寺（右）

图 2-1-52　杭州真教寺（左）

图 2-1-53　扬州仙鹤寺（右）

二、佛塔与经幢

1. 佛塔

中国佛教纪念性建筑。塔的概念是随同佛教一起从印度传入中国的。佛教在公元 1 世纪前后传入中国内地时，中国的木结构建筑体系已经形成，而佛塔是以传统重楼为基础在中国发展的。

我国的佛塔按建筑材料可分为木塔、砖石塔、金属塔、琉璃塔等。按类型可分为楼阁式塔、密檐塔、喇嘛塔、金刚宝座塔和墓塔等（图 2-1-54）。塔一般由地宫、基座、塔身、塔刹组成，塔的平面以方形、八角形为多，也有六角形、十二角形、圆形等形状。塔有实心、空心，单塔、双塔，登塔眺望是我国佛塔的功能之一。塔的层数一般为单数，如三、五、七、九、十一、十三层……所谓救人一命，胜造七级浮屠，七级浮屠指的就是七层塔。塔的种类有以下七种：

（1）楼阁式塔：在中国古塔中的历史最悠久、体形最高大、保存数量最多，是汉民族所特有的佛塔建筑样式。这种塔的每层间距比较大，一眼望去就像一座高层的楼阁。形体比较高大的，在塔内一般都设有砖石或木制的楼梯，可以供人们拾级攀登、眺览远方，而塔身的层数与塔内的楼层往往是一致的。

（2）密檐式塔：在中国古塔中的数量和地位仅次于楼阁式塔，是由楼阁式的木塔向砖石结构发展时演变来的。这种塔的第一层很高大，而第一层以上各层之间的距离则特别短，各层的塔檐紧密重叠着，仿木构建筑装饰大部分集中在塔身的第一层。塔身的内部一般是空筒式的，不能登临眺览。也有的密檐式塔在制作时就是实心的。

（3）亭阁式塔：是印度的覆钵式塔与中国古代传统的亭阁建筑相结合的一种古塔形式，也具有悠久的历史。塔身的外表就像一座亭子，都是单层的，有的在顶上还加建一个小阁。在塔身的内部一般设立佛龛，安置佛像。由于这种塔结构简单、费用不大、易于修造，曾经被许多高僧们所采用作为墓塔。

（4）金刚宝座式塔：这种名称是针对它的自身组合情况而言的，而具体形制则是多样的。它的基本特征是：下面有一个高大的基座，座上建有五塔，位于中间的一塔比较高大，而位于四角的四塔相对比较矮小。基座上五塔的形制并没有一定的规定，有的是密檐式的，有的则是覆钵式的。这种塔是供奉佛教中密教金刚界五部主佛舍利的宝塔，在中国流行于明朝以后。

（5）过街塔和塔门：过街塔是修建在街道中或大路上的塔，下有门洞可以使车马行人通过；塔门就是把塔的下部修成门洞的形式，一般只容行人经过。这两种塔都是在元朝开始出现的，所以门洞上所建的塔一般都是覆钵式的，有的是一塔，有的则是三塔并列或五塔并列式。

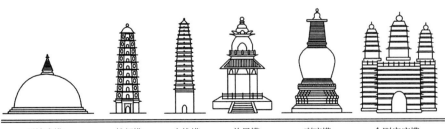

覆钵式塔　　楼阁塔　　密檐塔　　单层塔　　喇嘛塔　　金刚宝座塔　　　　图 2-1-54　塔的种类

（6）花塔：花塔有单层的，也有多层的。它的主要特征，是在塔身的上半部装饰繁复的花饰，看上去就好像一个巨大的花束，可能是从装饰亭阁式塔的顶部和楼阁式、密檐式塔的塔身发展而来的，用来表现佛教中的莲花藏世界。它的数量虽然不多，但造型却独具一格。

（7）覆钵式塔：是印度古老的传统佛塔形制，在中国很早就开始建造了，主要流行于元代以后。它的塔身部分是一个平面圆形的覆钵体，上面安置着高大的塔刹，下面有须弥座承托着。这种塔由于被西藏的藏传佛教使用较多，所以又被人们称作"喇嘛塔"。又因为它的形状很像一个瓶子，还被人们称为"宝瓶式塔"。

图 2-1-55　经幢

代表建筑：山西应县佛宫寺释迦塔、苏州虎丘云岩寺塔、福建泉州开元寺双石塔、苏州报恩寺塔、河南登封嵩岳寺塔、西安大雁塔和小雁塔、北京妙应寺白塔、北京大正觉寺金刚宝座塔。

2. 经幢

幢，梵文 Dhvaja 和 Ketu 的意译，原指佛像前所立用宝珠丝帛装饰的竿柱，又称幢幡。由于印度佛的传入，将佛经或佛像书写在丝织的幢幡上，为保持经久不毁，后改书写为石刻在石柱上，因刻的主要是《陀罗尼经》，因此称为经幢。

经幢一般由幢顶、幢身和基座三部分组成（图 2-1-55），主体是幢身，刻有佛教密宗的咒文或经文、佛像等，基座和幢顶则雕饰花卉、云纹以及佛、菩萨像。我国经幢多为石质，铁铸较少。一般有圆柱形、六角形和八角形。

代表建筑：山西潞城的原起寺经幢、山西五台山佛光寺石幢、河北赵县陀罗尼经幢、云南昆明地藏寺经幢。

三、石窟、摩崖造像

1. 石窟

石窟原是印度的一种佛教建筑形式。僧侣们选择崇山峻岭的幽僻之地开凿石窟，以便修行之用。印度石窟的格局大抵是以一间方厅为核心，周围是一圈柱子，三面凿几间方方的"修行"用的小禅室，窟外为柱廊。从北魏至隋唐，是凿窟的鼎盛时期，唐代以后逐渐减少。

四大石窟：甘肃敦煌莫高窟（图 2-1-56）、麦积山石窟（图 2-1-57）、山西大同云冈石窟（图 2-1-58）和河南洛阳龙门石窟（图 2-1-59）。

图 2-1-56　甘肃敦煌莫高窟（左）
图 2-1-57　麦积山石窟（右）

图 2-1-58 山西大同
云冈石窟（左）
图 2-1-59 河南洛阳
龙门石窟（右）

2. 摩崖造像

以石刻为主要内容的佛教造像，特点是或置于露天或位于浅龛中，多数情况以群组形式出现，有时与石窟并存。

代表建筑：江苏连云港孔望山摩崖造像、四川乐山凌云寺弥勒大佛。

园囿建筑

一种建造在花园或自然风景区内供人们休息、游览、观赏用的建筑物。如亭、台、楼、阁、厅、堂、廊、榭、桥、塔等一般较为大型的建筑物。

殿堂：中国古代建筑群中的主体建筑，包括殿和堂两类建筑形式，其中殿为宫室、礼制和宗教建筑所专用。"堂"指建筑物前部对外敞开的部分。殿和堂都可分为台阶、屋身、屋顶三个基本部分。其中台阶和屋顶形成了中国建筑最明显的外观特征。殿和堂在形式、构造上都有区别。殿和堂在台阶做法上的区别出现较早：堂只有阶；殿不仅有阶，还有陛，即除了本身的台基之外，下面还有一个高大的台子作为底座，由长长的陛级联系上下。殿一般位于宫室、庙宇、皇家园林等建筑群的中心或主要轴线上，其平面多为矩形，也有方形、圆形、工字形等。殿的空间和构件的尺度往往较大，装修做法比较讲究。堂一般作为府邸、衙署、宅院、园林中的主体建筑，其平面形式多样，体量比较适中，结构做法和装饰材料等也比较简洁，且往往表现出更多的地方特征。

楼阁：中国古代建筑中的多层建筑物。楼与阁在早期是有区别的。楼是指重屋，阁是指下部架空、底层高悬的建筑。阁一般平面近方形，两层，有平座，在建筑组群中可居主要位置，如佛寺中有以阁为主体的，独乐寺观音阁即为一例。楼则多狭而修曲，在建筑组群中常居于次要位置，如佛寺中的藏经楼、王府中的后楼、厢楼等，处于建筑组群的最后一列或左右厢位置。后世楼阁二字互通，无严格区分，古代楼阁有多种建筑形式和用途。城楼在战国时期即已出现。汉代城楼已高达三层。阙楼、市楼、望楼等都是汉代应用较多的楼阁形式。登高望远的风景游览建筑往往也用楼阁为名，如黄鹤楼、滕王阁等。

亭：中国传统建筑中周围开敞的小型点式建筑，供人停留、观览，也用于典仪，俗称亭子，出现于南北朝的中后期。亭一般设置在可供停息、观眺的形胜之地，如山冈、水边、城头、桥上以及园林中。还有专门用途的亭，如碑亭、井亭、宰牲亭、钟亭等。亭的平面形式除方形、矩形、圆形、多边形外，还有十字、连环、梅花、扇形等多种形式。亭的屋顶有攒尖、歇山、锥形及其他形式复合体。

廊：中国古代建筑中有顶的通道，包括回廊和游廊，基本功能为遮阳、防雨和供人小憩。廊是形成中国古代建筑外形特点的重要组成部分。殿堂檐下的廊，作为室内外的过渡空间，是构成建筑物造型上虚实变化和韵律感的重要手段。围合庭院的回廊，对庭院空间的格局、体量的美化起重要作用，并能造成庄重、活泼、开敞、深沉、闭塞、连通等不同效果。

台榭：中国古代将地面上的夯土高墩称为台，台上的木构房屋称为榭，两者合称为台榭。最早的台榭只是在夯土台上建造的有柱无壁、规模不大的敞厅，供眺望、宴饮、行射之用。台榭的遗址颇多，著名的有春秋晋都新田遗址、战国燕下都遗址、邯郸赵国故城遗址、秦咸阳宫遗址等，都保留了巨大的阶梯状夯土台。榭还指四面敞开的较大的房屋。唐以后又将临水的或建在水中的建筑物称为水榭，但已是完全不同于台榭的另一类型建筑。

市政建筑

如石桥、木桥、堤坝、港口、码头等。

教育、文化、娱乐建筑

如乐楼、舞楼、戏台、露台、看台等。

标志建筑

如市楼、钟楼、鼓楼、过街楼、牌坊、影壁等。

影壁（图2-1-60）：建在院落的大门内或大门外，与大门相对作屏障用的墙壁，又称照壁、照墙。影壁能在大门内或大门外形成一个与街巷既连通又有限隔的过渡空间。明清时代影壁从形式上分有一字形、八字形等。

牌坊（图2-1-61）：又称牌楼，是一种只有单排立柱，起划分或控制空间作用的建筑。在单排立柱上加额枋等构件而不加屋顶的称为牌坊，上施屋顶的称为牌楼，这种屋顶俗称为"楼"，立柱上端高出屋顶的称为"冲天牌楼"。

图2-1-60　影壁（左）
图2-1-61　牌坊（右）

牌楼建立于离宫、苑囿、寺观、陵墓等大型
建筑组群的入口处时，形制的级别较高。冲
天牌楼则多建立在城镇街衢的冲要处，如大
路起点、十字路口、桥的两端以及商店的门
面。前者成为建筑组群的前奏，造成庄严、
肃穆、深邃的气氛，对主体建筑起陪衬作
用；后者则可以起丰富街景、标志位置的作
用。江南有些城镇中有跨街一连建造多座牌
坊的，多为"旌表功名"或"表彰节孝"。山
林风景区多在山道上建牌坊，既是寺观的前
奏，又是山路进程的标志。

图 2-1-62　华表

华表（图 2-1-62）：为成对的立柱，起
标志或纪念性作用。汉代称桓表。元代以前，华表主要为木制，上插十字形木板，
顶上立白鹤，多设于路口、桥头和衙署前。明以后华表多为石制，下有须弥座；
石柱上端用一雕云纹石板，称云板；柱顶上原立鹤改用蹲兽，俗称"朝天吼"。
华表四周围以石栏。华表和栏杆上遍施精美浮雕。明清时的华表主要立在宫殿、
陵墓前，个别有立在桥头的，如北京卢沟桥头。明永乐年间所建北京天安门前
和十三陵碑亭四周的华表是现存的典型。

防御建筑

如城墙、城楼、堞楼、村堡、关隘、长城、烽火台、坞堡等。

关隘（图 2-1-63）。多位于要道及险阻之处，一般都建有城墙、关门及
相应的管理与守卫建筑。

烽火台（图 2-1-64）。又称烽台、烽燧，是用以燃烽举烟示警的台状建
筑。烽燧一般置于长城城垣上或其内侧。其形状为方、圆平面之土石墩台，直
径 5～30 米，高度可超过 10 米。台下另建小屋数间供守卫者居住。

坞堡（图 2-1-65）。是一种防卫性建筑，也称坞壁。汉代豪强聚族而居，
故此类建筑之外观颇似城堡。四周常环以深沟高墙，内部房屋毗联，四隅与中
央另建塔台高楼，大型的坞堡相当于村落，较小的一如宅院。

图 2-1-63　关隘（左）
图 2-1-64　烽火台（右）

图 2-1-65　坞堡（左）
图 2-1-66　雉堞（右）

雉堞（图 2-1-66）。又称垛口，是城墙顶部筑于外侧的连续凹凸的齿形矮墙，以在反击敌人来犯时，掩护守城士兵之用。有的垛口上部有观望孔，用来观望来犯之敌，下部有通风孔，用来保护墙体。女墙又叫"睥睨"，指城墙顶上的小墙，建于城墙顶的内侧，一般比垛口低，起护栏作用。

中国古代园林概述

中国古典园林，是把自然的和人造的山水以及植物、建筑融为一体的游赏环境。在世界三大园林体系（中国、欧洲、阿拉伯）中，中国园林历史最悠久，内涵最丰富。

造园理念

一、"本与自然，高于自然"的意境

本于自然、高于自然是中国古典景园创作的主旨，目的在于求得一个概括、精练、典型而又不失其自然生态的山水环境。自然风景以山、水为地貌基础，以植被作装点，山、水、植被乃是构成自然风景的基本要素，当然也是风景式园林的构景要素。但中国古典景园设计是有意识地对山水加以改造、调整、加工、裁剪，从而表现一个精练概括的自然、典型化的自然。惟其如此，像颐和园那样的大型天然山水园才能够把具有典型性格的江南湖山景观在北方的大地上复现出来。这就是中国古典园林的一个最主要的特点——本于自然而又高于自然。

二、意境的蕴涵

意境是中国艺术的创作和鉴赏方面的一个极重要的美学范畴，简单说来，意即主观的感情、理念熔铸于客观生活、景物之中，从而引发鉴赏者类似的情感激动和理念联想。景意境的涵蕴既深且广，其表述的方式必然丰富多样，归纳起来，大体上有以下几种不同的情况：借助于人工的叠山理水把广阔的大自然山水风景缩移模拟于咫尺之间；预先设定一个意境的主题，然后借助于山、水、花木、建筑所构成的物境把这个主题表述出来，从而传达给观赏者以意境的信息；意境并非预先设定，而是在景园建成之后再根据现成物境的特征做出文字的"点题"——景题、匾、联、刻石等。

三、诗情画意体现文人情怀

自从文人参与园林设计以来，追求诗的涵义和画的构图就成为中国园林的主要特征。谢灵运、王维、白居易等著名诗人都曾自己经营园林。历代诗词歌赋中咏唱园林景物的佳句多不胜数。画家造园者更多，特别是明清时期，名园几乎全由画家布局，清朝许多皇家园林都由如意馆画师设计。园林的品题多采自著名的诗作，因而增加了它们的内涵力量；依画本设计布局，就使得园林的空间构图既富有自然趣味，也符合形式美的法度。

中国古典园林的造园手法和元素

一、"筑山"与"理水"

筑山即堆筑假山，包括土山、土石山、石山。传统造园内使用天然石块堆筑为石山的这种特殊技艺叫作"叠山"，江南地区称之为"掇山"。匠师们广泛采用各种造型、纹理、色泽的石材，以不同的堆叠风格而形成许多流派。假山都是真山的抽象化、典型化的缩移模拟，能在很小的地段上展现咫尺山林的局面、幻化千岩万壑的气势。叠石为山的风气，到后期尤为盛行，几乎是"无园不石"。此外，还有选择整块的天然石材陈设在室外作为观赏对象的，这种做法叫作"置石"。用作置石的单块石材不仅具有优美奇特的造型，而且能够引起人们对大山高峰的联想，即所谓"一拳则太华千寻"，故又称之为"峰石"。

水体在大自然的景观构成中是一个重要的因素，它既有静止状态的美，又能显示流动状态的美，因而也是一个最活跃的因素。山与水的关系密切，山嵌水抱一向被认为是最佳的成景态势，也反映了阴阳相生的辩证哲理。这些情况都体现在古典景园的创作上，一般说来，有山必有水，"筑山"和"理水"不仅成为造园的专门技艺，两者之间相辅相成的关系也是十分密切的。景园内开凿的各种水体都是自然界的河、湖、溪、涧、泉、瀑等的艺术概括。人工理水务必做到"虽由人作，宛自天开"，哪怕再小的水面亦必曲折有致，并利用山石点缀岸、矶，有的还故意做出一弯港瀚、水口以显示源流脉脉、疏水若为无尽。稍大一些的水面，则必堆筑岛、堤，架设桥梁。在有限的空间内尽量模仿天然水景的全貌。

二、构景方法

在人和自然的关系上，中国早在步入春秋战国时代，就进入和亲协调的阶段，所以在造园构景中运用多种手段来表现自然，以求得渐入佳境、小中见大、步移景异的理想境界，取得自然、淡泊、恬静、含蓄的艺术效果。构景手段很多，比如讲究造园目的、园林的起名、园林的立意、园林的布局、园林中的微观处理等。在微观处理中，通常有以下几种造景手段，也可作为观赏手段。

1. 对景。在园林中，或登上亭、台、楼、阁、榭，可观赏堂、山、桥、树，或在堂、桥、廊等处可观赏亭、台、楼、阁、榭，这种从甲观赏点观赏乙观赏点，从乙观赏点观赏甲观赏点的方法（或构景方法），叫对景。

2. 框景。园林中的建筑的门、窗、洞，或乔木树枝抱合成的景框，往往把远处的山水美景或人文景观包含其中，这便是框景。

3. 夹景。两侧用建筑物或树木花卉屏障起来，使该风景点更显得有诗情画意，这种构景手法即为夹景。如在颐和园后山的苏州河中划船，远方的苏州桥主景，为两岸起伏的土山和美丽的林带所夹峙，构成了明媚动人的景色。

4. 借景。借景有远借、邻借、仰借、俯借、应时而借之分。借远方的山，叫远借；借邻近的大树叫邻借；借空中的飞鸟，叫仰借；借池塘中的鱼，叫俯借；借四季的花或其他自然景象，叫应时而借。

5. 漏景。园林的围墙上，或走廊（单廊或复廊）一侧或两侧的墙上，常常设以漏窗，或雕以带有民族特色的各种几何图形，或雕以植物、动物等图形。透过漏窗的窗隙，可见园外或院外的美景，这叫作漏景。

6. 添景。当甲风景点在远方，或自然的山，或人文的塔，如没有其他景点在中间、近处作过渡，就显得虚空而没有层次；如果在中间、近处有乔木、花卉作中间、近处的过渡景，景色显得有层次美，这中间的乔木和近处的花卉，便叫作添景。如当人们站在北京颐和园昆明湖南岸的垂柳下观赏万寿山远景时，万寿山因为有倒挂的柳丝作为装饰而生动起来。

7. 抑景。中国传统艺术历来讲究含蓄，所以园林造景也绝不会让人一走进门口就看到最好的景色，最好的景色往往藏在后面，这叫做"先藏后露"、"欲扬先抑"、"山重水复疑无路，柳暗花明又一村"。采取抑景的办法，才能使园林显得有艺术魅力。如园林入口处常迎门挡以假山，这种处理叫作山抑。

三、中国古典园林中植物的运用

运用乔灌木、藤木、花卉及草皮和地被植物等材料，通过设计、选材、配置，发挥其不同功能，形成多样景观，是我国古典园林的重要表现手法。古典园林种植花木，常置于人们视线集中的地方，以创造多种环境气氛。古人造园植木，善寓意造景，选用花木常与比拟，寓意联系在一起，如松的苍劲、竹的潇洒、海棠的娇艳、杨柳的多姿、蜡梅的傲雪、芍药的尊贵、牡丹的富华、莲荷的如意、兰草的典雅等。特善于利用植物的形态和季相变化，表达人的一定的思想感情或形容某一意境。如"留得残荷听雨声"、"夜雨芭蕉"，表示宁静的气氛。

园林类型
一、皇家园林

特点：

1. 规模都很大，以真山真水为造园要素，所以更重视选址，造园手法近于写实。

2. 景区范围更大，景点更多，景观也更丰富。

3. 功能内容和活动规模都比私家园林丰富和盛大得多，几乎都附有宫殿，常布置在园林主要入口处，用于听政，园内还有居住用的殿堂。

4. 风格侧重于富丽华彩，渲染出一片皇家气象。造型也比较凝重平实，是华北地方风格的体现，与江南轻灵秀美的作风不同。

优秀代表园林: 北京颐和园 (图 2-1-67)、河北承德避暑山庄 (图 2-1-68)。

图 2-1-67 北京颐和园 (左)

图 2-1-68 河北承德避暑山庄 (右)

二、私家园林

特点:

1. 规模较小，一般只有几亩至十几亩，小者仅一亩半亩而已。造园家的主要构思是"小中见大"，即在有限的范围内运用含蓄、扬抑、曲折、暗示等手法来启动人的主观再创造，曲折有致，造成一种似乎深邃不尽的景境，扩大人们对于实际空间的感受。

2. 大多以水面为中心，四周散布建筑，构成一个个景点，几个景点围合而成景区。

3. 以修身养性，闲适自娱为园林主要功能。

4. 园主多是文人学士出身，能诗会画，善于品评，园林风格以清高风雅、淡素脱俗为最高追求，充溢着浓郁的书卷气。

优秀代表园林: 苏州拙政园和留园、扬州个园 (图 2-1-69)、无锡寄畅园 (图 2-1-70)。

三、寺观园林

一般只是寺观的附属部分，手法与私家园林区别不大。但由于寺观本身就是"出世"的所在，所以其中园林部分的风格更加淡雅。另外还有相当一部分寺观地处山林名胜，本身也就是一个观赏景物，这类寺观的庭院空间和建筑处理也多使用园林手法，使整个寺庙形成一个园林环境。

优秀代表园林: 苏州西园 (图 2-1-71)、河北承德普陀宗乘之庙。

图 2-1-69 扬州个园 (左)

图 2-1-70 无锡寄畅园 (中)

图 2-1-71 苏州西园 (右)

四、风景区和山林名胜

这类风景区尺度大，内容多，把自然的、人造的景物融为一体，既有私家园林的幽静曲折，又是一种集锦式的园林群；既有自然美，又有园林美。

优秀代表园林：苏州虎丘、天平山，扬州瘦西湖，南京栖霞山，昆明西山滇池，滁州琅琊山，太原晋祠，绍兴兰亭，杭州西湖等；还有佛教四大名山、武当山、青城山、庐山等。

➤ 相关链接

苏州建城于公元前514年。苏州园林甲天下，已被列入世界文化遗产名录，在中国四大名园中，苏州就占有两席（拙政园、留园）。"吴中第一名胜"虎丘、《枫桥夜泊》中的枫桥、寒山寺的钟声……苏州既有园林之美，又有山水之胜，自然、人文景观交相辉映，使苏州成为名副其实的"人间天堂"。

地理位置	位于长江三角洲中部。东邻上海，西傍无锡，南接浙江，北依长江，市区面积392平方公里。太湖水面90%左右在苏州市境内，苏州古城内现有河道35公里、桥梁168座，被誉为"东方威尼斯"
人口	2003年末全市户籍总人口590.97万人。其中市区总人口216.87万人。苏州人口的民族构成以汉族为主（约占总人口的99.9%），兼有回、蒙古、维吾尔、苗等41个少数民族
区号与邮编	086-0512；215000
主要景点	市区：拙政园、留园、网师园、狮子林、沧浪亭、耦园、环秀山庄、艺圃、虎丘、山塘街、桃花坞、盘门、玄妙观、寒山寺等；郊县：天平山、同里（包括退思园）、锦溪等
交通	航空：苏州没有民航机场，乘飞机要取道上海虹桥机场或浦东机场。 铁路、水运均较为方便。 出租车：起步价10元/3公里，3公里后每公里单价1.8元，5公里后加收50%空驶费。等候时间超过5分钟，每5分钟折合1公里。23：00后，车费（含起步价）增加30%
气候	苏州位于北亚热带湿润季风气候区，温暖潮湿多雨，季风明显，四季分明，冬夏季长，春秋季短。无霜期年平均长达233天
衣着	苏州的季节变化也较明显，1月平均气温2～3℃，7月平均气温28℃，如果是初春或深秋来此旅游，最好在准备一件冬衣，以防突袭的寒气
民俗	苏州节令民俗及其文化内涵也特别丰富，并附有相应的传统节日娱乐活动和节令风味小吃。如，正月十五"闹花灯"、二月十二"虎丘花朝"、三月"谷雨三朝看牡丹"、上元"山塘看会"、四月十四"轧神仙"等
求助热线	消费投诉12315，公交车问询65252755，出租车服务68292655
饮食	苏式食品种类繁多，经过几千年的发展，至今已有12个大类，1200多个著名品种。分为6个帮式和6种特色，即苏式菜肴、苏式卤菜、苏式面点、苏式糕点、苏式糖果、苏式蜜饯和苏州小吃、苏州糕团、苏州炒货、苏州名菜、苏州特色酱菜、苏州特色调味品
娱乐	在苏州，不仅可以领略传统娱乐项目的博大精深，而且可以尽情参与许多时尚现代的娱乐项目。你可以去园林品味昆曲评弹，找个茶馆听听说书；也可以去酒吧尽情放纵自己，或者到观前街喝杯星巴克咖啡
购物	在苏州购物，不仅是物质上的享受，更多的是一种生活情趣和文化的熏陶。苏州人的工艺美术——宋锦、缂丝、丝绸、刺绣、戏装、桃花坞木刻年画、磨漆画等，都是馈赠亲朋好友的佳品。苏州的观前街是一条闻名中外的集娱乐、餐饮、观光于一体的商业步行街；阊门外的石路和新区内的淮海街等也是有名的商业街区，都是购物的好去处

中国古代建筑的发展过程

长城

    在世界建筑体系中，中国古代建筑体系是源远流长的、独立发展的体系。该体系至迟在3000多年前的殷商时期就已初步形成，其风格优雅，结构灵巧。中国古代建筑的发展大致经历了原始社会、商周、秦汉、三国两晋南北朝、隋唐五代、宋辽金元、明清7个时期。直至20世纪，始终保持着自己独特的结构和布局原则，而且传播、影响到其他国家。中国古典建筑以"精致典雅、舒适实用，富有鲜明节奏感和民族艺术特色"的独特风格而著称于世。

第二章
原始社会建筑

➤ 关键要点

巢居

原始人类的居住方式之一。通常在单株大树上构巢，在分枝点开阔的枝杈间铺设枝干茎叶，构成居住面；其上，用枝干相交构成遮阴避雨的棚架。有些像动物筑的巢。

穴居

原始人类的居住方式之一。早期使用天然岩洞，后期使用人工洞穴。如：竖穴上覆盖草顶的穴居；在黄土沟壁上开挖横穴而成的窑洞式住宅；先在地面上挖出下沉式天井院，再在院壁上横向挖出窑洞。穴居从竖穴逐步发展到半穴居，最后又被地面建筑所代替。

干阑式住宅

干阑式住宅是用竹、木等构成的单栋独立的楼，底层架空，用来饲养牲畜或存放东西，上层住人。这种建筑隔潮，并能防止虫、蛇、野兽侵扰。主要分布在我国长江中下游及西南地区。

木骨泥墙建筑

用木柱和土墙共同支撑房顶重量的房屋。基本做法是在房间周围竖埋一排圆木，再用横木把竖排圆木捆扎连接，内外铺上一层苇草，上面敷上厚实的草拌泥，然后用火燃烧而成。

➤ 知识背景

社会背景

我国的原始社会时期是指从原始人群开始出现（大约距今约五十万年前）一直到夏朝建立（大约在公元前 21 世纪）为止的这一漫长的历史时期。原始社会是人类社会发展的第一阶段，人类出现，原始社会也就产生了。在原始社会早期，人类只能制造简单的石器，通过狩猎和采集维持生活。新石器时代，产生了农业和畜牧业，磨光石器流行，并发明了陶器。在新石器时代末期，人类已使用天然金属。到了公元前 3000 ~ 前 2000 年左右，人类学会了制造青铜，进入了青铜时代。这一时期，生产力有较大发展。在原始社会时期，人类创造了象形文字，产生了原始宗教和图腾崇拜。艺术也在这一时期产生了。

建筑文化背景

原始社会的生产能力低下，人类对自然环境和天然材料缺乏了解，建筑构成相当简单；新石器时代晚期，建筑构成变得丰富，有了群体组合和套间的形式，建造技术也有所发展，地表用石灰质材料铺垫，结构上用木柱承重，墙体有烧土块垫层或经过夯筑。原始社会后期，人的审美要求逐渐强烈，建筑艺术随之萌芽，人们开始对房屋作简单的装饰，表现出对美的追求。

➤ 建筑解析

旧石器时代建筑

中国原始人工住所分为：巢居、穴居两类（图 2-2-1）。主要有蜂巢居（石头垒砌）、树枝棚（树枝作骨架，草和泥掺合成为墙身材料）、帐篷（树枝和兽皮）等形式。

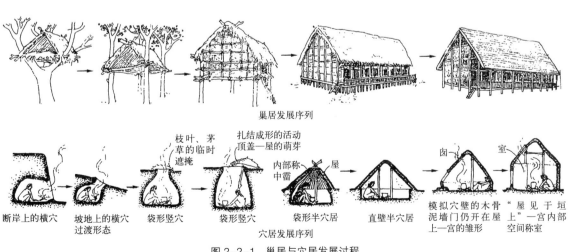

巢居发展序列

断岸上的横穴　坡地上的横穴过渡形态　袋形竖穴　袋形竖穴　袋形半穴居　直壁半穴居

枝叶、茅草的临时遮掩　扎结成形的活动顶盖—屋的萌芽　内部称中霤　屋

模拟穴壁的木骨泥墙门仍开在屋上—宫的雏形　"屋见于垣上"—宫内部空间称室

穴居发展序列

图 2-2-1　巢居与穴居发展过程

山顶洞人洞穴

位于北京周口店（图2-2-2），距今约18000年旧石器时代。洞口高约4米，下宽约5米。山顶洞遗址的堆积可分为4个部分：洞口、上室、下室和下窨。上室在洞穴的东半部，南北宽约8米，东西长约14米。在地面的中间发现一堆灰烬，底部的石钟乳层面和洞壁的一部分被烧炙，说明上室是山顶洞人居住的地方。下室在洞穴的西半部，是一处葬地。

长江流域文化及建筑

长江中游的新石器时代文化有首见于湖北京山县的屈家岭文化、湖北天门市的石家河文化。其时代约处于仰韶文化与龙山文化之间，分布范围大抵在湖北中部、湖南北部及河南西南。建筑已大多为平面方形或长方之地面房屋，并有套间及长达三十间的连屋，结构用草泥垛墙及木柱梁。值得注意的是，还发现大规模的聚落与密集聚落群，以及最大占地面积达一平方公里的古城多座，这些古城大多已有夯土城墙、护城河及水门。

长江下游则以浙江余姚河姆渡文化（公元前5000～前4000年）及同时的嘉兴马家浜文化、余杭良渚文化（公元前3300～前2200年）为代表。它们分布在杭州湾、舟山群岛及太湖沿岸一带，其特点是使用了有异于中原的干阑式建筑。这种下部架空的结构，适合于炎热潮湿和多虫蛇蚊蚋的江南水乡，其渊源可能来自远古的"构木为巢"的巢居形式。此外，余杭瑶山遗址的夯土祭坛，也是十分重要的发现。

河姆渡文化—河姆渡遗址

干阑式建筑代表，我国最早采用榫卯技术（图2-2-3）的实例。位于余姚市罗江乡河姆渡村东北。遗址原为6000～7000年前的母系氏族繁荣阶段的聚落。房屋建筑主要使用木材，在木结构技术方面取得了惊人的成就。河姆渡遗址早期建筑为干阑式长屋，一座长屋的不完全长度将近30米。说明木构技

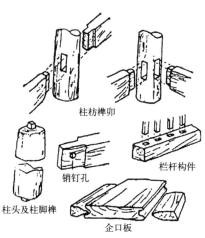

柱枋榫卯

栏杆构件

销钉孔

柱头及柱脚榫

企口板

图2-2-2　山顶洞人洞穴（左）
图2-2-3　榫卯（右）

术的发达与久远的历史。其单幢建筑纵向有达六七间以上，跨距达 5～6 米。底层架空用木楼板，河姆渡遗址上层（约5800年前）有井干式木框架做的井壁。这是已知最早的井，井上有井架与草顶（图 2-2-4）。

图 2-2-4 井干式木框架做的井壁

浙江余杭瑶山良渚文化祭坛遗址

该遗址共分三层，最内为夯筑之红土台，南北长约 7.7 米，东西宽约 6 米（图 2-2-5）。外以灰土筑围沟，深 0.65～0.85 米，宽 1.7～2.1 米。沟之西、北、南三面又以黄褐色土筑土台，其宽分别为 5.7 米、3.1 米、4 米，台面铺砾石。其西、北再以砾石建石墙。坛上列有南、北二行墓葬共十二座。依遗物判断，墓主可能是祭师。

图 2-2-5 良渚文化祭坛遗址

屈家岭文化遗址

屈家岭文化覆盖长江中游广大地区（图 2-2-6）。属于土木结构房屋，为用土砖为墙、木材为梁柱的住宅。人们建房时，先挖基槽，树立木桩，填土筑墙，以红烧土或黄砂土铺地，压结整平。房屋以土墙隔离空间，形成内外室。属于屈家岭文化的郧县青龙泉遗址有一座长方形双间式大房，南北长 14 米，东西宽 5.6 米，南北两室都在东墙各开一门，中间的隔墙有门互通。两室居住面各有三个柱洞。室中间各有一灶，并在附近各埋一个保存火种的陶罐。当时已能种水稻，可以烧制陶器。

图 2-2-6 城头山屈家岭文化遗址

黄河流域文化及建筑

属新石器文化早期的遗址有河南新郑的裴李岗遗址（公元前 5550～前 4900 年）、河北武安的磁山遗址（公元前 5400～前 5100 年）、甘肃秦安的大地湾遗址（公元前 5200～前 4800 年）等。它们共同的特点是，聚落面积不甚大，一般为 1～2 万平方米，已经使用半地穴房屋，墓葬集中置于聚落近旁。新石器中期以仰韶文化（公元前 5000～前 3000 年）为代表，它首先发现于河南省渑池县仰韶村。该文化分布范围很广，西至青海、甘肃交界处，北抵长城沿线及黄河河套地区，东及河南东部，南达湖北西北。遗址已超过一千处，有代表性的除仰韶村外，还有陕西西安的半坡、临潼的姜寨、河南郑州的大河村、陕县的庙底沟，山西石楼的岔沟等。

小贴士：

半坡遗址是一个氏族部落的聚落所在。居住区是以氏族集结的小区为基础，"大房子"作为中心来组织的，这座大房子是氏族部落的公共建筑（见图2-2-9，大房子复原想象图，有方、圆两种），氏族部落首领及一些老幼都住在这儿，部落的会议、宗教活动等也在此举行。"大房子"与所处的广场，便成了整个居住区规划结构的核心。再结合对墓葬区、陶窑区布局分析，可以看出半坡氏族聚落无论其总体，还是分区，其布局都是有一定章法的，这种章法正是原始社会人们按照当时社会生产与社会意识的要求经营聚落生活的规划概念的反映。其建筑形式也体现着原始人由穴居生活走向地面生活的发展过程。

仰韶文化—半坡遗址

仰韶文化是中国黄河中游地区的新石器文化。由于遗存中含有彩陶，也曾称彩陶文化。主要分布在河南、山西和陕西省境内。年代为公元前5000～前3000年。调查发现的遗址达千余处。其中最著名的就是位于陕西西安的半坡村（图2-2-7）。1958年在当地建立半坡博物馆。遗址东西最宽处近200米，南北最长为300多米，总面积约5万平方米，分为居住、陶窑和墓葬三个区。居住区约3万平方米。此遗址中有两种不同的房屋类型。一种是半地上房屋；另一种是地上木结构房屋。半坡圆形房屋复原后得知该类圆形房屋一般建在地面上，直径约4～6米（图2-2-8）。房屋内部有2～6根柱子。屋内中前部地面挖有弧形浅穴供煮食和取暖。其墙壁多采用木骨泥墙。从建筑构造上分析有以下特点：浅穴居或地面建筑已经形成；树木骨架抹草泥成为墙壁和屋顶；中间有火塘；地面烧烤，压平。

姜寨母系氏族聚落

姜寨母系氏族聚落位于陕西临潼姜寨（图2-2-9）。遗址面积55000平方米，共有房屋百余座。聚落中心是广场，其四周有5组建筑群，每组以一座大型房屋为主体。所有屋门朝向广场，体现了母系氏族的凝聚力。

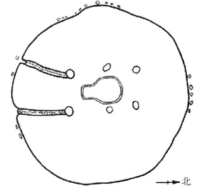

→北

图2-2-7 半坡村复原想象图（左上）
图2-2-8 半坡圆形房屋复原（右）
图2-2-9 陕西临潼姜寨（左下）

龙山文化（公元前2900～前1600年）

最早发现于山东章丘龙山镇城子崖，分布在今山东全境、河南大部、陕西南部与山西西南一带。但这时的某些聚落已扩大为城市。建筑除半地穴外

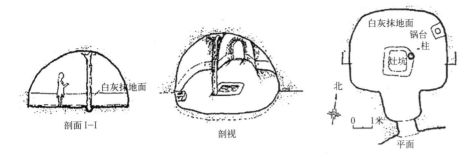

图 2-2-10　山西石楼县岔沟龙山文化窑洞式住所遗址复原图

（图 2-2-10），还出现了地面房屋。建筑的室内地面与墙面涂以白粉，个别建筑的下面还使用了夯土台基。

内蒙古大青山及辽西地区文化及建筑

主要是分布在今内蒙古东南、辽宁西部、河北北部及吉林西北一带的红山文化（公元前 3500 年前后）。首先发现于内蒙古赤峰市红山后遗址，具有与前述诸新石器文化的不同特点。

红山文化—红山金字塔

位于内蒙古赤峰，距今约 5500 年。塔平面呈圆形，直径 60 米，总面积 5 万平方米。此塔周壁以石块垒砌，中心用土夯实，往上垒砌、逐层递收，成为巨大的阶梯状圆锥体（图 2-2-11）。红山金字塔是世界上最古老的巨型建筑之一。

红山文化—辽宁建平牛河梁女神庙遗址

庙址为深 0.8～1.2 米之半穴式样，平面似"土"字形，方位北偏西，纵长 22 米，最大处横宽 8 米，由一个多室建筑和一个单室建筑组成（图 2-2-12）。前者在北，后者在南。就其平面而言，多室建筑有中心主室和旁室，旁室呈中轴线左右对称。就其建筑技术而言，墙体使用木架草筋，内外敷泥，拍实压光，看来当属神庙的殿堂。

图 2-2-11　红山金字塔（左）
图 2-2-12　牛河梁女神庙遗址（右）

新石器时期建筑成就

1. 古人以自己的智慧和劳动，创造了聚落、居住建筑、陶窑、祭坛等多种前所未有的建筑形式，为后代建筑的发展奠定了基础。

2. 建筑布局原则为环绕向心、中轴对称、主次分明等，及对基本几何形体的应用。

3. 聚落选址时注意近水、向阳、不受旱涝、易于防御，还注意把聚落分区，分为居住区、生产区和墓地。对日后村镇的建设和发展有着十分重要的指导意义。

4. 在结构上，窑洞、木梁架和干阑三种类型得到了广泛的应用与发展，基本确立了以后几千年中国传统建筑的土木结构形式。

5. 施用于筑墙垣、坛台、屋基的夯土技术，对后代建筑影响很大。而土坯砖、木骨泥墙、烧烤地面、白灰面及室外散水等建筑材料与技术的应用，不但大大改善了当时建筑的使用及人们的生活条件，而且还为后世长期所沿袭。

6. 审美观念亦已反映到建筑中。例如室内墙面涂以白灰，不但增加了亮度，也增加了美观。

➢ 相关链接

河姆渡遗址参观提示

门票	成人：25元、学生13元。未成年人集体参观实行免票（参观时间进行预约），学生个人参观实行半票。家长携带未成年子女参观的，未成年子女免票。现役军人、离休干部、七十周岁以上老年人、三十年以上教龄教师、特困户市民、残疾人凭本人有效证件免票
开放时间	08：30～17：00（16：30停止售票，全年开放）
到达方式	河姆渡博物馆东距宁波25公里，西距余姚市区24公里。余姚汽车东站公交线，汽车东站—河姆渡遗址博物馆—龚冯站，此公交与宁波333路公交接轨，每整点一班。余姚汽车南站—宁波汽车南站的公交车经河姆渡遗址下，过姚江人渡
管理处电话	0574－62963731（62963732）
服务设施	贵宾室接待，提供茶水、考古影像介绍、纪念品选购等服务。馆内设有购物商场，提供各种河姆渡文化纪念品。停车服务。免费全程讲解
网址	www.hemudusite.com

半坡遗址参观提示

门票	普通门票20元，邮资门票为21元
开放时间	常日开馆时间：8：00；节假日开馆时间：7：30。闭馆时间17：00
到达方式	从西安市鼓楼乘105路公交车，或从火车站乘11路公交车可到
管理处电话	029－83512807；029－83532482
地址	西安市东郊半坡路155号，邮编：710038
网址	www.bpmuseum.com

北京周口店遗址参观提示

门票	全价票30元、半价票15元。全年享受免票：离休人员凭本人离休证，残疾人凭本人残疾证，残疾军人凭残疾军人证，文博系统工作人员凭本人工作证，有成人陪伴的1.2米以下儿童。全年享受半价优惠：老年人凭本人老年证，中小学在校生凭本人学生证
开放时间	每周一至周日 8:30~16:30，无闭馆日
到达方式	从北京天桥公共汽车站乘917路公交汽车到房山，再转乘环线二路小公共车到周口店遗址博物馆，下车后步行100米即到
管理处电话	010—69301080
地址	北京市房山区周口店大街 1 号；邮编：102405
网址	www.zkd.cn

第三章
先秦时期建筑

➤ 关键要点

社稷

    社，古代指土地之神；稷，指五谷之神。故"社稷"从字面来看是说土谷之神。由于古时的君主为了祈求国事太平，五谷丰登，每年都要到郊外祭祀土地和五谷神。社稷也就成了国家的象征，后来人们就用"社稷"来代表国家。

夯土

    夯土是一层层夯实的，结构紧密，一般比生土还要坚硬，而土色不像生土那样一致，最明显的特点是能分层，上下层之间的平面，即夯面上可以看出夯窝，夯窝面上往往有细砂粒。

茅茨土阶

    原意：茅草盖的屋顶，泥土砌的台阶。成语之意，形容房屋简陋，或生活俭朴。

封土

    墓穴都在地表以下，但通常下葬后并不是再把土填成跟地表一样平，而是高出地面堆出一个土丘。对于普通老百姓而言，这个土丘就叫作坟头。对于帝王，由于这个土丘往往很大，而且很气派，为表示出帝王的身份，专称为封土。

➤ 知识背景

历史背景

　　中国历史上第一个奴隶制国家是夏朝。公元前 16 世纪，夏朝最后一个王桀暴虐无道，奴隶们不断反抗他的统治。居住在黄河下游的商部落在首领汤的率领下乘机起兵攻夏，灭亡了夏朝。商朝最早的国都在亳（亳音伯，今河南商丘）。在以后三百年中共迁都五次。公元前 14 世纪，商朝第二十位国王盘庚从"奄"（今山东曲阜）迁至"殷"（今河南安阳小屯），直至商朝灭亡。后人称这段历史为殷朝。周武王联合西方和南方的部落灭亡了商朝。周武王都城镐京，史称西周。公元前 770 年，周平王迁都到东边的洛邑，称为东周。东周又分"春秋"和"战国"两个时期。春秋时期，周王室衰落，周天子名义上是各国共同的君主，实际上地位只相当一个中等国的诸侯。国与国之间经常打仗。公元前 403 年，韩、赵、魏三家分晋后，剩下秦、齐、楚、燕、韩、赵、魏七个大国，史称"战国七雄"，中国进入战国时代。

文化背景

　　据载，夏人以木器翻土，以石刀、蚌镰收割。那时人们已不再消极适应自然，积极地开河道，防洪水，有了原始的水利灌溉技术，且有规则的使用土地。人们的天文历法知识也逐渐积累起来——"殷历"。商人开始使用甲骨文，手工业已很发达，青铜冶铸、制陶和玉石雕刻业都有很大发展，已有各种行业的作坊。

　　西周时期，农业进一步发展。粮食和其他作物的品种增多了，已有人工灌溉，开始使用绿肥，还知道灭杀害虫，使得农作物产量大大提高。周代手工业种类多，分工细，包括青铜制造、制陶、纺织业等，号称"百工"。周代是我国文化勃兴的时代。周公旦为西周置礼备乐，辅佐周成王和周康王，使周朝出现了最太平、最富裕的时期，史称"成康之治"。西周末年，奴隶制开始瓦解，这种社会变革使文化空前繁荣，出现了老子、孔子、孟子（图 2-3-1）等大思想家和百家争鸣的局面，对后世产生了极其深远的影响。

老子

孔子

➤ 建筑解析

夏朝建筑（公元前 2070～前 1600 年）
宫殿建筑

　　夏代统治的四百年间，都城曾多次迁徙。已发现的此期最早建筑是位于河南偃师西南的二里头遗址（见图 2-3-2，图中小城为早商时期，大城为晚商时期）。

　　二里头宫殿建筑是迄今发现的最早的规模较大的廊院式木架夯土建筑。遗址已发掘两座。一号宫殿庭院呈缺角横长方形，东西 108 米、南北 100 米，东

孟子

图 2-3-1　老子、孔子、孟子画像

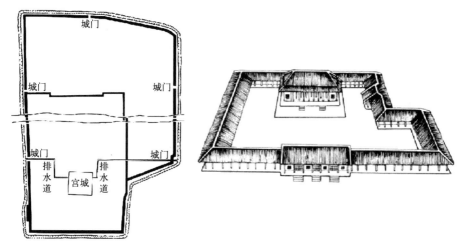

图2-3-2 二里头遗址（左）
图2-3-3 一号宫殿庭院（右）

北部折进一角（图2-3-3）。在整个庭院范围用夯土筑成高出于原地表0.4～0.8米的平整台面，可见为在湿陷性黄土地上建大屋而不致沉陷，此时建筑上已大量应用夯土技术。庭院北部正中为一座略高起的长方形台基，东西长30.4米，南北宽11.4米，四周有檐柱洞，可复原为面阔八间、进深三间的大型殿堂建筑。殿顶应是最为尊贵的重檐庑殿顶。《考工记》和《韩非子》都记载先商宫殿是"茅茨土阶"，遗址也未发现瓦件，故殿顶应覆以茅草。前是平坦的庭院，院南沿正中有面阔七间的大门一座，在东北部折进的东廊中间又有门址一处，围绕殿堂和庭院的四周是廊庑建筑。在一号遗址东北为二号宫殿基址，殿堂同样建在长方形基座上，可复原为面阔三大间、进深一大间带有外廊的宫殿建筑。殿堂南面是庭院，发现有地下排水管道。围绕殿堂和庭院有北墙、东墙、东廊、西墙、西廊，南面亦有廊和大门。大门中间是门道，两侧为塾。这种由殿堂、庭院、廊庑和大门组成的宫殿建筑格局，达到了一定的水平，对后世很有影响。又根据殿内发现若干埋有人骨和兽骨的祭祀坑，推测这座宫殿可能是宗庙建筑遗存。在古代，"凡邑有宗庙先君之主曰都"，因此这里是王都所在地。

商朝建筑（公元前1600～前1046年）
城市建设

　　商代诸王亦多次迁都。位于河南安阳小屯村一带的殷墟是商朝后期的都城遗址（图2-3-4）。它占地面积约24平方公里，东西六公里，南北四公里。大致分为宫殿区、王陵区、一般墓葬区、手工业作坊区、平民居住区和奴隶居住区，城市布局严谨合理。从其城市的规模、面积、宫殿之宏伟，出土文物质量之精、数量之巨，可充分证明它当时是全国的政治、经济、文化中心，是一处繁华的大都市。"宫殿区"发现有54座王宫建筑基址，是殷都城内经过多次修建的一项宏伟工程。中华人民共和国成立后殷墟博物院就建在殷墟宫殿区遗址上（图2-3-5），苑内建有仿殷大殿，大殿夯土台阶，重檐草顶，檐柱上雕以蝉龙等纹饰图案，古朴凝重。

图 2-3-4　殷墟都城
遗址（左）
图 2-3-5　殷墟博物
院（右）

陵墓

地上为封土，地下以木椁室为主，其东、南、西、北四向有斜坡道由地面通至椁室，称"羡道"，天子级用四出"羡道"，诸侯只可用两出（南北两向）。

西周朝建筑（公元前 1046～前 771 年 ）
城市建设

西周洛邑王城位于今河南洛阳，遗址已荡然无存，只能依《考工记》及其他文献大致推测。《考工记》载："匠人营国，方九里，旁三门，城中九经九纬，经途九轨，左祖右社，前朝后市，市朝一夫。"宫殿位于王城中央最重要的位置，将太庙和社稷挟于左右，上述布局反映了"王者居中"、"为数崇九"等王权思想和严谨对称的规划原则，对后世封建王朝帝都建设的影响极大。

宫殿建筑

1. 礼制

周朝宫殿系依"三朝五门"之制。所谓"三朝"，为大朝、常朝、日朝，分别用以处理特殊政务、重大政务或日常政务。"五门"为皋门、路门、应门、库门、雉门，但位置与名称各家说法不一。

2. 代表实例

已发掘周代建筑基址有山西岐山凤雏和扶风召陈两处。在山西岐山与扶风两县之间的周原是周朝的发祥地和早期都城遗址。

（1）凤雏建筑基址有两组：甲组建筑坐北朝南，面积 1469 平方米，是一座高台建筑（图 2-3-6、图 2-3-7）。建筑分前后两进院落，沿中轴线自南而北布置了广场、照壁、门道及其左右的塾、前院、向南敞开的堂、南北向的中廊和分为数间的室（又称寝）。中廊左右各有一个小院，室的左右各设后门。三列房屋的东、西各有南北的分间厢房，其南端突出塾外，在堂的前后，东西厢和室的向内一面有外廊可以走通，整体平面呈日字形。此处建筑的墙用黄土夯筑而成。墙表与屋内地面均抹有以细砂、白灰、黄土混合而成的"三合土"。从基址上的堆积物推测，屋顶结构可能是采用立柱和横梁组成的框架，在横梁上承檩列椽，然后覆盖以芦苇把，再抹上几层草秸泥，厚 7～8 厘米，形成屋面，屋脊及天沟用瓦覆盖。此外这组建筑还附设排水

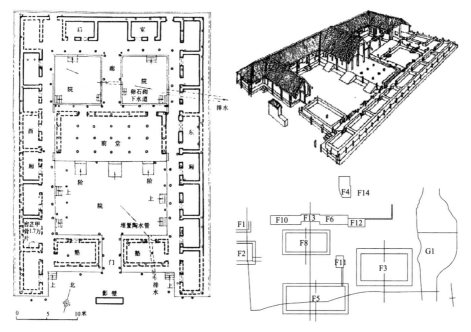

图 2-3-6　凤雏建筑基址平面图（左）
图 2-3-7　凤雏建筑基址（右上）
图 2-3-8　召陈建筑基址（右下）

设施。乙组基址位于甲组西侧，坐北朝南，墙内发现有柱础石，建造结构与甲组宫殿相同。

（2）召陈建筑基址已发掘出 15 座（图 2-3-8），布局不按中轴对称，总体规划不甚严谨。其中规模较大，保存较好的是 3 号、5 号和 8 号。3 号基址也是一座夯土高台建筑，台基高出当时地面 0.7 米左右，东西长 22 米，南北宽 14 米。东西有 7 排柱础，南北纵列 5 ~ 6 个柱础。遗址出土大量的瓦，种类分为板瓦、筒瓦和瓦当 3 种。板瓦和筒瓦又分为大、中、小三型。板瓦的正面饰细绳纹，筒瓦的正面饰三角纹和回纹。瓦当均呈半圆形，分素面和花纹两种，花纹一般为菊花纹和回纹。

建筑特点

瓦的发明，四合院的出现与礼制在建筑上的运用。

春秋时期建筑（公元前 770 ~ 前 475 年）

春秋时期（公元前 770 ~ 前 476 年），由于铁器和耕牛的使用，社会生产力水平有很大提高。贵族们的私田大量出现，随之手工业和商业也相应发展，相传著名木匠公输般（鲁班，图 2-3-9），就是在春秋时期涌现的匠师。

建筑特点

瓦的普遍使用、砖的发明和作为诸侯宫室用的高台建筑（或称台榭）的出现。

小贴士：

岐山宫殿是中国已知最早、最完整的四合院，已有相当成熟的布局水平。堂是构图主体，最大，进深达 6 米，堂前院落也最大，其他房屋进深一般只达到它的一半或稍多，院落也小。室内和院落一般都有合宜的平面关系和比例。室内外空间通过外廊作为过渡联系起来。各空间和体量有较成熟的大小、虚实、开敞与封闭及方位的对比关系。这种四合院式的建筑形式，规整对称，中轴线上的主体建筑具有统率全局的作用，使全体具有明显的有机整体性，体现一种庄重严谨的性格。院落又给人以安定平和的感受。这种把不大的木结构建筑单体组合成大小不同的群体的布局，是中国古代建筑最重要的群体构图方式，得到长久的继承。

城市建设

各国兴建了大量城市和宫室。宫室都属台榭式建筑，以阶梯形夯土台为核心，倚台逐层建木构房屋，借助土台，以聚合在一起的单层房屋形成类似多层大型建筑的外观，以满足统治者的侈欲和防卫要求。春秋时期秦国都城雍城平面呈不规则方形，每边约长 3200 米，宫殿与宗庙位于城中偏西（图 2-3-10）。其中一座宗庙遗址是由门、堂组成的四合院，中庭地面下有许多密集排列的牺牲坑，是祭祀性建筑的识别标志。

图 2-3-9　公输般

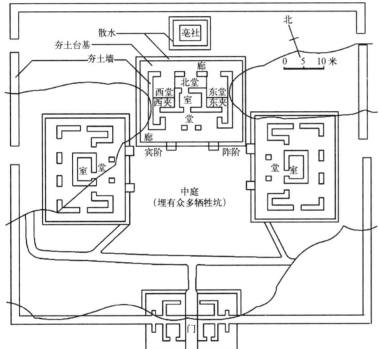

图 2-3-10　雍城平面布局

战国时期建筑（公元前 475 年～前 221 年）

战国时期（公元前 476 年～前 221 年），地主阶级在许多诸侯国内相继夺取政权，宣告了奴隶时代的结束。战国时，社会生产力的进一步提高和生产关系的变革，促进了封建经济的发展。

建筑特点

农业和手工业进步的同时，建筑技术也有了巨大发展，特别是铁制工具——斧、锯、锥、凿等的应用，促使木架建筑施工质量和结构技术大为提高。筒瓦和板瓦在宫殿建筑上广泛应用，并有在瓦上涂上朱色的做法。装修用的砖也出现了。尤其突出的是在地下所筑墓室中，用长 1 米，宽约三四十厘米的大块空心砖作墓壁与墓底，墓顶仍用木料作盖。可见当时制砖技术已达到相当高的水平。

陵墓建筑

以河北平山中山王陵为代表。它虽是一座未完成的陵墓，但从墓中出土的一方金银错《兆域图》铜版，即此陵的陵园规划图，是已知的最早的建筑总平面图。中山王陵有封土，同时在封土上又有享堂。据《兆域图》和遗址，复原其当初形制是外绕两圈横长方形墙垣，内为横长方形封土台，台的南部中央稍有凸出，台东西长达310余米，高约5米（图2-3-11）；台上并列五座方形享堂（图2-3-13，复原想象图），分别祭祀王、二位王后和二位夫人。中间三座即王和二位王后的享堂平面各为52米×52米；左右二座夫人享堂稍小，为41米×41米，位置也稍后退。五座享堂都是三层夯土台心的高台建筑，最中一座下面又多一层高1米多的台基，体制最崇，从地面算起，总高可有20米以上。封土后侧有四座小院。整组建筑规模宏伟，均齐对称，以中轴线上最高的王堂为构图中心，后堂及夫人堂依次降低，使得中心突出，主次更加分明。

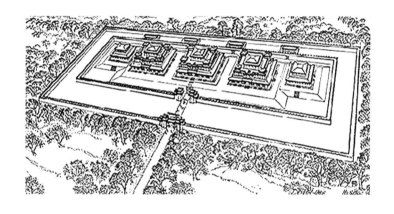

图2-3-11 中山王陵复原想象图

夏、商、周三代建筑技术与建筑艺术的成就

1. 在建筑设计中，特别是皇家建筑，已有了事先踏勘地形和规划布置。

2. 就使用功能而言，到周代为止，宫殿、坛庙、陵墓、官署、监狱、作坊、民居等建筑均已出现。也就是说，作为中国传统建筑最主要的内涵都已经具备了。

3. 土木结构得到进一步发展。以木柱梁为房屋结构的形式已经成为当时建筑的（特别是统治阶级的）主流，柱网亦逐渐趋于整齐，又出现了斗栱这种具有中国特色的重要建筑结构构件。夯土广泛用于筑城、大面积广庭和建筑台基，技术又有了提高，高台建筑的出现也是与夯土分不开的。

4. 陶制地砖、屋瓦、水管和井圈、铰叶等的使用，是建筑技术上一个重大进步，不但发掘了新的建筑材料，改进了建筑构造，延长了使用时间，还改善和美化了人们的生活。

5. 等级制度已越来越多地反映到建筑中来，商代墓葬制式即是一例。到周代封建制度更加谨严，例如对各级城市的面积、城阙高度、道路宽窄……均有明确规定。在使用色彩上亦有区别，如柱子的颜色，规定："天子丹，诸侯黝，大夫苍，士黄。"

6. 衡量建筑尺度的标准也逐渐规格化。如周代对道路的宽窄以"轨"度之，城墙高宽以"仞"、"雉"、"寻"度之，一般建筑用"丈"、"尺"、"寸"度之，室内面积则称之以"筵"，筵即席也。

7. 建筑外观总的比较低平，这是因为当时尚未能解决高层结构问题。但后来出现了高台建筑，使建筑外观有了很大变化。已知当时建筑的屋盖形式有四坡（即"四阿"）、攒尖、两坡等多种。色彩方面，除柱按等级着色外，又有墙面刷白、地面涂黑的做法。

8. 建筑著作《考工记》的出现，它是春秋末年齐国的工艺官书中记叙六种工艺、三十个工种的技术规则。

➤ 相关链接

洛阳位于河南省西部，古称豫州，是中国著名的历史文化名城和重点旅游城市，有 3000 多年的文明史。城市的兴起距今已有四千多年的历史，公元前 21 世纪中国第一个王朝——夏朝的建立起，先后有 13 个朝代在此建都。自古以来，这里墨客骚人云集，因此有"诗都"之称，牡丹香气四溢，又有"花都"的美誉。

地理位置	洛阳市位于河南省西部，地处东经111.8′至112.59′，北纬33.35′至35.05′之间。"居天下之中"素有"九州腹地"之称，东邻郑州，西接三门峡，北跨黄河与焦作接壤，南与平顶山、南阳相连。东西长约179公里，南北宽约168公里
人口	洛阳是个多民族聚居的地方。全市共有46个民族，其中汉族人口约占全市总人口的98.8%。少数民族以回族为主，近6万人，占少数民族人口的80%以上。2005年末，洛阳总人口641.7万，市区人口130万
区号与邮编	086—0379；471000
主要景点	景点：龙门石窟、白马寺、关林、香山寺、负图寺、上清宫、周公庙、山陕会馆、孔子入周问礼碑、洛出书处碑。 文化遗址：仰韶文化遗址、二里头文化遗址、周都洛邑城文化遗址、汉魏洛阳城文化遗址、隋唐东都城文化遗址。 名人故居：苏秦故里、老子故居、玄奘故里、杜甫故里、狄仁杰故居、白居易故居。 名人陵墓：商汤墓、秦吕不韦墓、伯夷叔齐墓、杜甫墓、范仲淹墓
交通	航空：洛阳机场位于市区西北10公里处，航线较为完善。 铁路：洛阳站位于市区北面的道南西路，洛阳市内有陇海铁路横穿全市。陇海线西可到西安、东可到郑州、开封；南北方向有焦枝铁路纵贯全境，南可到湖北襄樊等地。 公路：境内有从洛阳经郑州到开封的高速公路。通过洛阳的国道主要有207、310，这两条国道和陇海、焦枝两条铁路相辅相成

气候	它位于暖温带南缘向北亚热带过渡地带，四季分明，气候宜人。年平均气温14.2℃，降雨量546毫米
节日	牡丹花会4月15日至4月25日，洛阳历来都有举办牡丹花会的习俗。花会的主要场所有市内的王城公园、西苑公园、牡丹公园等
民俗	洛阳风物民俗文化是河洛文化的重要组成部分，数千年来一直绵延不断，从某种意义上说，洛阳风物民俗就是中华风物民俗的渊源和缩影
购物	洛阳比较著名的大型商场主要有洛阳市百货大楼、华侨友谊商店等。土产有：洛阳唐三彩、洛阳宫灯、澄泥砚、仿古青铜器、洛阳杜康酒、洛阳探铲、洛宁竹帘
饮食	传统名食：洛阳水席、洛阳浆面条、洛阳胡辣汤； 传统名菜：洛阳燕菜、鲤鱼跳龙门、清蒸鲂鱼、长寿鱼
娱乐	逛名胜古迹之余，可以去一次位于龙门后山的"龙门游乐园"。不过，只要您去过一次，就一定会留下美好的印象

第四章

秦、汉时期建筑

➤ 关键要点

明器

明器即冥器。通常把墓主人生前用过或喜欢的东西仿制出来埋在墓里。

栈道

栈道又称阁道，就使用情况而言，有下列两种情况：一种是置于建筑之间的空中通道，如西汉长安城中，长乐宫、未央宫、建章宫与桂宫、北宫之间所建的阁道。另一种是通行于悬崖峭壁之通道，如秦、汉时由关中越秦岭至巴蜀的山道险途。

黄肠题凑

所谓"黄肠"指堆垒在棺椁外的黄心柏木枋，"题凑"指木枋的头一律向内排列。"黄肠题凑"指西汉帝王陵寝椁室四周用柏木枋堆垒成的框形结构。

➤ 知识背景

历史背景

秦始皇统一了中国大陆，除西部、西南部和东北部的边疆地区尚未开发外，其版图基本沿用至今；它建立的一套中央集权制度，也基本上为后世历代王朝所继承；奠定了中国作为统一多民族国家的基础；在社会方面，秦朝设郡县，车同轨，书同文，废井田，辟驰道，统一度量衡；在经济方面，秦朝重农抑商，土地买卖合法化，盐铁由政府控制。

西汉初年，中国进入了一个相对长的繁荣时期。此时科技文化得到迅速发展，《周髀算经》、《九章算术》的编著，造纸术、地动仪的发明，以及天文、历法、医学等一系列的成就奠定了当时中国在世界上的领先地位；汉朝与周围许多国家有着广泛的交往，通过丝绸之路从西域引进了乐器、舞蹈、杂技、雕刻、佛教、良马和农作物，而汉朝的丝绸、漆器、铸铁术、凿井术、农业灌溉技术也传到了西域。

建筑背景

秦汉建筑在商周已初步形成的某些重要艺术特点基础上发展而来，秦汉的统一促进了中原与吴楚建筑文化的交流，建筑规模更为宏大，组合更为多样。

秦汉建筑类型以都城、宫殿、祭祀建筑（礼制建筑）和陵墓为主，到汉末，出现了佛教建筑。都城规划对称，经春秋战国向自由格局变化，又逐渐回归于规整，到汉末以曹操邺城为标志，已完成了这一过程。宫殿规模巨大。祭祀建筑是汉代的重要建筑类型，其主体仍为春秋战国以来盛行的高台建筑，十字轴线对称组合，尺度巨大，形象突出，追求象征涵义。

秦汉建筑艺术总的风格可以"豪放朴拙"四个字来概括。屋顶很大，已出现了屋坡的折线"反宇"（即以后"举折"或"举架"的初步做法），但曲度不大；屋角还没有翘起，呈现出刚健质朴的气质。建筑装饰题材多飞仙神异、忠臣烈士，古拙而豪壮。

➤ 建筑解析

秦朝建筑（公元前221～前206年）

秦始皇统一中国后，大兴土木，修长城、建阿房宫及通往全国各地之驰道，开南境之灵渠，沟通湘、珠二水。……创前人之未有。

宫殿建筑

咸阳宫东西横贯全城，连成一片，居高临下，气势雄伟。在秦咸阳宫遗址区发现较大的宫室遗址三组，其中较完整与宏大者为一号遗址（图2-4-1）。该遗址平面为曲尺形，东西宽60米，南北长45米。建筑分为上下二层，上层高于下层约6米，中部之近方形建筑为主要殿堂，中央有一大柱。除西侧外，其余三面墙均辟门。殿北为广廊，东南小殿可能是帝王住所，而西侧为附属房屋。三号宫殿在一号遗址区以南，破坏严重，其走廊两面墙上留存绘有建筑、人物、车马、树木等之壁画残片，色彩有红、黑、蓝、绿、黄、白等多种。

阿房宫（图2-4-2）遗址位于西安市三桥镇南一带，面积约8平方公里。遗址内已发现阿房宫前殿、"上天台"、北阙门等夯土台或基址19处。其中前殿遗址的夯土台东西长1320米，南北宽420米，高7～9米，可谓中国古代

图 2-4-1 咸阳宫一号遗址复原想象图（左）
图 2-4-2 阿房宫复原想象图（右）

最大的夯土建筑台基。阿房宫仿制了六国的宫殿形制，使各个国家的建筑艺术与技术有统一、交流，逐步形成了统一中国建筑文化。

陵墓建筑

皇陵骊山陵（图 2-4-3）。位于今陕西临潼区东的骊山。平面为具南北长轴之矩形，有内垣、外垣二重，四隅建角楼。但陵墓本身主轴线为东西向，且主要入口在东侧。外垣南北宽 2165 米、东西长 940 米。内垣南北宽 1355 米、东西长 580 米。陵墓封土在内垣南部中央，为每边长约 350 米的方形，残高 76 米。陵垣由夯土筑构，墓宽约 6 米。外垣每面开一门，共四门。内垣五门，北面开二门，其他三面各开一门，并与外垣门相对。外垣东门大道北侧，发现巨大的陶俑坑三处，内置众多的兵马俑及战车，当系秦始皇的地下仪仗及守卫（图 2-4-4）。构造精美、外观华丽之铜马车及战车，则位于封土之西侧。此陵墓形制宏巨，规模空前，创造了中国古代帝王陵寝的新形式，影响及汉乃至后代之唐、宋。

图 2-4-3 皇陵骊山陵（左）
图 2-4-4 皇陵骊山陵兵马俑（右）

防御建筑和交通建筑

长城（图 2-4-5）原是战国时期燕、赵、秦诸国加强边防的产物。秦始皇时期，又将原来燕、赵、秦三国所建的城墙连接起来，加以补筑和修整。长城"东起辽东，西至临洮（今甘肃岷县）"，是古代世界上最伟大的工程之一。秦代建设还包括修驰道、筑沟渠。秦时的驰道东起山东半岛，西至甘肃临洮，北抵辽东，南达湖北一带，主要线路宽达五十步，道旁植树，工程十分浩大，是古代筑路史上的杰出成就，加上其他水陆通道，形成了全国规模的交通网。又于公元前 214 年，令史禄监修长达六十多里的灵渠，沟通了南岭南北两侧的湘、漓二水。

图 2-4-5 长城

汉朝建筑（公元前 206 ～ 220 年）

汉代的建筑活动十分活跃。例如：首都长安、洛阳的建设，大量宫室、离宫、苑囿的兴造，长城防御体系的进一步延伸与完善，大规模营造陵墓、坛庙……其面广量大，达到了前世所未有的程度，并形成了中国建筑发展史上的第一次高潮。此外，铁的大量使用对建筑材料的加工，以及在建筑中若干铁质零件的运用都非常有利。

城市建设

汉长安城遗址（图 2-4-6）位于西安龙首塬北坡的渭河南岸汉城乡一带，距今西安城西北约 5 公里。城墙周长 22690 米，包纳面积 35 平方公里，每面有城门三座。其中北墙西侧之横门及东墙北端之宣平门，分别为赴渭北及东去洛阳的通途。而南墙中央之安门，则紧衔前往城南礼制建筑群的大道。城内主

小贴士：

汉长安的另一特点是在东南与北面郊区设置了 7 座城市——陵邑，所谓"七星伴月"，这些陵邑都是从各地强制迁移富豪之家来此居住，用以削弱地方势力，加强中央集权。

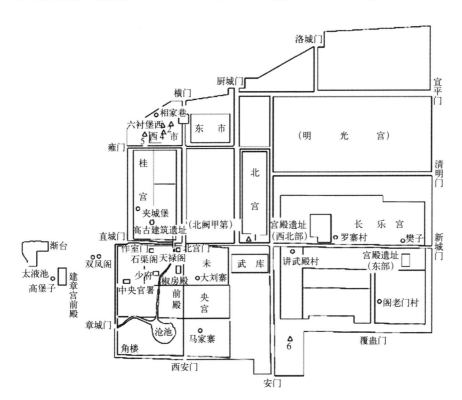

图 2-4-6 汉长安城遗址

要道路有南北向八条，东西向九条，即"八街"、"九陌"。通向城门的8条主干道即是"八街"，这些街都分成了股道，用排水沟分开，中间为皇帝专用的御道——驰道。城内大部为宫殿所占据（主要有长乐宫、未央宫、桂宫、北宫、明光宫），官署、武库杂处其间。城内西北隅有东市、西市。民居主要分布于城外北端及东侧。城南偏西有社稷、宗庙及辟雍等礼制建筑。东西堂制（大朝居中，两侧为常朝）开始出现。

陵墓建筑

汉代墓葬形式及种类众多，常见的墓葬类型，有土圹木椁墓、崖墓、空心砖墓、小砖拱券墓、石墓数种。大型土圹木椁墓除帝王外，诸侯王及达官显贵亦多采用。帝王之墓采用"黄肠题凑"之制。小型的用一穴一棺，民间也甚为流行。自西汉中期至东汉末，以小砖砌造的多室拱券墓盛行，其平面组合方式甚多，极富变化，结构上为加强拱券的密合性，常使用楔形或扇形砖砌拱，有时甚至在砖间加榫或使用多层拱券。大的墓地外砌围墙，并建门阙、神道、石象生、神道柱、碑及祭祠。

汉武帝的茂陵为西汉诸陵中规模最大最豪华的帝陵。陵园四周呈方形，平顶，上小下大，形如覆斗，显得庄严稳重。茂陵高46.5米，顶端东西长39.25米，南北宽40.60米。底边长：东边243米，西边238米，南边239米，北边234米。汉武帝陵园雄踞陵园中心偏东南处，周围分布有数量众多的外藏坑，陵园西南部、东南部及帝陵陵园北侧为大型建筑遗址，李夫人墓园位于陵园的西北部。此外，陵园内还分布有多处小型建筑遗址及"次冢"等陪葬墓，如卫青、霍去病、霍光等人的墓地。

门阙

是塔楼状建筑（图2-4-8），置于道路两旁作为城市、宫殿、坛庙、关隘、官署、陵墓等入口的标志。外观大体分为阙座、阙身与阙檐三部分。阙身形体多带有较大收分。阙檐有一、二、三层之别。檐下多以斜撑或斗栱支承，又是重点装饰所在。建阙的材料可用土、石、木材，实心的土阙和石阙不可登临。

代表建筑：四川雅安的高颐墓阙（图2-4-9）。此阙建于东汉末年，形制为单檐双出式。东、西两阙相距13.6米，现东阙仅有母阙，西阙保存完好。西阙由十三层大小不一的石块叠砌而成，母阙高6米、宽1.6米、厚0.9米，

图2-4-7　茂陵（左）
图2-4-8　门阙（右）

上浮刻车马出行图。子阙高 3.39 米、宽 1.1 米、厚 0.5 米。表面均隐出倚柱及横枋。该阙阙体各部比例适当，建筑结构构件写实，多种内容的精美浮刻均居已知诸汉阙之首。

楼阁

楼阁是我国古代柱梁式木建筑之高层结构，在东汉中期已开始出现。明器中常有高达三、四层的方形阁楼（图 2-4-10），每层用斗栱承托腰檐，其上置平坐，将楼划分为数层，此种在屋檐上加栏杆的方法，战国铜器中已见，汉代运用在木结构上，满足遮阳、避雨和凭栏眺望的要求。各层栏檐和平坐有节奏地挑出和收进，使外观稳定又有变化，并产生虚实明暗的对比，创造中国阁楼的特殊风格。南北朝盛极一时的木塔就是以此为基础。现知的汉代楼阁面积还不甚大，可能是因为当时高层建筑的大跨度问题未得到解决。即使如此，它在建筑上的功绩是不可磨灭的，特别是对佛教建筑中的佛塔中国化的影响较深。

图 2-4-9　四川雅安的高颐墓阙（左）
图 2-4-10　汉代陶楼明器（右）

园林建筑

上林苑（图 2-4-11）。原为秦代苑囿，位于渭水南岸。西汉初沿用，武帝再予以拓扩。据记载，此苑"方三百四十里"，内有离宫别苑三十六座（一说七十座），可称是一个庞大的离宫组合群，用以供帝王休息、游乐、观鱼、走狗、赛马、斗兽、欣赏名花异木。因面积广大，又多山丘、密林及水面，故富于自然景色。苑中最大水面为昆明池，原为水军操演战船之所，后改为苑囿。沿池有众多楼台及石刻之鲸鱼与神话

图 2-4-11　上林苑

人物牛郎、织女等。据文献，当时自各地移来的奇特花木多达两千余种，表明当时中国的园艺技术已达到很高水平。上林苑中山林渊薮，除提供自然景观外，也是皇家围场射猎的所在。

坛庙建筑

祭天：汉高祖将秦四畤增为五畤，即将自己列为"黑帝"。对天地、山川、日月、星辰等祭祀也十分重视，并将巫祝进行分工，各司其职。武帝笃信神仙方士，在长安北宫、上林苑及甘泉宫等宫苑中多设神祠，又建柏梁台、铜柱及仙人承露盘等，并在全国各地大修神祠和推展祭祀活动。东汉时在洛阳南郊设圆坛祭天，在北郊建方坛祭地。

祭祖：西汉初沿秦制将帝庙置于城内，如太上皇庙、高祖庙等。惠帝时将上述庙迁于陵侧，这一制度一直沿用到西汉末。王莽时采用九庙制，其遗址已在汉长安南部发现，为共十一座有围墙之"回"字形建筑，排列为三行。东汉时将各代帝王牌位集中于同一祖庙内，但各有分室，此制度为后代诸朝所沿袭。

明堂、辟雍：始建于西汉武帝时，作为帝王"明经讲学"之处。明堂是古代帝王颁布政令、祭祀天地诸神以及祖先的场所。辟雍是明堂外面的那环水，环水为雍为圆满无缺，圆形像辟（辟即璧），象征王道教化圆满不绝。在汉长安南郊已发现此项建筑遗址，其外环以圆形水沟，建筑平面为正方形，周以垣墙，各面中央开门，垣内有广庭，中央有一"亚"字形二层建筑，依夯土台而建（图2-4-12）。

宗教建筑

白马寺（图2-4-13）。位于洛阳城东12公里处，号称"中国第一古刹"，是佛教传入中国后第一所官办寺院。它建于东汉明帝永平十一年（公元68年），白马寺原建筑规模极为雄伟，历代又曾多次重修，但因屡经战乱，数度兴衰，古建筑所剩不多。现存白马寺坐北朝南，是一座长方形的院落，占地约4万平方米。现有五重大殿和四个大院以及东西厢房。前为山门，山门是并排三座拱门。

图2-4-12 辟雍（左）
图2-4-13 白马寺（右）

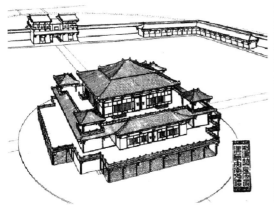

秦、汉时期建筑成就

1. 秦王朝历史虽然短促，其建筑千载以后仍为世人所仰叹。阿房宫、骊山陵、万里长城，以及通行全国的驰道和远达塞外的直道，工程浩大宏伟，予后世建筑的发展带来了巨大影响。汉代兴建的长安城、未央宫、建章宫、上林苑和诸多礼制建筑，也都是十分宏伟壮丽的。这些大规模工程，在施工的组织和实施方面，必定十分复杂艰巨，然而又都能得到顺利解决，古人这些方面所取得的成功和经验，就是在今天也是十分令人折服的。

2. 中国的木框架建筑，特别是以抬梁式为主流的结构形式，到秦、汉时期已经更加成熟并产生了重大的突破。首先是在大跨度梁架方面，秦咸阳离宫一号宫殿主厅的斜梁水平跨度已达 10 米。高层建筑的木结构问题，到汉代也得到了解决。抬梁式木构施于高层建筑的形象，可见于画像砖及陶楼建筑明器，其柱、梁、枋、斗栱的结构与组合形式已很清晰。它们的产生和运用，使得中国建筑又有了新的突破。同时此时的建筑已具有庑殿、歇山、悬山和攒尖 4 种屋顶形式。

3. 陶质砖、瓦及管道的使用，到秦、汉时亦有了新的发展。陶砖不但用于铺砌室内地面，而且用作踏道，在秦始皇陵兵马俑坑中，还被用于贴砌墙的内表面。汉代则大量用砖于地下工程，例如西汉长安城的下水道，以及许多空心砖墓和砖券墓的地下结构。

4. 中国传统的建筑结构方式是柱梁或墙梁式，但从西汉初已开始使用正规的拱券结构了。这时以筒拱为主要结构形式，大量用于下水道及墓葬。为了加强拱券的承载力，使用刀形或楔形砖加"枞"，叠用多层拱券，及在券上浇注石灰浆等措施。到东汉时出现覆盖于方形或矩形平面上的穹窿。

5. 在墓葬中大量使用画像砖和画像石，以代替容易朽坏的传统壁画与木雕。画像砖、画像石除了表现自身的艺术风格，还和其他墓中建筑构件如柱、梁、斗栱上的艺术处理（浮刻、圆雕、壁画等）相配合，达到了和谐的统一。

6. 斗栱在汉代得到了极大的发展，种类十分多。在各种阙、墓葬及画像砖中我们都可以见到它的形象。此时的斗栱虽已能做得比较复杂，但没有往前出挑的，且各地做法很不统一，有的结构也不尽合理，在相当的程度上是工匠们个人的摸索。后世中成熟的斗栱，便是经过了实践的检验，从这些斗栱中脱颖而出的。

➤ 相关链接

西安是中国历史上建都朝代最多、历史最久的城市，从奴隶制始于鼎盛的西周，到封建社会达到巅峰状态的唐王朝，先后有西周、秦、西汉、新、东汉（献帝初）、隋、唐等 13 个王朝在这里建都 1140 年之久。自公元前 1057 年至公元 904 年，西安曾长期是古代中国的政治、经济与文化中心。

地理位置	西安市位于中国大陆腹地黄河流域中部的关中盆地，东经107°40′～109°49′和北纬33°39′～34°45′之间。辖境东西204公里，南北116公里；面积9983平方公里，其中市区面积1066平方公里
人口	截至2005年年末，西安市城市人口（不包括四县区人口）常住人口 806.81万人。西安是一个多民族散杂而居的城市，全市共有50个民族
区号与邮编	086-029；710000
主要景点	市内：钟楼、鼓楼、清真寺、碑林、陕西历史博物馆、大雁塔、小雁塔、大兴善寺、西安古城墙、大雁塔北广场、大唐芙蓉园等； 市外：兵马俑、秦始皇陵、华清池、华山、西安半坡遗址、骊山、咸阳博物馆、昭陵博物馆、乾陵、杨贵妃墓、法门寺、黄帝陵等
交通	航空、铁路、公路均非常便利，线路丰富，属于交通枢纽。 全市拥有旅游出租汽车7000余量，以西安为中心通往各个旅游景点的道路40多条，其中旅游专线公路9条
气候	西安地处黄河流域关中平原中部，南依秦岭，北临渭河，属于暖温带半湿润的季风气候区，四季分明，气候温和，年平均气温13℃
节日	西安节令活动、西安国际书法年会、西安城墙国际马拉松友谊赛、国华山国际攀岩比赛、西安古文化艺术节、清明节黄帝陵祭祖
民俗	户县农民画，民间剪纸，秦腔，陕西著名十大怪：面条像裤带，锅盔像锅盖，辣子是主菜，碗盆难分开，手帕头上戴，房子半边盖，姑娘不嫁外，不坐蹲起来，睡觉枕砖块，唱戏吼起来
购物	沿朴路集邮一条街、南新街花卉一条街、东六路书市一条街、炭市街、东一路副食品一条街、文艺路布匹一条街、骡马市服装一条街、城隍庙日用百货一条街； 土产有：临潼火晶柿子、临潼石榴、黑米； 旅游工艺品有：肚兜、碑林碑石拓片、唐壁画摹本、铜车马、秦兵马俑复制品、蓝田玉
饮食	西安的旅游饮食业既可提供全国八大菜系、欧美西餐、日本料理、韩国烧烤等海派佳肴，又以地方特色、风味小吃独树一帜，著名的仿唐筵席、西安饺子宴、老孙家牛羊肉泡馍、春发生葫芦头泡馍等都是久负盛名的西安名吃。此外西安的名小吃更是名目繁多
求助热线	陕西省旅游质监所：029-85261437、029-85261437；西安市旅游质监所：029-87617872、029-87630166；西安市旅游执法大队：029-87295646、029-87630166；公交车查询：9600135

第五章
三国、两晋、南北朝时期建筑

➤ 关键要点

生起

生起是指使每面柱子自明间柱到角柱逐间增高少许的做法。

侧脚

侧脚是指为了使建筑有较好的稳定性而角柱两个方向都有倾斜的做法。

➤ 知识背景

历史背景

从东汉末年经三国、两晋到南北朝，是我国历史上政治不稳定、战争破坏严重、长期处于分裂状态的一个阶段，但同时也使我国出现了第一次民族大融合。此时专制王权衰退，士族势力扩张，特权世袭，形成门阀政治，此时期，民族与民族之间、民族内部的争斗不止，在这种动荡的环境下，劳动人民生活没有保障，只有在佛教中寻找安慰，他们在佛教中求得寄托，同时也看到了佛教的传播对于安定社会起了很大的作用。从而，佛道大盛，统治阶级大量兴建寺、塔、石窟等，寺院经济强大，数量众多的佛教艺术作品，使文学艺术得到了解放。总之，这是一个建筑技艺大发展的时期，在建筑装饰方面，在继承前代的基础上，"在工艺表现上吸收有'希腊佛教式'之种种圆和生动雕刻，饰纹、花草、鸟兽、人物之表现，乃脱汉时格调，创新作风"，丰富了中国古建筑的形象。

➤ 建筑解析

三国时期建筑（公元 220～280 年）
城市建设

  魏邺城（图 2-5-1）是第一座有城市规划概念的城市。全城规整对称，秩序井然，分区明确。城为东西横长矩形，以东西向大街为横轴分城为南北二部，北为宫殿苑囿，南为居民闾里和衙署，从南墙正中向北的大街正对朝会宫殿，与横轴丁字相交，是城市纵轴。改建西北角子城为宫城，办公的听政殿和魏王寝宫在东侧，举行典礼的正殿文昌殿在其西，形成两条南北轴线，南端各对一宫门，是全城的中轴线。文昌殿西为苑囿区，西抵西城。又跨城修建三座高大台榭，统称铜雀三台，名为游赏，实际台下贮藏武器军资，供战乱时据守。此后南朝建康、北朝洛阳（北魏）、隋唐长安和洛阳基本上都沿用了这个方式并有所发展。

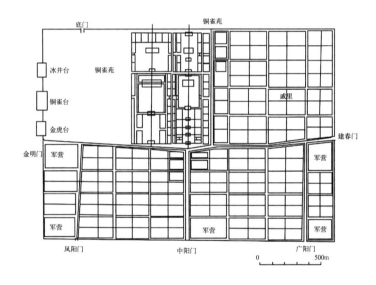

图 2-5-1　魏邺城

两晋时期建筑（公元 265～420 年）
城市建设

  东晋都城建康（图 2-5-2）。最早的城址为春秋末年越国灭吴后建的越城。历三国东吴、东晋、宋、齐、梁、陈，300 余年间，共有六朝建都于此。城周围 20 里，有 12 座城门；宫城位于都城北侧，周围 8 里；官署多沿宫城前中间御街向南延伸；居民多集中于都城以南、秦淮河两岸的广阔地区，大臣贵族多居于青溪、潮沟两岸。整个建康城按地形布置的结果形成了不规则的布局，而中间的御街砥直向南，可直望城南牛首山。建康城具有更为丰富的城市轮廓线，更贴近自然山水的人居环境，形成了得天独厚的城市特色。建康未建外郭，只以篱为外界，设有五十六个篱门，可见其地域之广，是当时中国最巨大、最繁荣的城市。

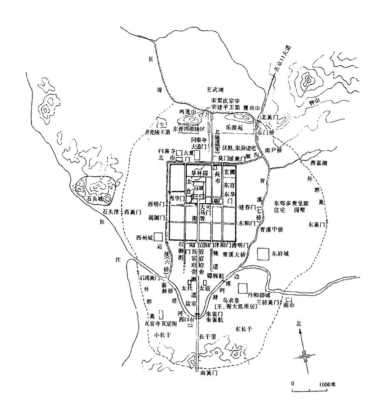

图 2-5-2　南朝都城建康

建康宫城的平面布局和洛阳宫城相似，但更整齐，宫墙有内外三重。外重宫墙之内布置宫中一般机构和驻军。第二重宫墙内布置中央官署。朝堂和尚书省仍在东侧，向南有门通出宫外，与洛阳宫殿相同。第三重墙内才是真正的宫内，前为朝区，建主殿太极殿和与它并列的东堂、西堂；后为寝区，前为帝寝式乾殿，又称中斋，后为后寝显阳殿，各为一组宫院，二组前后相重，都在两侧建翼殿，形成和太极殿相似的三殿并列布局。太极、式乾、显阳三殿和太极殿南的殿门，宫正门共同形成全宫的中轴线。寝区之北是内苑华林园。

宗教建筑

佛教自东汉时传入中国，寺院佛塔时有兴建。两晋十六国时，战乱残酷，人民苦难，佛教遂得到巨大的发展。佛教在中国大力推广，建筑物主要为寺、庙、塔、石窟，装饰手段要求开始增加，雕塑、壁画开始大量的出现。

甘肃敦煌石窟（东晋，图 2-5-3、图 2-5-4）在甘肃省敦煌市东南的鸣沙山东端，石窟开凿在崖壁上。崖壁由砾石构成，不宜雕刻，所以用泥塑及壁画代替。有窟六百多个，其中 469 个都有壁画和塑像。除禅窟（崖壁上凿仅能容身的小洞，僧人坐在里面修行）外，主要流行两种窟形：一是中心塔柱式。来源于印度的支提窟，即塔庙的形式。把佛塔供奉在寺庙的中央。主室平面是一个长方形，中心靠后部的地方，有一个直通窟顶的方柱，方柱四面开龛，塑出佛像，以供信徒绕塔柱观像和礼拜。隋以后，对中心塔柱作了很多改进。二是覆斗顶殿堂式。

图 2-5-3 甘肃敦煌
石窟（左）
图 2-5-4 甘肃敦煌
石窟局部（右）

这是仿照中国古代殿堂建筑的内部形式设计的，主室平面呈方形，正面开佛龛，
龛内塑像，佛居于中央，两侧依次排列佛弟子、菩萨、天王、力士等群像。

南北朝时期建筑（公元 420～581 年）
城市建设

北魏洛阳城（图 2-5-5）。曹魏立国之初先修北宫和官署，其余仍保持东
汉十二城门、二十四街的基本格局。公元 227 年，曹魏大举修建洛阳宫殿及庙、
社、官署，以邺城为蓝本，正式放弃南宫，拓建北宫，把原城市轴线西移，使
其北对北宫正门。在这条大道两侧建官署。又按《周礼·考工记》"左祖右社"
之说，在大道南段东西分建太庙和太社，北端路旁陈设铜驼。曹魏时还在洛
阳城西北角增建突出城外的三个南北相连的小城，称金墉城或洛阳小城，南北
长 1080 米，东西宽 250 米，内建宫室，城上楼观密布，严密设防，是受邺城
西北所建三台的影响而建的防守据点，是当时战争环境下的产物。洛阳城内的
居住和商业区仍是封闭的里和市。随着魏晋实力的增强，洛阳的城外也出现了

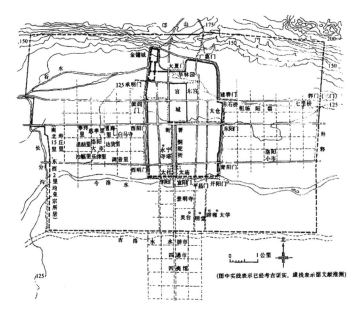

图 2-5-5 北魏洛阳城

市和居住区。其特点是宫殿在北面正中，宫门前有南北街直抵城南面正门，夹街建官署、太庙、太社，形成全城主轴线，其余地段布置坊市。由于它是东汉以后统一王朝的首都，故无论是它的后继者东晋还是北方相继出现的十六国政权，都以它为模式，所建都城都不同程度地效法和比附洛阳。北魏统治者修复洛阳城及宫殿时没有做大的改动，在城外四周拓建坊市，形成东西二十里、南北十五里的外郭。北魏洛阳外郭有墙，其内也划分为封闭的矩形的坊和市，并形成方格网状街道。北魏对内城的改造主要是调直街道，把主要官署集中到宫南正门外南北御街铜驼街上，以加强城市的中轴线，突出宫城在城中的重心地位。新建的外郭在坊市方正和规模上都超过两汉的长安和洛阳。

陵墓建筑

因山为陵形式出现。南朝帝陵大都倚山而建，前临平地。墓室一般在高出平地 10 米以上处开挖，平面椭圆形，砖墙，上为椭圆穹窿，长约 10 米，宽约 6 米。墓室前接甬道，装有二道石门，外加封门墙封闭。墓室上有厚约 10 米的封土，或与山齐平，或为 5 米左右的陵山。墓室和甬道壁镶嵌模压花纹砖，拼成狮子、仙人等壁面线雕图案。墓前建有享殿，殿前为陵门，三门并列，左右连陵墙。门外左右有阙，门前为墓道，长一公里以上，称为神道。神道自外端至陵门间依次立石兽、石柱、石碑各一对。南朝帝陵均遭严重破坏，墓室坍毁，地面只有少数石兽保存下来（图 2-5-6），石柱、石碑也均残毁。

宗教建筑

南北朝时，一些新建的大寺院，如北魏洛阳永宁寺，仍采取塔为中心，四周由堂、阁围成方形庭院的布局。这一时期盛行"舍宅为寺"的功德活动。许多王侯贵族第宅改建为佛寺。改建时一般不大改动原布局，而以原前厅为佛殿，后堂为讲堂，原有的廊庑环绕，有的还保留了原来的花园。此种风格布局更属通用式的，成为以后汉化佛寺建筑的主流。南北朝时期的寺院现无存者。作为实物存留的则有石窟寺，以云冈石窟和龙门早期石窟为代表。中原地区早期石窟的建筑，沿袭南亚次大陆于窟内立塔柱为中心的做法，并明显受到汉化建筑庭院布局影响。如，四世纪末建成的云冈第六窟，窟室方形，中心立塔柱，四壁环以有浮雕的廊院，北面正中雕殿形壁龛，即是一例。

永宁寺塔（图 2-5-7）。九层木塔，下有方 38.2 米、高 2.2 米的夯土台基，四周加石栏杆；台基中心为塔，从柱础仍可辨别出它的底层面阔九间，内部逐间立柱，为满堂柱网，最中心一间每

图 2-5-6　石兽

柱由四个柱础聚合而成；塔外檐槛墙为红色，中心方五间部分用土坯砌筑成实体塔心，东、南、西三面各开五个佛龛，北面素平，是装楼梯之处；从柱网布置和塔心土坯砌体看，此塔虽属木构架，却要借助土坯砌塔心来保持稳定，表现出木构架尚不成熟的特点。

　　嵩岳寺塔（图2-5-8）。位于郑州登封市城西北5公里处嵩山南麓峻极峰下嵩岳寺内。嵩岳寺塔为密檐式砖塔，是中国最古老的砖塔，现存最早的塔，也是全国古塔中平面为十二边形的孤例。塔高37.6米，底层直径10.16米，内径5米余，壁体厚2.5米。塔由基台、塔身、15层叠涩砖檐和宝刹组成。塔基随塔身砌作十二边形，台高0.85米，宽1.6米。塔前砌长方形月台，塔后砌砖铺甬道，与基台同高。塔身中部砌一周腰檐，将它分为上下两段：下段为素壁，高3.59米，上下垂直；上部为全塔最好装饰，高3.73米。东、西、南、北四面各辟一券门通向塔心室。塔身上为15层叠涩密檐，檐宽逐层收分，外轮廓呈抛物线造型。塔刹通高4.75米，自下而上由基座、覆莲、须弥座、仰莲、相轮及宝珠等组成。塔心室作9层内叠涩砖檐，除底平面为十二边形外，余皆为八边形。塔下有地宫。嵩岳寺塔历经1400多年风雨侵蚀，仍巍然屹立。

三国、两晋、南北朝时期建筑特色

　　1. 大兴修佛寺建佛塔之风。佛寺、佛塔及石窟寺的出现。

　　2. 建筑结构逐渐由以土墙和土墩台为主要承重部分的土木混合结构向全木构发展。生起、侧脚和翼角起翘等做法开始出现。柱网在承受上部荷重后，柱头内聚，柱脚外撇，有效防止倾侧扭转，加强柱网稳定性。

　　3. 砖石结构建筑得到了较大的发展，拱券主要用于地下墓室，地上则出

图 2-5-7　永宁寺塔
（左）
图 2-5-8　嵩岳寺塔
（右）

现了石拱桥。除地下砖砌拱壳墓室继续存在外，砖石建的塔、殿有很大发展。

4. 建筑风格由前引的古拙、强直、端庄、严肃、以直线为主的汉风，向流丽、豪放、遒劲活泼、多用曲线的唐风过渡。

5. 单栋建筑在原有建筑艺术及技术的基础上进一步发展，楼阁式建筑相当普遍。

➤ 相关链接

"六朝金粉地，金陵帝王州"。有着6000多年文明史和2400多年建城史的南京，与北京、西安、洛阳并称为"中国四大古都"。自公元229年东吴孙权迁都南京以来，历史上先后有10个朝代在此建都，故有"十朝都会"之称。古老悠久的文化遗产，现代文明的经济都市，与蔚为壮观的自然景观构成了南京独特的园林城市风貌。

地理位置	地处长江中下游平原东部苏皖两省交界处，江苏省西南部，地跨长江两岸，辖区总面积6516平方公里，其中市区面积976平方公里
人口	总人口525.4万人，其中城市人口264.9万人。居民大多数为汉族，还有回、满等42个少数民族
区号与邮编	086—025；210000
主要景点	山水：钟山龙蟠，周边丘陵九华山、鸡笼山、幕府山、狮子山、秦淮河、金川河流……城：距今600多年的明代城墙；文：六朝文化：六朝石刻；明朝文化：著名世界遗产明孝陵；民国文化：中山陵、总统府；革命文化：雨花台、梅园新村、静海寺……
交通	航空：禄口国际机场距市区35公里，走机场高速公路，行车45分钟。 铁路：南京是华东地区重要的铁路枢纽，铁路交通便利。 公路：南京是华东地区最大的公路交通枢纽之一，以南京为中心，有沪宁、宁连、宁通等6条高速公路呈放射状通往本省及周边省市。 出租车：起价8元/3公里。超过3公里，每公里单价2.4元，夜间为2.7元。等候时间不计费
气候	南京属亚热带湿润气候，四季分明、雨水充沛，光能资源充足，最高气温43度，最低气温-16.9度。每年6月下旬到7月中旬为梅雨季节
求助热线	省旅游质量监督投诉电话83418185；省消费者协会投诉电话86630315，市消费者协会咨询 12315
民俗节庆	金陵灯会：始于六朝，盛于明清。现在的灯会集中在夫子庙地区举办，自春节始，为期一月。尤其在元宵夜，秦淮河两岸灯如海，人如潮。 春·南京国际梅花节； 夏·江心洲葡萄节； 秋·南京雨花石艺术节； 冬·迎新年听钟声活动
购物	南京的繁华商业街区主要分布在市中心的新街口、城北的湖南路、城南的太平南路和夫子庙地区。此外，珠江路电子一条街也小有名气。南京的工艺品种类繁多，其中较为有名的有云锦、江宁金箔制品、天鹅绒、仿古牙雕及木雕等
饮食	夫子庙秦淮风味小吃是我国四大小吃群之一。秦淮风味名点小吃为"秦淮八绝"

第六章

隋、唐、五代十国时期建筑

➢ 关键要点

鸱吻

鸱（音吃）吻，中国古代建筑屋脊正脊两端的一种饰物。象征辟除火灾。后来式样改变，折而向上似张口吞脊，因名鸱吻。

里坊制

城市居民聚居之处，以里坊为单位，每个里坊围以城墙，在四面或两面设坊门，定时开启，以方便管理。

材份制

中国古代房屋设计使用的一种模数单位。房屋的长、宽、高和各种构件的截面，以至外形轮廓、艺术加工等，都用"份"数定出标准。规定 1 材 =15 份。

轴心舍

轴心舍即工字形殿的唐代名称，用于官署。

➢ 知识背景

历史背景

隋唐文明是我国古代文明史上最辉煌的一页，政治、经济、军事、文艺、科技在当时世界上都居前列，在人类文明史的发展过程中显示了极强的影响力。此时中国建筑体系已发展至成熟阶段，且外来的装饰图案、雕刻手法、色彩组合诸方面大大丰富了中国建筑。

隋朝是一个在政治、经济和文化上有作为的王朝。它不仅结束了魏晋南北朝三百余年的分裂割据局面，实现了中国历史上的第二次国家统一，而且开凿了贯通南北的京杭大运河，加强了南北交流。废除了以门第取士的九品中正制，代之以科举制。隋炀帝大业二年（公元606年），始置进士科，这是科举制创立之始。

唐代在文化教育上，尤其在选官制度上却继承了隋王朝的一切优良建制，补充和发展了科举制，使科举制在唐太宗和唐高宗间（即公元627～655年）的20余年里发展成为一套较为完备的考试制度，成为中国封建科举制度的典型，以后各代只是在此基础上修修补补，稍有变易。唐代的各种法制法令、行政机构设置、军队编制等也无一不承隋制，就连辉煌的唐长安城，也是承继了隋代的大兴城。

➢ 建筑解析

隋朝建筑（公元581～618年）

隋享国三十七年中，凭借统一后的有利形势，进行了空前规模的建设。它创建了大兴（长安）和东都（洛阳）两座有完整规划、规模宏伟的都城。隋建东都，吸收南朝建康的优点，把南朝先进的规划和建筑技术引入北方，促进了建筑的发展。隋代建筑可以说是南北朝建筑向唐代建筑的转变的一个过渡，它的斗栱还比较简单，鸱尾形象较唐代建筑清瘦，但建筑的整体形象已变得饱满起来。

城市建设

隋文帝在汉长安东南营建新都，定名大兴。大兴总面积达84.1平方公里，是中国历史上最大的都城。公元605年隋炀帝即位，又下令在汉魏洛阳城西十八里营建东京。东京面积45.3平方公里，是规模仅次于大兴的城市。公元618年，唐建国后，改大兴为长安（图2-6-1），改东京为洛阳，又称东都。隋唐宫殿的五门：承天门、太极门、朱明门、两仪门、甘露门。

工程建筑

隋朝时期，国家组织进行了大量土木工程，最著名的是隋所修大运河、长城和桥梁。

大运河（图2-6-2）。隋在统一全国前后都开凿过运河，最后形成南起杭州，北至涿郡（今北京西南），西至长安的长二千余公里的大运河。史载运河广约60米，两岸有御道，植杨柳，为保持水深，特制铁脚木鹅，自上流放下，检验河之深度。运河各段水位不同，建有很多船闸。有些段高差较大，只能筑缓坡土坝隔开，坝旁设绞盘，以泥浆为润滑剂，泼在坝表面，用牛转绞盘提船过坝，是很特殊的做法。

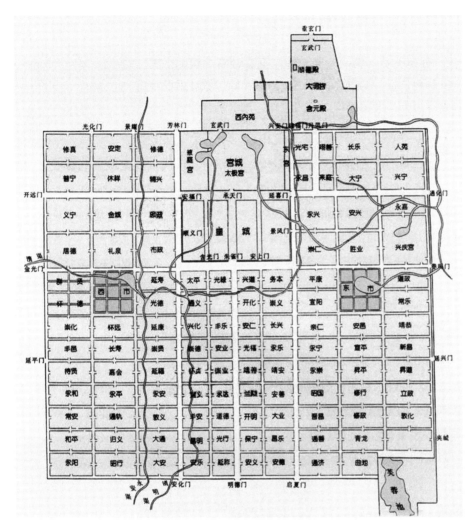

图 2-6-1 唐长安城
复原平面

桥梁。隋唐二代在桥梁建设上有较大成就。隋在今河北赵县的南交河上修建安济桥（图 2-6-3），这是一座单拱敞肩石桥，桥的净跨度 37.02 米、矢高 7.23 米，由二十二道厚 1.03 米的石拱并列组成，在桥拱两端的桥肩处又各砌二小拱，其余再用石块填砌，既减轻桥之重量，也有利于洪水时排水。这种做法是隋代造桥上的创造，比欧洲早一千二百年。

图 2-6-2 大运河
（左）

图 2-6-3 安济桥
（右）

宗教建筑

佛寺

隋包括唐佛寺大体可分两大类，第一类为经国家允许领有寺额的，第二类为坊市乡村私立的，又称村佛堂。佛殿建筑日趋宫殿化，除少数寺沿旧传统仍以塔为中心（如隋禅定寺）外，大部分均以殿为主体。当时的宫殿多以院落为单位，每院有正门、后门，更大规模的有东西门，连以回廊，形成矩形院落，主殿建在院落中心，主殿左右有廊，连通东西廊，形成"日"字形平面。大型宫殿在东西廊外附建若干小院，南北串连，有多至四、五院的。

隋大兴善寺（图2-6-4）主院两廊就建有若干小院，而其正殿竟和太庙大殿同一规模。此外，在主院周围还建有若干院，多以用途命名，如塔院、禅院、律院、净土院、菩提院、三阶院、库院、山亭院等，一般称"别院"。

塔

山东历城神通寺四门塔（图2-6-5）。该塔是我国早期单层石塔的代表作，建于隋大业七年（公元611年）。为用矩形块石、条石砌成的单层攒尖顶方塔，面阔7.38米，高15.04米，外壁和塔心用块石砌成，中留宽7.7米的回廊。外檐用石块叠涩挑出，再用反叠涩上收形成攒尖顶，回廊上部用石板斜搭，下加三角形石梁构成双坡廊顶的形式。整座塔除塔刹部分略有装饰外，塔体其他部分无明显的装饰，整体造型浑厚、古朴。

图2-6-4 隋大兴善寺（左）
图2-6-5 神通寺四门塔（右）

唐朝建筑（公元618～907年）

唐代的建筑发展到了一个成熟的时期，形成了一个完整的建筑体系。它规模宏大，气势磅礴，形体俊美，庄重大方，整齐而不呆板，华美而不纤巧，舒展而不张扬，古朴却富有活力。唐代为控制建筑规模，订立了法规，称《营缮令》，对房屋的建设有森严的等级制度。

城市建设

对长安、洛阳遗址实测图进行研究发现，在规划中都以皇城、宫城之长宽为模数，划全城为若干大的区块，其内再分里坊。这两座中国历史上规模空前的大城，从规划到建成都不超过两年。

唐洛阳城（图2-6-6）。平面近于方形，南北最长处7312米，东西最宽处7290米，面积约45.3平方公里。洛水将全城分为洛北、洛南两部分。洛北区西宽东窄，大的皇城、宫城均建在西端，西部向南二十里左右可以遥望两山夹水的伊阙，成为对景。总体来看，坊市建在洛南区和洛北区的东部，宫城位于全城西北角，全城的南半部为坊市。皇城在宫城之南，城内集中建中央官署。宫城核心部分"大内"为正方形，东、西、北三面，有东宫、西隔城和陶光园、耀仪城、圆壁城等重城环拥。宫城的正门、正殿、寝殿等都南北相重，形成一条轴线，此轴线向南穿过皇城正门端门后，跨越洛水上的浮桥天津桥进入洛南区，直指南面外郭城门定鼎门，形成全城的主轴线。

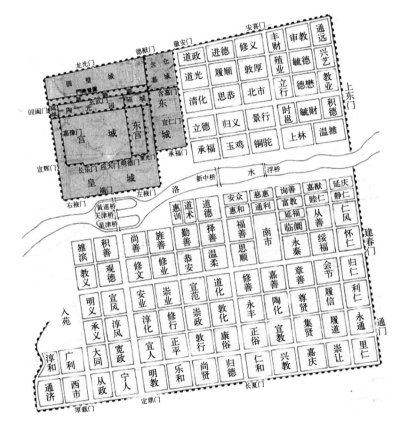

图2-6-6　唐洛阳城平面规划图

洛南区在这条主轴线所在的定鼎门街左右划为坊市，街西四行，街东九行，每行由南而北各分六坊，另在沿洛水南岸又顺地势设若干小坊，洛南区共有七十五坊，以三坊之地建二市。在洛北区，皇城宫城之东建有东城和含嘉仓，其东也布置里坊，东西六行，每行由南而北四坊，共二十四坊。这片里坊之南有运河称漕渠，自西面引洛水入渠东行，供自东方运物资入城之用。在漕渠与洛水之间又建五坊，洛北区共有二十九坊，以一坊为市。洛阳全城共有一百零三坊、三市，南北两区街道虽不全对位，但都是规整的方格网，洛阳里坊大小基本相同，街道网也比长安匀整。

宫殿建筑
唐大明宫

在长安外郭东北角墙外，近年已经勘探和局部发掘。其平面南宽北窄，近于梯形，南面宽1370米，北面宽1135米，西墙长2256米，东墙不甚规则，面积为3.11平方公里（图2-6-7）。宫南墙即利用长安外郭北墙东段，宫内布置自南而北大致分四区。宫城共11个城门（图2-6-8，玄武门与重玄门复原想象图），其东、西、北三面都有夹城；南部有三道宫墙护卫，墙外的丹凤门大街宽达176米，是唐代最为宏伟的宫殿建筑群。经考古发掘在大明宫内有含元殿、麟德殿、三清殿等大型遗址。

大明宫各殿都下用夯土台基，四周包砌砖石，绕以石栏杆。初期建的含元殿殿身东、北、西三面用夯土承重墙，以后所建各殿即为全木构架建筑，但房屋之墙仍为土筑，表

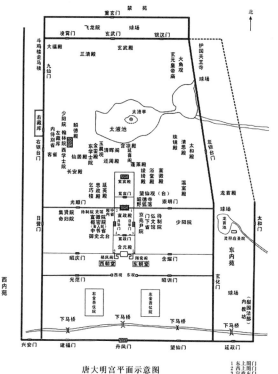

唐大明宫平面示意图

图2-6-7 唐大明宫平面

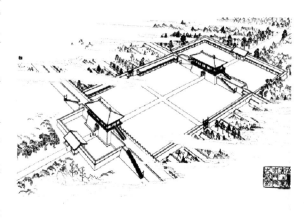

图2-6-8 玄武门与重玄门复原想象图

面粉刷红或白色。殿内地面铺砖或石，踏步或坡道铺模压花纹砖。建筑之木构部分以土红色为主，上部斗栱用暖色调彩画，门用朱红色，窗棂用绿色，屋顶用黑色渗炭灰瓦，脊及檐口有时用绿色琉璃。晚期建筑遗址曾出土黄、蓝、绿三色琉璃瓦，说明唐代中晚期建筑色彩由简朴凝重向绚丽方向发展。

含元殿（图2-6-9，图2-6-10复原立剖面图）。建在高出南面地面10米以上的高岗上，前面用砖砌成高大的墩台，设三条坡、平相间的道路登上，称龙尾道。台顶又建二层殿基，下称"陛"，上称"阶"。墩台、龙尾道、陛、阶四周都有雕刻精致的石栏杆环绕。殿即建在最上层台基上，为重檐庑殿顶建筑，总宽近58米。殿身面阔十一间，进深四间，四周加一圈廊，形成面阔

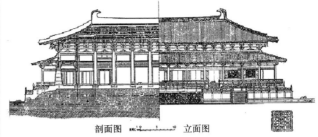

剖面图　　　立面图

图 2-6-9　含元殿（一期考古复原图）（左）

图 2-6-10　含元殿一期考古复原立剖面图（右）

十三间、深六间的下檐。含元殿东西侧各有廊十一间，至角矩折向南通向翔鸾、栖凤二阁。二阁作三重子母阙的形式，下有高大的砖砌墩台。二阙下左右外侧有各长十五间的东朝堂和西朝堂。含元殿包括二阁在内，建筑群总宽约 200 米，气势宏大。

麟德殿（图 2-6-11 复原立面图）位于太液池西侧的高地上，是唐皇帝宴会、非正式接见和娱乐的场所。殿下有二层台基，殿本身由前、中、后三殿聚合而成。三殿均面阔九间，前殿进深四间，中、后殿进深五间，除中殿为二层的阁外，前后殿均为单层建筑。在中殿左右有二方亭，亭北在后殿左右有二楼，称郁仪楼、结邻楼，都建在高 7 米以上的砖台上。自楼向南有飞楼通向二亭，自二亭向内侧又各架飞楼通向中殿上层，形成一组巨大的建筑群。在前殿东西侧有廊，至角矩折南行，东廊有会庆亭。史载在麟德殿大宴时，殿前和廊下可坐三千人，并表演百戏，还可在殿前击马球。麟德殿是迄今所见唐代建筑中形体组合最复杂的大建筑群。

明堂，天堂

明堂建在台基上，方 300 尺（88 米），高 294 尺（86 米），三层（图 2-6-12）。下层平面为正方形，中层为十二边形，上层为二十四边形。中、上层均为圆顶，上层顶上立铁凤。建筑结构和形状非常巧妙，底层是方形，上面两层是圆形。在整个建筑中心，有一根周围须十人含抱的巨大木柱作为主要的承重构件，再从木柱上架设承托每层栋梁的斗栱，并用铁索贯串其间，使其牢固。明堂之北隋大业殿处建有高五层的天堂，用来储存佛像。明堂、天堂的建造，一改宫中主殿为单层的传统，极大地改变了洛阳宫的面貌和立体轮廓，是唐代宫殿建设上的大事。

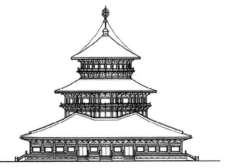

图 2-6-11　麟德殿复原图（左）

图 2-6-12　明堂立面图（右）

图 2-6-13 玄奘墓塔
（左）
图 2-6-14 法王寺塔
（中）
图 2-6-15 千 寻 塔
（右）

宗教建筑
塔

唐代的塔一般已不建在佛寺的中心，而是建在主院殿前的两侧或主院外的东南、西南方。此外，也大量建造墓塔。塔的形式有单层、多层，其平面有方、圆、六角、八角，构造有木、砖、石不等。唐代的木塔已无一幸存，砖塔尚有数座：①西安大慈恩寺的大雁塔；②西安长安区的兴教寺玄奘墓塔（图2-6-13），此两座属楼阁式塔；③西安荐福寺小雁塔；④河南登封法王寺塔（图2-6-14）；⑤云南大理崇圣寺千寻塔（图2-6-15），后三者属密檐式塔。

大雁塔（图2-6-16）。位于西安和平门外慈恩寺内。唐高宗永徽三年（652年）由唐僧玄奘创建，用以存放其由印度带回的佛经。大雁塔初建为五层，高一百八十尺。武则天时重建，后经兵火，现存塔为五代后所修，共七层，塔高64米，底边各长25米，整体呈方形角锥状，造型简洁，比例适度，庄严古朴。塔身有砖仿木构的枋、斗栱、阑额，塔内有盘梯可至顶层，各层四面均有砖券拱门，可凭栏远眺。塔底正面两龛内有褚遂良书写的《大唐三藏圣教序》和《圣教序》碑，四面门楣有唐刻佛像和天王像等研究唐代书法、绘画、雕刻艺术的重要文物。

小雁塔建于唐中宗复位的景龙年间（公元707～709年，见图2-6-17），位于西安市南门外友谊西路南侧的荐福寺内，故又称荐福寺塔。小雁塔的特点是塔

图 2-6-16 大 雁 塔
（左）
图 2-6-17 小 雁 塔
（右）

形玲珑秀丽，属于密檐式砖结构建筑，塔壁不设柱额，每层砖砌出檐，檐部叠涩砖，间以菱角牙子。塔身宽度自下而上逐渐递减，愈上愈促，全部轮廓呈现出娇媚、舒畅的锥形形状，造型优美，比例均匀。共15级，约45米高。塔平面为正方形，各层南北两面均开有半圆形拱门，游人由此可登临塔顶，俯瞰古城美景。

小贴士：

"小雁塔"之名，则和"大雁塔"的名称有关。由于此塔比大雁塔小，其高43.3米，底边长11.38米，高与底边的比例是100：26，皆比大雁塔小，故称小雁塔。

佛寺

南禅寺大殿（图2–6–18）是我国现存最早的木结构建筑，位于五台县东冶镇李家庄旁。该寺创建于唐德宗建中三年（公元782年），是一座面阔、进深都是三间的小殿，宽11.75米，深10米，平面近正方形，单檐歇山顶，屋顶鸱尾秀拔，举折平缓，出檐深远，明间装板门，次间装直棂窗，转角处额不出头，阑额上不施普拍枋，斗栱为五铺作双抄单栱偷心造，用材颇大，唐代作风明显（图2–6–19，构架透视图）。建筑内部用两道通进深的梁架，无内柱，室内无天花吊顶，属于木构架中的厅堂型构架。南禅寺是村落中的小佛寺，故至多与贵邸的厅堂近似，使用厅堂型构架，造低一个等级的歇山屋顶。

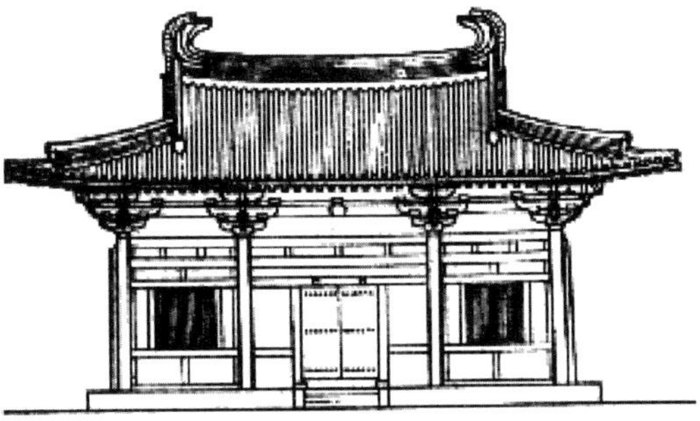

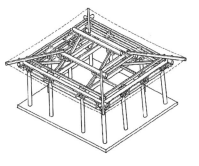

图2–6–18　南禅寺大殿（左）
图2–6–19　南禅寺大殿构架透视图（右）

佛光寺东大殿建于唐宣宗大中十一年（公元857年，见图2–6–20），是一座面阔七间、进深四间、单檐庑殿顶的大殿，宽34米，深17.66米。它属于木构架中的殿堂型构架，由柱网、铺作层、屋架三层上下叠架而成。柱网和铺作层共同构成屋身部分；铺作层同时还起保持构架稳定和向外挑出屋檐、向内承托室内天花的作用；屋架则构成庑殿形屋顶（图2–6–21）。脊瓦条垒砌，正脊两端，饰以琉璃鸱吻。二吻虽为元代补配，但高大雄健，仍沿用唐代形制。正殿外表朴素，柱、额、斗栱、门窗、墙壁，全用土红涂刷，未施彩绘。柱高与开间的比例略呈方形，斗栱高度约为柱高的1/2。粗壮的柱身、宏大的斗栱再加上深远的出檐，都给人以雄健有力的感觉。佛光寺是正式寺宇，故其正殿可与宫殿相似，使用殿堂型构架，造庑殿顶。

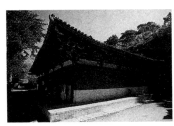

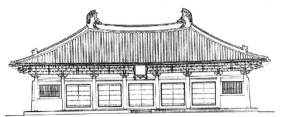

图2–6–20　佛光寺东大殿（左）
图2–6–21　佛光寺东大殿立面图（右）

陵墓建筑

唐陵特点是利用地形，以山为坟，不采用秦汉人工夯筑的封土方上。唐贵族墓均为平地深葬，上起坟丘。太子及诸王、公主坟丘可筑为方锥形，大臣和庶民只能为圆锥形。造墓时一般先向下开挖斜坡墓道，下地四、五米后，在尽端开挖墓室。大贵族墓入地深达 7～8 米，墓道过长过深，其下半多用开竖井的方法做成隧道。墓主级别愈高，墓道愈长，竖井也愈多，最多有七个。习惯称竖井为"天井"，被天井截断的隧道称为"过洞"，露天坡道称为"羡道"（图 2-6-22，唐懿德太子李重润墓的墓室剖面透视图）。隧道末端改为水平方向，通向墓室。墓室方形，四壁用砖衬砌，上为砖穹顶。大型墓有前后两个墓室，连以甬道。隋唐墓道、墓室多画壁画，表现墓主生前居室和侍从、侍女服侍情况。

乾陵（图 2-6-23）。在今陕西省乾县之北，因梁山主峰为陵，在山半开凿隧道及墓室。它的内重陵垣围在主峰的四面，东西宽 1450 米，南北长 1538 米。陵垣四面开门，门外各有双阙和一对石狮，陵垣四角建有曲尺形角阙。南面朱雀门内的献殿基址尚存。朱雀门南有一从主峰下南延的小山岭，神道就辟在岭脊上，相对设石柱、翼马、朱雀、马、人、碑等。岭之南端分为东西两支，各为一小山丘，丘顶上各建一阙，二阙间设门，即乾陵外重墙垣之南门，垣内即柏城。垣南门之南 2850 米又有一对土阙，是进入封域的标志。乾陵有陪葬墓十七座。乾陵主峰梁山高出周围诸山，轮廓浑厚对称，山南小岭及岭南端二小山丘恰可建双阙及神道。进入墙垣后，双阙前耸，神道步步高升，直指主峰，左右翠柏环拥，极大地衬托出主峰陵墓的气势。

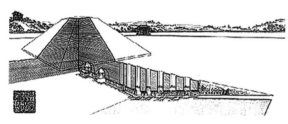 

图 2-6-22　羡道（左）
图 2-6-23　乾陵（右）

五代十国建筑（公元 907～960 年）
宗教建筑
塔

苏州虎丘云岩寺塔（图 2-6-24、图 2-6-25）。建于五代吴越国显德六年（公元 959 年），号称江南第一古塔，为砖砌楼阁式。塔八角七层，约高 47 米，内部为双层套筒，木梯设在两层套筒之间的回廊里。塔内塔外都用砖模仿木构件，详尽地砌出斗栱、挑檐、柱枋、门窗、平座、腰檐和藻井。因地基不均匀下沉，云岩寺塔已经倾斜，与意大利著名的比萨斜塔东西相映，称为东方斜塔。

南京栖霞山舍利塔（图 2-6-26）。位于栖霞寺东南。舍利塔始建于隋仁寿元年（公元 601 年），始为木塔，后毁于唐武宗会昌年间。现存之塔系南唐时高越、林仁肇建造。塔身五级八面密檐式石塔，高 18 米，这座舍利塔无论从造型上，还是浮雕上来讲，都足以代表我国江南佛教艺术的巅峰。

图 2-6-24　苏州虎丘
云岩寺塔（左）
图 2-6-25　苏州虎丘
云岩寺塔平面（中）
图 2-6-26　南京栖霞
山舍利塔（右）

陵墓建筑

五代十国的帝陵只发掘过南京附近的南唐李昇的钦陵（图 2-6-27）和李璟的顺陵，以及四川成都的前蜀永陵。

永陵（图 2-6-28）建于公元 918 年，墓主为前蜀主王建。陵之墓室实际建在地面上，用块石和条石砌墓室，外覆以半球形夯土坟丘。墓内分前、中、后三室，都用石砌出肋，自侧壁上升，上部向中心斗合，形成若干道石拱券，以它们为骨架，肋间砌石，形成墓室。中室中央用石砌成棺床，作须弥座形式，束腰部分嵌入石雕乐舞人等图案。后室的后半部也砌一石床，上置王建石雕像。石雕像袖手端坐，隆眉有须，十分写实。王建的永陵形式较为特殊，与中原、关中地区的隋唐墓完全不同。

隋、唐、五代十国时期建筑特色

1. 规模宏大，规划严整。在城市规划中已全面考虑城市的艺术风貌问题。

2. 建筑群处理愈趋成熟，突出主体建筑的空间组合，强调了纵轴方向的陪衬手法。院落式布局的特点和优点在该时期已完全形成。

3. 木建筑解决了大面积、大体量的技术问题，并已定型化。侧脚、生起、翼角、凹曲屋面的手法更为成熟，做法开始规范化。艺术处理多在结构构件上进行。

4. 设计与施工水平的提高，以材份为模数的设计方法既简化设计，也便于施工，是古代中国独创的一种木构架设计方法。

5. 砖石建筑有进一步发展。主要是地上的佛塔、桥梁和地下的墓室。其

图 2-6-27　钦陵（左）
图 2-6-28　永陵（右）

中更以各类砖石塔为主要表现。

6. 建筑艺术加工的真实和成熟，其建筑气魄宏伟、严整又开朗，给人庄重、大方的印象。

7. 该时期出现了一批著名的建筑师。如宇文恺——以两都[长安(大兴城)及洛阳]的营建及广通渠的开凿最有影响，他著有《东都图记》、《明堂图议》、《释疑》等，除《明堂议表》见于本传外，其他均已失传。李春——建造了著名的赵州桥(安济桥)。

➤ 相关链接

太原市是一个具有 2500 年历史的古城，史称晋阳，简称并，是山西省省会。深远的历史和厚重的文化沉淀，造就了丰富的文化遗产——瑰丽的古晋风光和特殊的文化氛围。

地理位置	地处山西省中部，濒临汾河，三面环山；区域轮廓呈蝙蝠形，东西横距约144公里，南北纵约107公里，三面环山，唯南部河谷平原平坦开阔
人口	太原市总人口279万人，其中城区人口176万人。常住人口中有汉、回、满、蒙、藏、土家等民族，主要为汉族
区号与邮编	086-0351；030082
主要景点	市内景观：双塔寺、纯阳宫、崇善寺、清真古寺、山西省博物馆等；周边景观：玄中寺、天宁寺、杏花村、光化寺、北武当山、白塔等；其他：晋祠景区、天龙山景区等
交通	航空：太原与全国各主要大中城市都有直航。 铁路：交通方便，途经和终止在太原的快车每天有20多列。 公路：太原和旧关、太原和原平之间的均有高速公路。 出租车：出租车起步价7元(3公里)，超出3公里后的价格为1元/公里。夜间起步价为7.8元(3公里)，超出3公里后的价格为1.2元/公里
气候	属北温带大陆性气候，昼夜、早晚温差大，年平均气温为9.6℃，最冷的1月份平均气温为-6.4℃，最热的7月份平均气温为23.4℃，每年5~10月，是去太原的最佳旅游季节
求助热线	旅游投诉电话：0351-4070551、0351-4177927
民俗节庆	山西太原国际民间艺术节；时间：每年9月；首创于1991年9月21日，以后每隔一年在太原市举办一次，同时还有"山西国际锣鼓节"及"山西对外友好交流周"活动
购物	太原市内购物中心主要分布在迎泽东大街、五一路、解放南路等区域。若是想看看太原的民风民俗，可以去柳巷商品街、钟楼街、柳南夜市一条街。太原土特产：以汾酒、竹叶青最为有名。此外，稷山板枣、平陆百合、蒲州青柿、垣曲猕猴桃、清徐葡萄、上党"党参"、文山段亩砚、高平丝绸、平阳木版年画、推光漆器等，均属名产之列。太原商场的关门时间比较早，一般在下午7点左右
饮食	太原的基本口味以咸香为主，辣酸为辅。太原的面食最为有名，品种多、历史久、制作方法各异，浇头菜码考究。 特色推荐：炒莜面、拉面、猫耳朵、搓鱼儿、莜面窝窝、红面糊糊、肉丝炒剔尖、刀削面、炒疙瘩等。特色小吃推荐：太原头脑(八珍汤)、"认一力"蒸饺、太谷饼、六味斋酱肉、闻喜煮饼、芮城麻片、太原羊杂碎汤、灌肠、高平烧豆腐、平阳泡泡糕等

第七章
宋、辽、金时期建筑

➤ 关键要点

坊巷制

由里坊制转变而来。即仍保持坊的编民制的行政组织，但民宅均沿街巷布置，直接向街巷开门，在街头、巷口竖一个类似坊门但无门扇的标志，其上悬挂坊名的匾牌——牌坊从此产生。

减柱造

大胆取消室内斗栱，抽去若干柱子的做法，是元代的建筑结构特点。

副阶周匝

宋《营造法式》中在主体建筑外加一圈围廊的做法。

金厢斗底槽

宋《营造法式》中平面柱网由内外两圈柱组成的做法。

飞檐

中国特有的建筑结构。它是中国古代建筑在檐部上的一种特殊处理和创造。常用在亭、台、楼、阁、宫殿、庙宇的屋顶转角处。其屋檐上翘，形如飞鸟展翅，轻盈活泼，是中国建筑上民族风格的重要表现之一。

➤ 知识背景

历史背景

公元 10 世纪中期到 13 世纪末期，中国处在宋、辽、金、西夏多民族政权的并列时代。公元 960 年，宋太祖赵匡胤夺取后周政权，建立宋朝（史称北宋），从此中国的中原地区和长江以南结束了战乱割据的局面。但在中国的北部和西部仍有少数民族建立的辽、西夏等政权与北宋政权并存，且时常发生战争。北宋中期，地处中国北部的女真族兴盛起来，于公元 1115 年建立金朝。十年后，金灭辽，十二年后又灭北宋。宋室南迁，建立南宋。这时又出现了南宋与金、西夏对峙的局面。西夏、金先后为蒙古军队所灭。公元 1271 年元朝建立，并于八年后的公元 1279 年灭南宋，中国再次统一。

宋代统治者重视经济和文化的发展，北宋初期由于采取均赋税、兴水利、开垦荒地等措施，使农业和手工业生产得到较大发展，随之形成商业较为发达的局面。宋代重视文化教育，提出以文为治国之本，促成了文化的空前繁荣和科学技术的进步，人类文明史上的重要发明指南针、火药、印刷术相继出现，并传到了欧洲。在社会思潮中，儒、道、佛三教合流，出现了以理学为代表的哲学派别，成为维护封建统治的思想武器。

建筑背景

由于生产发展，技术进步，使建筑得到发展，取得了辉煌的成就。首先是城市的发展，摆脱了里坊制的束缚，使得城市结构发生变化，出现了繁华的商业街道，文化娱乐建筑"瓦子"随之产生。重视文化的国策使得文教建筑发展起来，全国各州县办起官学，同时私人创办的书院也从此开始发展。宋代统治阶级追求享乐之风极盛，使得园林建筑兴盛起来。宋代的皇家园林和私家园林不仅数量超过前代，而且艺术风格更加细致、清新，诗情画意更为浓郁，意境创造更加自觉。

辽代建筑风格与宋稍有不同，较多地继承了唐风，金代建筑风格则更近宋代，它们与宋代共同创造了公元 10 ~ 13 世纪的中国建筑文明，在人类文明史上谱写出光辉的篇章。

➤ 建筑解析

宋朝建筑（公元 960 ~ 1279 年）
城市建设
北宋东京

北宋统一全国后，认为汴京城市建筑基础好，地理位置适中，便于利用南方物资，政治环境好，于是便定都在此，名为东京。

城市布局：东京有皇城、内城、外城三重城墙，皇城居于城市中心，内城围绕在皇城四周（图2-7-1）。最外为外城（亦称罗城），平面近方形。罗城东、西、南三面皆三门，北面四门，此外还有专供河流通过的水门十座。

城市道路与河流系统：全城道路从市中心通向各城门，有三条主干道（御路），还有一些次要道路，组成不规则的道路网。在东京，河道也成为城市的重要经济命脉，史称"四水贯都"——汴河、蔡河、五丈河、金水河。在城墙外又各有护城河一道，四水通过护城河相互沟通，使得河道在城内作为运输通路非常方便，可将东南方粮食和物资运入城内。金水河通往宫殿区，供给宫廷园林用水。

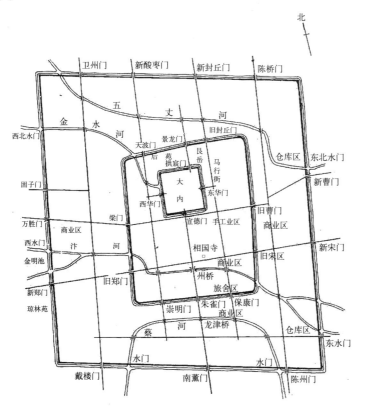

图2-7-1 北宋东京城市布局

图2-7-2 清明上河图

城市结构：其一，主要街道成为繁华商业街，皇城正南的御路两旁有御廊，允许商人交易，州桥以东、以西和御街店铺林立，潘楼街也为繁华街区。其二，住宅与商店分段布置，如州桥以北为住宅，州桥以南为店铺。其三，有的街道住宅与商店混杂，如马行街。其四，集中的市与商业街并存，如大相国寺。随着经济的发展和文化的繁荣，出现了集中的娱乐场所——瓦子，由各种杂技、游艺表演的勾阑、茶楼、酒馆组成，全城有五六处。

北宋东京是中国历史上都城布局的重要转折点，对以后的几代都城有较大的影响。

南宋临安

宋室南迁，于公元 1138 年定都杭州，改称临安。

城市布局：临安南倚凤凰山，西临西湖，北部、东部为平原，城市呈南北狭长的不规则长方形。宫殿独占南部凤凰山，整座城市街区在北，形成了"南宫北市"的格局，而自宫殿北门向北延伸的御街贯穿全城，成为全城繁华区域。御街南段为衙署区，中段为中心综合商业区，同时还有若干行业市街及文娱活动集中的"瓦子"，官府商业区则在御街南段东侧。遍布全城的商业、手工业在城中占有较大比重。居住区在城市中部，许多达官贵戚的府邸就设在御街旁商业街市的背后，官营手工业区及仓库区在城市北部。以国子监、太学、武学组成的文化区在靠近西湖西北角的钱塘门内。临安不仅将城市与优美的风景区相结合，而且还有许多园林点缀其间。

宫殿建筑

北宋定都以后，对五代时期的宫殿进行了较大规模的扩建，调整了宫殿建筑群组的主轴线（图 2-7-3）。这条轴线一直延伸，经东京的州桥、内城南门朱雀门，而外城南门南薰门，使宫殿在东京城中成为最壮丽的建筑群。宫城位于内城的中央稍偏西北，每面各有一座城门。城的四角建有角楼。南面中央的丹凤门（宣德楼），有五个门洞，门楼两侧有朵楼，自朵楼向南出行廊连阙楼，其平面呈"门"形。出丹凤门往南是御街，街的两侧建有御廊。御街千步廊制度是宋代宫殿的创造性发展。后来元、明、清的宫殿群均设千步廊金水桥，就是宋的影响。北宋宫殿建筑群的特点除了创造性发展御街千步廊制度外还有主殿作工字殿形式。大庆殿群组是一组带廊庑的建筑群，正殿面阔九间，并带左右挟屋各五间，殿后有阁，东西廊各六十间，前有大庆门及左右日精门，殿址现已发掘，其台基成凸字形，东西宽约 80 米，南北最大进深 60 多米。

宗教建筑
佛寺

此时期佛寺建筑组群的形体组合极富变化，由四周较低的建筑簇拥中央较高耸的殿阁，在整体总平面沿轴线排列若干四合院。

图 2-7-3　北宋宫殿
建筑群组主轴线（左）
图 2-7-4　河南登封
少林寺初祖庵（右）

　　河南登封少林寺初祖庵（图 2-7-4）。初祖庵相传为禅宗初祖达摩面壁修行之处，庵内现存最古老的建筑为北宋宣和七年（公元 1125 年）建的大殿。大殿虽只有三间，不甚雄伟，构架利用十六根石柱和天然圆木的弯梁作成，但斗栱、门窗方整规矩，石柱雕刻的武士、飞天、游龙、舞凤、花草等，细腻生动。这座在《营造法式》颁布仅 20 年后建造的大殿，为现存最接近《法式》规则之实物，亦即最典型之宋式建筑。

　　河北正定隆兴寺，始建于隋开皇六年（公元 586 年），是现存宋朝佛寺建筑总体布局的一个重要实例。全寺建筑依着中轴线作纵深的布置，自外而内，殿宇重叠，院落互变，高低错落，主次分明。主要建筑向多层发展，陪衬的次要建筑也随着增高，反映了唐末至北宋期间佛寺建筑的特点。寺内摩尼殿（图 2-7-5），建于北宋皇祐四年（公元 1052 年），面阔、进深皆七间，内部采用殿堂型构架，重檐歇山顶。摩尼殿是我国现存唯一一座平面呈十字形的大型佛殿，亦为现存木建筑中四面施抱厦最早的。转轮藏和慈氏阁皆为宋代楼阁，外观相似，均为单檐歇山顶，二层楼，下层带抱厦。慈氏阁采用永定柱造，是现存宋代建筑中的孤例。转轮藏殿内的北宋时代转轮藏是最早的藏经橱遗物。转轮藏殿内部下层柱子，为了容纳六角形的轮藏，把两中柱外移，形成平面六角形的柱网，同时上下两层间没有平座暗层，寺内其余配殿都是单层。

　　浙江宁波保国寺大殿（图 2-7-6）。宁波保国寺始建于唐，宋大中祥符年间重建，现存保国寺大雄宝殿建于大中祥符六年（公元 1013 年），大殿面阔、进深皆五间，但仅中部三间为宋代原构，四周附阶为清代增建。宋构部分许多作法与《营造法式》制度非常吻合，例如斗栱、下昂的作法，拼合柱作法等。

图 2-7-5　河北正定
隆兴寺摩尼殿（左）
图 2-7-6　浙江宁波
保国寺大殿（右）

佛塔

宋代的塔,形制由四边渐变为六边、八边或十边形,但以八形最为普遍。这种肇源于八卦方位图式的塔,不仅轮廓曲线优美圆浑,而且更有利于结构的稳定,在塔的高度上,也有了新的突破。

河南登封少林寺塔林(图2-7-7)。在少林寺西南300米处,是墓塔群,集中了唐、宋、元、明、清历代砖塔和石塔二百余座,造型各异,做法不同,其中造于宋宣和三年(公元1121年)的普通塔、造于金正隆二年(公元1157年)的西堂塔,反映了当时的砖塔建筑技艺和水平。

河北定县祐国寺塔(图2-7-8)。坐落在河南省开封市内东北角。祐国寺塔因为塔身以褐色的琉璃瓦镶嵌而成,酷似铁色,故而俗称铁塔。铁塔通高55米,八角十三层,是仿木构的楼阁式砖塔,内部用砖砌筑,塔身外部砌筑仿木结构的门窗、柱子、斗拱、额枋、塔檐、平座等形式,整个砖塔都是用28种不同标准型的砖制构件拼砌而成。塔身的外壁镶嵌有色泽晶莹的琉璃雕砖,工艺精巧,是砖雕艺术中的精品。塔身飞檐翘角,造型秀丽挺拔。塔内的螺旋式磴道,将塔心柱和外壁紧密地联成一体,形成了坚强的抗震体系。

图2-7-7 河南登封少林寺塔林(左)
图2-7-8 河北定县祐国寺塔(右)

福建泉州开元寺双石塔(图2-7-9)。位于福建泉州市西街开元寺内。东塔名镇国,西塔名仁寿,耸立于东西广场,相距约200米。双塔全部用石材建造,仿木构楼阁式,皆八角5层,巍峨壮丽,为石塔建筑的珍品。双塔形式几乎完全相同,仅高度和斗拱略有不同。西塔高44.06米,东塔高48.24米。基台是扁平而宽的须弥座,上多雕饰,平面八角,四正面砌台阶,座周护以简洁石栏。各层塔身之间有腰檐,但无平座,每面1间,在转角处砌角柱,柱间刻阑额、斗拱支承腰檐。4个相向面开门,另四面设佛龛,各层门、龛位置上下交错,门、龛侧均有立柱和横枋,并在壁面浮雕佛教造像。腰檐也用石材雕出角梁、板桷和筒、板瓦的屋面,檐角起翘明显。上层壁面较下层退进,在腰檐脊上砌石栏,形成外走道。塔刹金属制,重叠相轮,颇细瘦,均占全塔总高1/4,刹顶有铁链8条垂向屋顶八角。内部围绕中心的八角实心石柱为回廊,回廊条石地面由下层外壁和石柱叠涩支承,架木梯上下。

道教建筑

宋代帝王对道教大力提倡。一般道教宫观的建筑有祭奉的神殿、信徒修真的斋馆、藏经的殿阁、宣讲的法堂、客室、园林等。当时著名的道观有河南嵩山的崇福宫，临安大涤山的宗阳宫，都是山岳道观，会选择溪流、山洞、水池、山崖的环境，并作出长长的前导空间，如洞霄宫至山门有十八里林路。另一类属城市型道观如当时东京、临安所建的一批道观，至今留下来的有泰山的碧霞祠、江西贵溪上清镇的天师府、山西晋城玉皇庙、西安东岳庙、山东蓬莱阁等十多座。目前道观中有宋代建筑遗存者仅有三处，即苏州玄妙观三清殿（图2-7-10）、莆田玄妙观三清殿、四川江油窦圌山云岩寺飞天藏殿及飞天殿。

图 2-7-9　福建泉州开元寺双石塔（左）
图 2-7-10　苏州玄妙观三清殿（右）

坛庙建筑
祭坛

宋代祭天之坛又称南郊坛，位置在都城南郊，采用三层圆坛形式。底层径81丈，二层径54丈，三层径27丈，总高81尺，尺寸皆取九的倍数。四面设有台阶。坛外筑围墙三重。祭地之坛称为方泽坛，在都城北郊，方形形式，高二层，尺寸皆取偶数。此外，有的祭坛建筑做成多坛组合式的，例如祭祀主管风雨的"九宫之神"坛，其形式特别，一层为方坛，二层为9个小坛。

祠庙

晋祠（见图2-7-11，平面示意图）本是为纪念周武王的次子叔虞兴修农田水利有功而建的祠，称"唐叔虞祠"，因临晋水，又称晋祠。宋太宗太平兴国四年（公元979年）对晋祠进行了扩建，宋仁宗天圣年间（公元1023～1032年）增建了纪念叔虞之母的祠，并且确立了现在所见圣母殿的位置，金代在圣母殿前又加建献殿，以后又经元、明、清各代增建和重修，形成了现在晋祠的格局。圣母殿是宋、辽、金时期祠庙建筑中唯一保存下来的宋代木构。

圣母殿面宽七间，进深六间，重檐九脊顶，殿身采用殿堂型构架体系。平面采用"副阶周匝"。在构架中将殿身前檐柱落在一条三椽栿上，从而使大殿前廊加宽，形成较宽的开敞的举行祭拜圣母活动的空间。前檐木雕盘龙柱是我国现

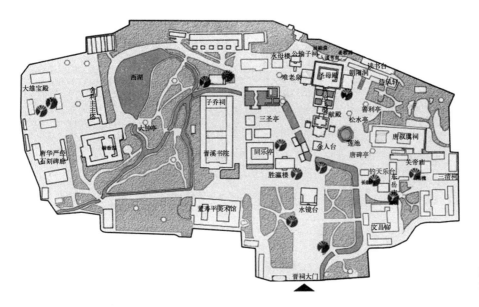

图 2-7-11　太原晋祠平面示意图

图 2-7-12　木雕盘龙柱（左）
图 2-7-13　鱼沼飞梁（右）

存最早的木雕盘龙柱（图 2-7-12）。圣母殿微微向上弯曲的屋顶轮廓，柔和秀美，总体造型舒展而庄重，是宋代建筑风格的典型代表。殿前有一以泉水汇成的水池，因游鱼众多，名为鱼沼。池上有一座十字形平面的桥梁，其东西方向的主桥为平桥，宽约 5 米，南北方向次桥宽约 3.5 米，斜搭在主桥上（图 2-7-13）。

陵墓建筑

　　宋代陵制是中国古代陵墓制度的转折点，宋代开始集中皇陵成陵区，布局受风水影响，后陵较小，居帝陵西北，每座帝陵域内有帝陵上宫、后陵上宫、下宫、陪葬墓等，最外围用树篱围绕（图 2-7-14，图 2-7-15）。帝陵上宫，是各陵区中最主要的部分，位于陵区的南部，以陵台为核心，面积在 5 公顷左右。围墙四面设有神门及角楼。南神门外设有献殿，作为朝陵的祭奠之所。献殿旁还有一些附属小建筑。陵台之下为存放棺椁的地宫，深 57 尺至 100 尺，各陵不等。在上宫以南，沿陵台和献殿的中轴线向南延伸，排列着门阙、仪仗，形成一条神道，其长约 300 米。后陵上宫建制大体上与帝陵相同，只是规模缩小。后陵西北即为下宫，是供奉帝后遗容、遗物和守陵、祭祀的场所。主要建筑有正殿、影殿、斋殿、浣濯院、神厨、陵使廨舍、宫人住所、库房等。

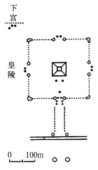

图 2-7-14 北宋永熙
陵（左）
图 2-7-15 北宋永熙
陵平面图（右）

学校与市肆建筑
学校

宋代的学校有两大类，一为官办的学校，自上而下有太学、府学、县学；另一为私人办的学校，如书院、家塾、舍馆、书会等。官办的学校建筑包含有以下几个部分：祭奠先师先圣的庙、存放皇帝诏书的阁、讲堂、学校办公室、生员斋舍、射圃（练习射箭及学生体育锻炼的场地）。从总体布局看，庙与学校两者有前庙后学的，有庙学左右并列的。北宋有了著名的四大书院：白鹿洞书院、岳麓书院、嵩阳书院、睢阳书院。

市肆

宋代城市破除了里坊制的约束，使城市面貌发生了巨大的变化，主要街道、商业店铺鳞次栉比。有的按行业集中，有的以经营某一特殊商品著称。就建筑形式而论，所有店面都是以门窗朝向街道。当时最有特色的是餐饮业店铺。除酒店之外，茶肆众多。茶肆建筑不似酒楼那样格调清雅，但内部以名人字画为装饰，门前摆放四时花卉。一般商店中以丝绸店和药店更有特色，丝绸店是金银彩帛交易之所，屋宇雄壮，门面广阔，望之森然。药店是高门显赫，正门大屋达七间之多。

园林建筑
皇家园林

北宋有金明池、艮岳；南宋有行宫御苑。

艮岳是一座人工园林（公元 1117 ~ 1122 年），位于宋东京城的东北部。艮岳东北部有寿山，采取一山三峰的形状，中部主峰，高九十步，约 150 米，次峰万松岭在主峰之下，有山涧濯龙峡相隔。西南部为池沼区，池水再经回溪分流成两小溪，一条流入山涧，然后注入大方沼、雁池；另一条绕过万松岭注入凤池。全园建筑四十余处，既有华丽的宫廷建筑风格的轩、馆、楼、台，又有简朴的乡野风格的茅舍村屋，建筑造型各异。此外，艮岳西部还有两处园中园，名药寮和西庄，模仿农家景色。艮岳叠山构思巧妙，寿山嵯峨，两峰并峙，列嶂如屏幕。山中景物石径、蹬道、栈阁、洞穴层出不穷。全园水系完整，河湖溪涧融汇其中，山环水抱，风格自然。

行宫御苑。是南宋临安的皇家园林之一。这些御苑主要分布在西湖四周，如湖北岸有集芳园、玉壶园，湖南岸的屏山园、南园，湖东岸的聚景园等。此外还有宫城附近的德寿宫、樱桃园、天竺御园等处。其中最有特色的是德寿宫，宫内分成四区，景色各不相同，东区以赏花为主，西区以观赏山水风景为主，溪流、池水、假山、叠石，各有安排，从池中可乘画舫至西湖。北区建有各式亭榭，南区有射箭、跑马、赛球等场地，并设有举行宴会的载欣堂。

私家园林

洛阳私家园林。这些园子有的采用一池二山，如富郑公园，或二池一山，如环溪等，形成山池型。有的则为花园型，如归仁园内有牡丹、芍药等花卉，每种多达千株，还有大片竹林。在私园中，司马光的独乐园最有特色。据他写的《独乐园记》描述，园中有藏书五千卷的读书堂。堂北有大池，池中筑岛，环岛种竹一圈。池北有竹斋，土墙茅顶。读书堂南面有弄水轩，轩内有水池，从暗渠引水入池，内渠分成五股，又称"虎爪泉"。池水过轩后成二条小溪，流入北部大池。此外，便是大片的药圃和花圃。整个园子格调简素，反映了园主的情趣和追求。

苏州、吴兴为经济发达、富贾文士聚集之地，也是私家园林荟萃之地，南宋人周密所著《吴兴园林记》就曾记载了三十六处吴兴园林，其中既有占地百余亩的大园，也有宅旁小园。南宋人范成大所著《吴郡志》中记载了十多处私家园林，其中有一些一直保存至今，如苏州之沧浪亭。

建筑师与其作品
喻皓与《木经》

《木经》对建筑物各个部分的规格和各构件之间的比例作了详细具体的规定，一直为后人广泛应用。喻皓在著作时，努力找出各构件之间的相互比例关系，对于简化计算、指导设计、加快施工进度是很有帮助的，也是把实践经验上升为理论的有意义的尝试。

《木经》的问世不仅促进了当时建筑技术的交流和提高，而且对后来建筑技术的发展有很大影响。大约一百年以后，由李诫编著的《营造法式》一书，很多部分都是从《木经》上参照的。

李诫与《营造法式》

北宋崇宁二年（公元1103年）颁刊的一部建筑典籍。是一部由官方向全国发行的建筑法规性质的专书。全书内容包括四个部分：①将北宋以前的经史群书中有关建筑工程技术方面的史料加以整理，汇编成"总释"两卷。②按照建筑行业中的不同工种分门别类，编制成技术规范和操作规程，即"各作制度"共十三卷。③总结编制出各工种的用工及用料定额标准，共十五卷。④结合各作制度绘图一百九十三幅，共六卷。

《营造法式》全面、准确地反映了中国在 11 世纪末到 12 世纪初，整个建筑行业的科学技术水平和管理经验。它不仅向人们展示了北宋建筑的技术、科学、艺术风格，还反映出当时的社会生产关系、建筑业劳动组合、生产力水平等多方面的状况。《营造法式》在南宋和元代均被重刊，明代还被用于当时的建筑工程，可称之为中国古代建筑行业的权威性巨著。

辽朝建筑（公元 907 ～ 1125 年）

契丹原是游牧民族，唐末吸收汉族先进文化，逐渐强盛，不断向南扩张，五代时进入河北、山西北部地区。由于辽代建筑是吸取唐代北方传统做法而来，工匠也多是汉族，因此较多保留唐代建筑的手法。

城市建设

辽设立五京，以今北京为南京，史称辽南京。公元 1127 年女真族打败北宋，建立金朝，到了公元 1153 年便迁都到辽南京，改名为中都城，史称金中都。

辽南京又称燕京、析津府，是在唐代幽州城基础上建设的城市（图 2-7-16）。辽南京子城又称内城、皇城，位置偏于西南隅，与大城共用西门、南门。子城之中主要是宫殿区和皇家园林区，宫殿区的位置偏于子城东部，并向南突出到子城的城墙以外。南为南端门，东为左掖门（后改称万春门），西为右掖门（后改称千秋门）。宫殿区东侧为南果园区，西侧为瑶池宫苑区。宫苑规模较大，瑶池中有小岛瑶屿，上有瑶池殿，池旁建有皇亲宅邸。由于子城位置偏

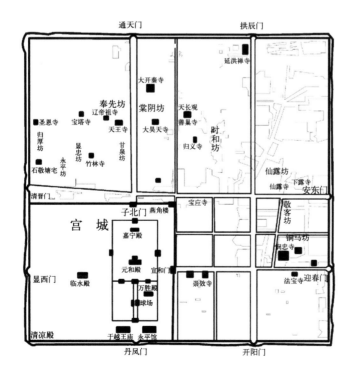

图 2-7-16　辽南京

于西南，城中只有两条贯通全城的干道，一条是东西向干道，名檀州街，一条是南北向干道。另外两条干道则只能从城门通往子城而终止。除干道之外还有次一级道路。里坊区分布在子城周围。

宗教建筑
佛寺

山西应县佛宫寺释迦塔（图2-7-17）。建于辽清宁二年（公元1056年），塔高67.31米，平面为八边形，底层每边长5.58米，外观为5层，内部还有4个暗层，共9层。木塔中间为大厅，四周为回廊。柱子按内外两环布置，由于暗层柱间采用近似桁架的作法，外立面有四个面的柱间，当年也曾设有斜撑，形成双套筒式结构。4个暗层形成4个刚性较大的环，犹如现代建筑中的圈梁。这样大大加强了结构的整体性，以致历经多次地震而无恙。木塔造型匀称而稳重，各层平面逐层向内收缩，层高逐级减少，随之将各层斗栱作法和屋檐的长度进行调整，不但创造了优美的总体轮廓，产生高耸向上的艺术效果，而且通过那一层层的屋檐和平座，有节奏而又有变化的出现，产生了优美的韵律感，是结构与艺术造型有机结合的典范。

北京天宁寺塔（图2-7-18）。建于辽代末年。天宁寺塔为密檐式塔，须弥座为八角形，上有13层密檐，每层之间开有佛龛。塔顶的塔刹曾在1976年唐山大地震中被震落，后被修复。

图2-7-17 山西应县佛宫寺释迦塔（上）
图2-7-18 北京天宁寺塔（下）

全塔雕刻精美法伦。全塔高57.8米，为八角形13层实心堆檐式砖塔。塔基高出地面1米，塔下部须弥座，中部塔身四面设券门、门旁雕金刚力士、菩萨、云龙等。上部为13层出檐。檐角悬有铜铃，顶部为宝塔刹。塔形雄浑、秀丽，有很高的建筑艺术水平，是辽塔中具有代表性的佳作。

金朝建筑（公元1115～1234年）

女真贵族统治的金朝占领中国北部地区以后，吸收宋、辽文化，逐渐汉化，建造京城（中都，今北京市），仿照宋东京制度，征用大量汉族工匠，因此金朝建筑既沿袭了辽代传统，又受到宋朝建筑影响；现存的一些金代建筑有些方面和辽代建筑相似，有些地方则和宋代建筑接近。由于金朝统治者追求奢侈，建筑装饰与色彩比宋更富丽。

城市建设

金中都（图 2-7-19）。金代迁都中都后，对中都进行了大规模扩建，并修建皇城、宫城，形成了宫城居中的格局。随之城垣向东、西、南扩展成周长5328 丈（约合 17.8 公里）的规模。城市近似方形，中都城每边三门对偶布置，每两座相对的城门之间设有街道，但贯通全城的只有三条，一条是在檀州街基础上向东西延伸而成，第二条在檀州街以南，第三条是南北向大街，是在辽南京大街的基础上向南延伸而成。另外六条街道均自城门通到皇城区终止。城市结构从里坊制向坊巷制转变，据文献记载，中都城有六十二坊，除了一部分继承辽代旧有的坊之外，有的将一坊分成两坊。一些街、巷可在坊内通过，小巷也可直通大街，并出现以古迹命名的若干街道，这些正是里坊制崩溃的表现。当时，这里商业已相当繁荣，檀州街便是商业活动的中心，成为南方与东北进行贸易的市场。金中都时期除檀州街市场以外，又出现了城南东开阳坊新辟的市场。

金中都的规划主要有三个特点：

1. 宫城位置居中。仁政殿辽时所建，为宫殿正衙，因辽旧位置未变，但规模是仿宋汴京宫室制度，而城市进行了扩展，不仅为新筑宫殿提供广阔的地域条件，而且在位置上使其大体居于城市的中部。

2. 向《考工记》的规划思想靠拢。中都皇城之内、宫城之外布置行政机构及皇家宫苑。皇城南部一区从宣阳门到宫城大门应天门之间，以当中御道分界，东侧为太庙、球场、来宁馆，西侧为尚书省、六部机关、会同馆等。这种

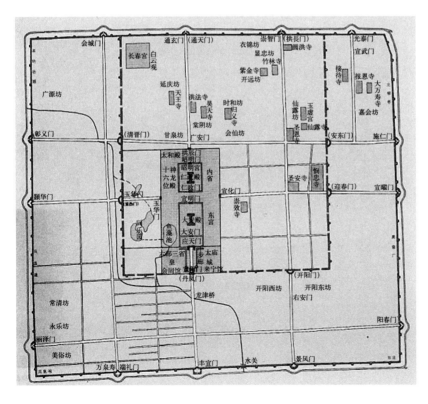

图 2-7-19　金中都

安排是仿汴梁的布局。

3. 城内增建礼制建筑，如祭祀天、地、风、雨、日、月的郊天坛、风师坛、雨师坛、朝日坛、夕月坛等。

宫殿建筑

此时期宫殿建筑体量较唐时期较小，细部装饰增加，注重彩画、雕刻，总体呈绚烂、柔丽的形象。金朝的皇宫按宋金东京宫城的样式在中都建造。皇宫的宫城在城中稍偏西南，从丰宜门至通玄门的南北线上，南为宣阳门，北有拱辰门，东置宣华门，西设玉华门，前为官衙，后为宫殿。正殿为大安殿，北为仁政殿，东北为东宫，共有殿三十六座。仁政殿是有东西廊各三十间的一座廊院式建筑群，殿两侧各有三间楼阁，称为东西上门，院内廊间并设有钟鼓楼。这是一座常朝便殿。仁政殿之北为昭明宫，内有昭明殿、隆徽殿，均为帝后之寝宫。

中都宫殿绝大部分建筑为金代所建，明显地将中路做成前朝后寝的格局，而将东、西路做成后妃、太子寝殿及御花园，以突出中路在总体布局中的地位。这对以后的元明各朝的宫殿发展产生了重要影响。

宗教建筑
华严寺

华严寺在山西大同，分上下两寺，其中上寺大雄宝殿建于金天眷三年（公元 1140 年），面阔九间，进深四间，建筑面积 1560 平方米，采用四阿顶（图 2-7-20）。殿内采用减柱作法，室内空间恢弘，外观庄重，气势雄伟，是现存最大的辽金佛殿之一。下寺有建于辽重熙七年（公元 1038 年）的薄伽教藏殿（图 2-7-21），以殿内精美壁藏及佛像著称，壁藏以三十八间小型建筑的形式，沿大殿四周墙壁排列，并带有天宫楼阁。其壁藏为辽代小木作重要遗物。

工程建筑
卢沟桥

卢沟桥（图 2-7-22）在北京市西南约 15 公里的丰台区永定河上，是北京市现存最古老的石造联拱桥。因永定河旧称卢沟河，桥亦以卢沟命名。

图 2-7-20 华严寺上寺大雄宝殿（左）
图 2-7-21 华严寺下寺薄伽教藏殿（右）

图 2-7-22 卢沟桥
（左）
图 2-7-23 卢沟桥狮
子（右）

卢沟桥全长266.5米，宽7.5米，下分十一个涵孔。10座桥墩建在9米多厚的鹅卵石与黄沙的堆积层上，坚实无比。桥墩平面呈船形，迎水的一面砌成分水尖。每个尖端安装着一根锐角朝外的三角铁柱，边长约26厘米，用以保护桥墩，抵御洪水和冰块对桥身的撞击，人们把三角铁柱称为"斩龙剑"。在桥墩、拱券等关键部位，以及石与石之间，都用银锭锁连接，以互相拉联固牢。这些建筑结构都是科学的杰出创造。桥身全部由白石建成，两侧石雕护栏各有望柱一百四十根，柱头刻着莲花座，座下为荷叶墩。望柱中间嵌有279块栏板，栏板内侧与桥面外侧均雕有宝瓶、云纹等图案。每根望柱上有历代雕刻的石狮，神态各异，栩栩如生（图2-7-23）。由于桥上石狮多得叫人难以数清楚，因而北京地区流传着一句歇后语："卢沟桥上的石狮子——数不清"。

小贴士：

1984年，经文物工作者核查，查清卢沟桥上的石狮多达489头。桥的两端各有华表4根，高约4.65米，同桥浑然为一体，既壮观又优美。桥东的碑亭内立有清乾隆皇帝题写的"卢沟晓月"汉白玉碑，为燕京八景之一。抗战时期，震惊中外的"卢沟桥事变"在此地爆发，卢沟桥更为著名。

宋、辽、金时期建筑特色

1. 在建筑工程中新产生了一种结构体系，如以应县木塔为代表的木构高层筒体结构，成为现代筒体结构的先驱。

2. 北宋崇宁二年（公元1103年）颁刊中国最完整的一部建筑法典，李诚编著的《营造法式》，它所制定的法则反映出北宋建筑已具有较高的标准化、定型化水平。喻皓所著《木经》是一部关于房屋建筑方法的著作，也是我国历史上第一部木结构建筑手册。

3. 在桥梁建造中采用的蛎房固基、浮运法等也是领先于世界的技术。

4. 这时期在建筑艺术方面，从群体组合到个体建筑，造型都有许多新的变化。群体不仅纵深加大，而且注意前导空间的处理和建筑与环境的结合。个体建筑从唐代的雄壮豪放转向细腻、纤巧，在建筑技巧娴熟的基础上，着力于建筑细部的刻画。平面形式多样，屋顶组合穿插错落，立体轮廓丰富多彩。同时配以多种类型的彩画，多种手法的雕饰，多种造型的门窗装修，共同形成了柔和、工巧、秀丽的建筑风格。

5. 寺院建筑布局多样。有以塔为主体的寺院；以阁为主体，阁在前，殿在后；

前殿后阁；以佛殿为主体，殿前置两阁；七堂伽蓝式（建有七种不同用途的殿堂）等。

6. 园林兴盛。社会经济得到一定程度发展，统治阶级对人民横征暴敛，生活奢靡，建造了大量宫殿园林。

➤ 相关链接

杭州是华夏文明的发祥地之一，文脉悠长，自秦时设县治以来，至今已有2200多年的建城史。早在四五千年前的新石器时代，已有人类繁衍生息，产生了被称为文明曙光的良渚文化。杭州素还以"文化之邦"、"丝绸之府"、"茶叶之都"、"鱼米之乡"等美称享誉天下。

地理位置	杭州地处长江三角洲南翼，杭州湾西端，钱塘江下游，京杭大运河南端，是长江三角洲重要中心城市和中国东南部交通枢纽。杭州西北部和西南部系浙西中山丘陵区；东北部和东南部属浙北平原，河网密布，是著名的鱼米之乡的一部分
人口	截止到2003年全市总人口642.78万，其中市区人口393.19万，有汉、畲、回、满等民族
区号与邮编	086-0571；310000
主要景点	风景：西湖、灵隐寺、六和塔、飞来峰、岳庙、龙井、虎跑； 展馆：中国丝绸博物馆、中国茶叶博物馆、良渚文物博物馆、南宋官窑博物馆、苏东坡纪念馆、胡庆余堂博物馆、浙江省博物馆； 名人故居：林风眠故居、胡雪岩故居
交通	航空、公路、铁路：均很发达，与全国大中城市相通。 水运：杭州市充分发挥内河港口的优势，京杭大运河已与钱塘江沟通，形成了贯通全国江河湖海的水运网络。 出租车：杭州普通出租车起步价为10元3公里，3公里后每公里单价2元，超过10公里后每公里单价3元，夜间不加价
气候	杭州属亚热带季风性气候，四季分明，温和湿润，光照充足，雨量充沛。年平均气温16.2℃，夏季平均气温28.6℃，冬季平均气温3.8℃
求助热线	消费者投诉热线：0571-96315，市旅游投诉电话：0571-85171292
民俗节庆	相约龙井—春茶会：4月8日～5月8日，龙井村；西湖荷花节：7月～8月，曲院风荷；西湖国际桂花节：9月16日～10月31日；举办地：满陇桂雨；西湖中秋赏月晚会：农历8月14日～18日，平湖秋月、湖心亭、环湖各茶楼、金沙港文化村；西湖杜鹃节：4月20日～5月20日，满陇桂雨公园；民间民俗"花朝节"：5月1日～10日，东方文化园；杭州金秋国际旅游节：9月16日～10月21日……
购物	杭州的商业特色街区主要有：文三路电子信息街区、清河坊历史文化特色街区、南山路艺术休闲特色街区、丝绸特色街区等。特产有：昌化小核桃、杭白菊、杭州刺绣、杭州丝绸、龙井茶叶、天竺筷、王星记扇子、西湖绸伞、西湖藕粉、张小泉剪刀等
饮食	杭州菜属中国八大菜系之浙菜，"清爽别致"是杭州菜的最大特色。杭州天香楼的东坡肉、楼外楼的西湖醋鱼名扬中外。风味小吃品种极多，吴山酥油饼、金华酥饼、杭州奎元馆的虾爆鳝面、知味观的幸福双点心、湖州丁莲芳千张包子等都家喻户晓

第八章
元朝建筑

➤ 关键要点

悬鱼、惹草

中国古代建筑装饰构件之一，古建筑悬山、歇山顶的山尖部分设搏风板，刻鱼形和水草图案象征水，叫"悬鱼"和"惹草"，以压火。同时以祈"连（莲）年有余（鱼）"、"吉庆有余（鱼）"等。体现出中国建筑的美学特征。

补间铺作

宋《营造法式》中每一组斗栱称一朵，在柱上的叫柱头铺作，角柱上的叫转角铺作，二柱之间阑额上的叫补间铺作。

➤ 知识背景

历史背景

元朝（公元 1206 ~ 1368 年）的建立结束了中国境内宋、金、西夏诸政权之间对峙的局面，实现了全国大统一，元帝国的疆域空前辽阔。

元朝政权以蒙古贵族和西域半世袭性色目贵族为核心。对国内各民族实行歧视政策，分民族为四等：第一等是蒙古人，享有各种特权；第二等是色目人；第三等是汉人，即原来金朝统治下的汉族居民和契丹、女真居民；第四等是南人，即原来南宋境内的各族居民。中央政权的要害部门例由蒙古人和少数几家色目贵族任最高长官，地方政权也多以蒙古人、色目人为达鲁花赤（弹压官，即最高长官），用以监督同级汉人、南人官员。

政令与货币的统一，驿站体系的扩大与完善，国外贸易的开拓，又有力地促进了商业的繁荣，各地出现了许多商业都会。为了保证京城的粮食需求，元朝政府开通了海上运输线，疏凿了杭州至大都的大运河，促进了南北经济、文化的交流。

元朝的宗教信仰比较自由，佛教、道教、伊斯兰教、基督教、犹太教都有所发展，其中尤以藏传佛教（喇嘛教）因被奉为国教而有着特殊地位。

蒙古人以其军事进攻征服了亚洲和东欧的广大地区，但其住居方式是毡帐，在征服其他民族以后建立的都城仍利用当地的建筑形式与技术。这种现象在京城、在各地方均可看到。例如大都的宫殿采用了蒙古习俗和汉地建筑相结合的办法，使之产生一种特有的风貌：主要的建筑都是汉地传统的木构架、琉璃瓦屋顶式样，其间散布着许多蒙古帐殿，有些还是西域地区的建筑式样，如维吾尔殿等。陵墓形式则十足表现了蒙古人特有的处理方式，帝后死后送漠北"起辇谷"埋葬，用马群踏平，不留痕迹，不立标志，以致至今人们仍不能找到元代帝后们的陵墓所在。又如西藏地区的佛寺，由于有内地汉族工匠参与建造，带去了木构建筑技术，琉璃瓦、坡屋顶、典型的内地元式斗栱和梁架结构都在藏地寺庙中出现，从而产生了一种新的建筑式样——琉璃瓦坡屋顶和藏地平屋顶相掺杂的混合式建筑。这种新建筑形式又传入青海、内蒙古等地，成为该地区明清喇嘛庙的基本形式。

➤ 建筑解析

城市建设

元大都城（图 2-8-1）。规划设计为刘秉忠和阿拉伯人也黑迭耳。元大都位于金中都旧城东北。通常把新、旧城并称为"南北二城"，二城分别设有居民坊七十五处及六十二处。大都新城的平面呈长方形，周长 28.6 公里，面积约 50 平方公里，相当于唐长安城面积的五分之三，接近宋东京的面积。元大都布局上基本符合"方九里，旁三门，面朝后市，左祖右社"的规矩。元大都道路规划整齐、经纬分明。考古发掘证实，大都中轴线上的大街宽度为 28 米，其他主要街道宽度为 25 米，小街宽度为大街的一

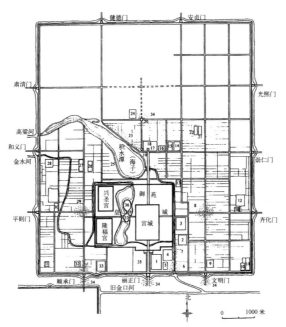

1—中书省；2—御史台；3—枢密院；4—太仓；5—光禄寺；6—省东市；7—角市；8—东市；9—哈达王府；10—礼部；11—太史院；12—太庙；13—天师府；14—都府（大都路总管府）；15—警巡院（左、右城警巡院）；16—崇仁倒钞库；17—中心阁；18—大天寿万宁寺；19—鼓楼；20—钟楼；21—孔庙；22—国子监；23—斜街市；24—翰林院、国史馆（旧中书省）；25—万春园；26—大崇国寺；27—大承华普庆寺；28—社稷坛；29—西市（羊角市）；30—大圣寿万安寺；31—都城隍庙；32—倒钞库；33—大庆寿寺；34—穷汉市；35—千步廊；36—琼华岛；37—圆坻；38—诸王昌童府；39—南城（即旧城）

图 2-8-1　元大都城

半，火巷（胡同）宽度大致是小街的一半。城墙用土夯筑而成，外表覆以苇帘。由于城市轮廓方整，街道砥直规则，使城市格局显得格外壮观。

元大都新城规划最有特色之处是以水面为中心来确定城市的格局。由于宫室采取了环水布置的办法，而新城的南侧又受到旧城的限制，城区大部分面积不得不向北推移。元大都新城中的商市分散在皇城四周的城区和城门口居民结集地带。由于前三门外是水陆交通的总汇，所以商市、居民麇集，形成城乡结合部和新旧二城交接处的繁华地区。

元大都城市建设上的另一个创举是在市中心设置高大的钟楼、鼓楼作为全城的报时机构。中国古代历来利用里门、市楼、谯楼或城楼击鼓报时，但在市中心单独建造钟楼、鼓楼，上设铜壶滴漏和鼓角报时则尚无先例。

水资源短缺一直是北京地区，特别是城市生活面临的一个难题，金中都时期如此，元大都时期也是如此。大都城市用水有四种：一是居民饮用水，主要依靠井水；二是宫苑用水，由西郊引山泉经水渠导入太液池，因水从西方来，故称金水；三是城濠用水，也由西郊引泉水供给；四是漕渠用水，此渠即大都至通州的运粮河通惠河。由于地形落差较大，沿河设闸通船，所需水量很大。四者之中以漕渠用水最难解决，金朝曾引京西的卢沟水（即今永定河）入注漕渠未成，元朝水利专家郭守敬（公元1230～1310年）改用京北和京西众多泉水汇集于高梁河，再经海子而注入漕渠，曾一度使江南的粮食与物资直达大都城中，因而受到元世祖忽必烈的嘉奖。

宗教建筑

元朝各种宗教并存发展，建造了很多大型庙宇。元世祖忽必烈特别崇信藏传佛教，尊之为国教，封有地位的喇嘛为国师，但对中土原有佛教仍采取保护态度，使佛教迅速发展。

佛寺
山西洪洞县广胜寺

广胜寺位于山西洪洞县城东北17公里的霍山南麓，广胜寺于东汉建和元年（公元147年）创建，初名俱卢舍寺，唐代改称今名（图2-8-2）。大历四年（公元769年）重修，元大德七年（公元1303年）地震毁坏后重建。

广胜寺分上寺、下寺和水神庙三部分组成。上寺由山门、飞虹塔、弥陀殿、大雄宝殿、毗卢殿（图2-8-3）、观音殿、地藏殿及厢房、廊庑等组成，创始于汉，屡经兴废重修，现存为明代重建遗物，形制结构仍具元代风格。山门内为塔院，飞虹塔矗立其中，

图2-8-2 山西洪洞县广胜寺

现存为明嘉靖六年（公元 1527 年）重建，向后为弥陀殿五间，内施六根大斜梁，减少两缝梁架，在结构上有独到之处。大雄宝殿五间，悬山式，殿内木雕神龛及佛像，或剔透玲珑，或丰满圆润，工艺俱佳。毗卢殿五间，庑殿式，殿内两山施大爬梁，结构奇特。下寺由山门、前段、后殿、垛殿等建筑组成。山门高耸，三间见方，单檐歇山顶，前后檐加出雨搭，又似重檐楼阁，是一座很别致的元代建筑。前殿五开间，悬山式，构造奇特，设计精巧（图 2-8-4，左为大爬梁，右为人字梁）。后殿建于元至大二年（公元 1309 年），七间单檐，悬山式。两垛殿至正五年（公元 1345 年）建，前檐插廊，两山出际甚大。水神庙是祭祀霍泉神的风俗性祭祀庙宇，包括山门（元代戏台）、仪门、明应王殿等建筑。

图 2-8-3　广胜寺上寺毗卢殿

北岳庙德宁殿

位于曲阳县城西，建于北魏宣武帝时期（公元 500 ~ 512 年）。现存主要建筑为元代遗物。有御香亭、凌霄门、三山门、飞石殿（遗址）和德宁殿。两侧还有一些碑亭。

图 2-8-4　广胜寺下寺前殿梁架

德宁殿（图 2-8-5）是我国现存元代木结构建筑中最大的一座。也是庙内的主体建筑。该殿坐北朝南，面阔九间，进深六间，外带回廊环绕，重檐庑殿式，

图 2-8-5　北岳庙德宁殿

琉璃瓦脊，青瓦顶，高 30 米，占地面积 2009.8 平方米，为宫殿式建筑，双檐高琢，以青瓦铺顶，黄色琉璃瓦为殿脊。整个大殿建在石砌的台基之上，殿内柱子的配列采用减柱法，梁架为中柱式；殿檐斗栱为一朵、二朵式。檐下高悬元世祖忽必烈亲笔题书的"德宁之殿"匾额。

塔
北京妙应寺白塔

白塔（图 2-8-6）在北京城内西区，始建于元至元九年（公元 1272 年），原是元大都圣寿万安寺中的佛塔。元至正二十八年（公元 1368 年）寺毁于大

小贴士：
阿尼哥擅长铸造佛像，初随本国匠人去西藏监造黄金塔，后随帝师八思巴入元大都。他除了造圣寿万安寺白塔外，还造了五台山大塔院白塔。

火后，白塔得以保存。明代重建庙宇，改称妙应寺。

白塔为藏式佛塔，总高约 51 米，基座面积 810 平方米，砖石结构，外抹白灰。塔的外观由塔基、塔身、相轮、伞盖、宝瓶等组成。塔座高 9 米，分为 3 层。下层为护墙，平面成方形。中层与上层均为折角须弥座式，平面呈现"亚"字形。其转角处有角柱，轮廓分明。上层须弥座上周匝放有铁灯龛。大须弥座式基台之上为一巨型覆莲座，即以砖砌筑并雕出的巨大的莲瓣，外涂白灰。莲座外尚有五道环带形"金刚圈"，用以随托塔身。塔身为一巨大的覆钵，形如宝瓶，直径 18.4 米，外形雄浑稳健，环绕七条铁箍，使塔身成为一个坚固的整体。塔身之上又是一层折角式须弥座，用以连接塔身与相轮。相轮层层拔起，下大上小，呈圆锥形，共 13 层，故名为"十三天"。华盖之上就是塔的最上部分——塔刹，为一铜制小型喇嘛塔，高 4.2 米，金光闪烁，耀眼醒目。此塔的出现，对内地明清两代喇嘛塔的兴建有着极其深远的影响。

道观
永乐宫

位于芮城县城北约三公里处的龙泉村东，建在战国时代古魏国都城遗址上。永乐宫，原来一处道观，是为奉祀中国古代道教"八洞神仙"之一的吕洞宾而建，原名"大纯阳万寿宫"，因原建在芮城镇永乐镇，被称为永乐宫（图 2-8-7）。

图 2-8-6 北京妙应寺白塔（左）
图 2-8-7 山西芮城永乐宫（右）

永乐宫内宫宇规模宏伟，布局疏朗。除山门外，中轴线上还排列着龙虎殿、三清殿、纯阳殿、重阳殿等四座高大的元代殿宇。这些元代建筑，是我国古建筑中的优秀遗产。在建筑总体布局上风格独特，东西两面不设配殿等附属建筑物，在建筑结构上，吸收了宋代"营造法式"和辽、金时期的"减柱法"，形成了自己特有的风格。三清殿是宫中主殿，面阔七间，34 米，进深四间，21 米，单檐四阿顶，平面中减柱甚多，仅余中央三间的中柱和后金柱。檐柱有生起及侧脚，檐口及正脊都呈曲线。殿前有月台二重，踏步两侧仍保持象眼做法。殿身除前檐中央五间及后檐明间开门外，都用实墙封闭。

此外，永乐宫壁画满布在四座大殿内。这些绘制精美的壁画总面积达960平方米，题材丰富，画技高超，它继承了唐、宋以来优秀的绘画技法，又融汇了元代的绘画特点，形成了永乐宫壁画的可贵风格。

伊斯兰教建筑

泉州清净寺（俗名麒麟寺，见图2-8-8），又称"艾苏哈卜清真寺"，是阿拉伯穆斯林在中国创建的现存最古老的伊斯兰教寺。主要建筑分为大门、奉天坛、明善堂等部分。门楼（图2-8-9），高达20米，宽4.5米，全系青、白花岗石砌叠而成，是一个三层穹形顶的尖拱门，分外、中、内三层，在外中两层的上部都有青石作圆形穹顶，有着和我国古建筑的"藻井"相类似的石构图案，顶盖采用中国传统的莲花图案，表示伊斯兰教崇尚圣洁清净，门楼正额横嵌阿拉伯文浮雕石刻。奉天坛，占地面积约六百平方米，大殿四壁都是花岗石砌成，巨大的窗户遍布各墙，增加殿内采光效果。这个大殿上面原来罩着巨大的圆顶，它使清净寺格外宏伟壮观，可惜早已毁坏。明善堂是座中国四合院式的建筑。

图2-8-8 泉州清净寺

科学建筑
河南登封观星台

忽必烈统一中国后，为了促进当时农牧业的发展，令郭守敬等人进行一次规模巨大的历法改革，郭守敬在全国建立了27座观星台，登封观星台是当时中心观星台（图2-8-10）。位于河南省登封市东南告成镇，始建于元朝初年（公元1279年前后），是中国现存最早的古天文台建筑。

图2-8-9 泉州清净寺门楼

观星台的用途相当于测量日影的圭表。它那高高耸立的城楼式建筑相当于一根直立于地面上的竿子，台下正北方的"长堤"则是一把用来度量日影长度的"量天尺"。台上有两间小屋，一间放着漏壶，一间

图2-8-10 登封观星台

放着浑仪;两室之间有一横梁。每天正午,太阳光将台顶中间横梁的影子投在"量天尺"上。冬至这天正午的投影最长,夏至这天正午的投影最短;从一个冬至或夏至到下一个冬至或夏至,就是一个回归年的长度。中国古代就是采用这种方法测定一年的长度,从而为制定历法奠定了基础。

建筑特色

1. 元代宫室建筑也承袭了唐宋以来的传统,而部分地方的建筑则继承金代,在结构上作新的尝试,使用大内额构架,大胆运用减柱、移柱法和圆木、弯料,富含自由奔放的性格。但由于木料本身的性质所限,加之没有科学的计算方法,减柱、移柱往往是失败的,后来不得不用额外的柱加固。官式建筑斗栱的作用进一步减弱,斗栱比例渐小,补间铺作进一步增多。

2. 元代继宋金建筑的布局形式,有前三殿和后三宫,其处理的手法是元朝采用工字型制。

3. 元朝以后的装饰纹样倾向平实、写实的路线,宫殿建筑的色彩和图案秀丽且绚烂。

4. 各民族文化交流和工艺美术带来新的因素。喇嘛教建筑有了新的发展。汉族传统建筑继续发展。由于蒙古族的传统,在元朝的皇宫中出现了若干盝顶殿、棕毛殿和畏兀尔殿等。

➤ 相关链接

开封古称汴梁,位于河南省东部,是我国的七大古都之一,有"七朝都会"之称,也是河南省中原城市群和沿黄"三点一线"黄金旅游线路三大中心城市之一。是国务院首批公布的国家级历史文化名城。

地理位置	开封,南北宽约92公里,东西长约126公里,市区面积359平方公里。在中国版图上处于豫东大平原的中心部位
人口	总人口483万人,其中城市人口80万人
区号与邮编	086-0378;475000
主要景点	仿古景观:清明上河园、包公祠、宋都御街、中国翰园碑林、樊楼; 历代建筑:大相国寺、禹王台、龙亭、铁塔、繁塔、山陕甘会馆、天波杨府、延庆观、犹太教清真寺遗址、朱仙镇岳飞庙; 墓穴陵园:张良墓、焦裕禄烈士陵园
交通	民航:开封至郑州新郑薛店国际机场里程70公里。 铁路:从开封向西可达郑州、洛阳、西安等地,向东可到江苏徐州等地。 公路:开封至郑州、洛阳、三门峡、商丘有高速公路相连,经郑州向北可通达新乡、安阳直至北京;向南可通达许昌、漯河、驻马店直至深圳。国道106线(北京至广州)在境内南北贯通,国道310线(天水至连云港)与220线(开封兰考至滨州)相通。 出租车:上车5元(含3公里),以后每公里收费为1元,市内景点间出租车费用大致不超过7元

气候	开封属暖温带大陆性季风气候，年平均气温14℃，年均降雨量670毫米，林木覆盖率高于全国平均水平。游开封的最佳时节莫过于9、10月间，此时天气温和，降水量适中，还能观赏盛开的菊花
求助热线	开封旅游局（开封市迎宾路14号）：0378-5954370； 出租车投诉电话：0378-3870100
民俗节庆	菊花花会（10月28日～11月28日）； 元宵灯会（农历正月十五前后）； 此外，开封民间还流传着斗鸡比赛、放风筝、东京禹王大庙会、打盘鼓等活动
购物	开封全市拥有商业服务网点10万多个，各类集贸市场300多个。主要商业街有位于市中心的书店街、寺后街和鼓楼街，主要商场有模范商场、大相国寺市场、人民百货大楼等。特产：汴梁西瓜、汴绣、兰考葡萄、朱仙镇年画
饮食	开封的饮食文化源远流长，是中国十大菜系中"豫菜"的发祥地。开封菜也以独特的汴京风味成为豫菜的代表之一。开封的诸多佳肴中，最吸引人的有鲤鱼焙面、桶子鸡、套四宝等。开封著名的餐饮老字号有：第一楼、又一新、稻香居、黄家老店、马豫兴等。另外在鼓楼夜市上也可品尝到非常有当地特色的风味食品

第九章
明、清时期建筑

➤ 关键要点

建筑小品

建筑小品指围绕主体性建筑而修建的小型筑物。一般作为美化环境、烘托气氛、隔断空间、装饰陪衬主体建筑，供人们休息和观赏之用。如亭、池、廊、桥、漏景墙、栅栏、华表、影壁、花坛、喷泉以及各种建筑雕塑等。

抱厦

由两个九脊殿丁字相交，插入部分叫抱厦。十字相交的叫十字脊。

圭脚、下枋、束腰、仰莲、上枋

是清式须弥座立面划分的各层名称。

➤ 知识背景

历史背景

在明朝，随着生产力的发展，手工业与生产技术的提高，国内外市场的扩大，资本主义在中国萌芽了。但面对儒学强大的势力，资本主义并没能发展起来。此时期中国的科技发展出现了最后一个高峰——近代西方文化开始传入中国，利玛窦、徐光启合译了《几何原本》、李时珍编著《本草纲目》、宋应星作《天工开物》。清朝满洲贵族入主中原，建立清王朝，形成文化落后的民族统治全国的政治局面。清政府在各方面建立积极的民族政策，全面接受汉族文化，学习汉语及传统的文学艺术等。同时，清廷对蒙古族、藏族亦实行"怀柔"

政策，"因俗习为治"，大力提倡藏传佛教。清初经几十年的努力，配合以武力镇压，终于在中国巩固了多民族的国家体制。在康熙、乾隆时期形成了一个经济高潮，史称"康乾盛世"。之后国势陡转，道光二十年（公元1840年）中英鸦片战争爆发，清廷战败，割地赔款，开埠通商，结束了闭关锁国的封建状态。中国几千年的封建社会被迫终结，进入了灾难深重的半殖民地半封建社会。

建筑背景

　　明朝初期经济的繁荣促进了各类建筑的发展。首先是南北两京（南京、北京）和大规模宫殿、坛庙、陵墓和寺观的建成，如两京宫殿、十三陵、天坛、南京大报恩寺、武当山道教宫观等，都是明朝有代表性的建筑群。曲阜孔庙也在明朝中期进行了大规模的扩建。明代的地方建筑也空前繁荣，各地的住宅、园林、祠堂、村镇建筑普遍兴盛，其中江南经济发达地区的江苏、浙江、安徽、江西、福建诸省最为突出，直到今天，这些地区还留有众多的明代建筑。明代中晚期，江南富裕地区的村镇出现了许多环境优美、设施良好的优秀村镇实例。它们有高质量的道路、桥梁、标榜本村杰出人士的牌坊、作为宗族联系纽带的祠堂、教育子弟用的书院，以及公共使用的风雨桥、路亭、戏台、庙宇等建筑。

　　清朝在建筑上也接受了汉族的建筑艺术与技术，保留了明代的北京宫殿建筑、陵寝制度。"康乾盛世"期间，国家积累了财力可以进行更大规模的建设，这一时期产生了许多宏伟的离宫、园林及宗教建筑，至今仍为古代建筑遗产的重要实例。清代的府、州、县等地方城市基本沿用明城，数量增加不多，但规模多经改造扩展。同时，集镇、村落的数量增加很多。城乡居民点中的公共建筑，如书院、祠堂、旅店、饭馆等有了巨大的增长。同时由于人口繁殖、用地紧张，许多地区的民居加高了层数，并逐步形成有地方特色的民居典型形制。由于商业、运输业的发展，也促进了沿河湖交通干路附近形成新的工商业集镇。

> **建筑解析**

明朝建筑（公元1368～1644年）
城市建设
明北京城

　　明初的北京城（图2-9-1）沿用了元大都旧城的基本部分，以后又多次扩建。城市的格局既有很强的继承性，又有自身的特点。

　　永乐十四年（公元1416年）明成祖把首都从南京迁至北京。经过明初到明中叶的几次大规模修建，比起元大都来，北京城显得更加宏伟、壮丽。首先，城墙已全部用砖贴砌，一改元代土城墙受雨水冲刷后的破败景象；其次，城濠也用砖石砌了驳岸，城门外加筑了月城，旧城九座城门都建有城楼和箭楼，城门外有石桥横跨于城濠上，桥前各有牌坊一座；再者，城的四隅都建了角楼，又把钟楼和鼓楼移到了全城的中轴线上，从永定门经正阳门、大明门、紫禁城、

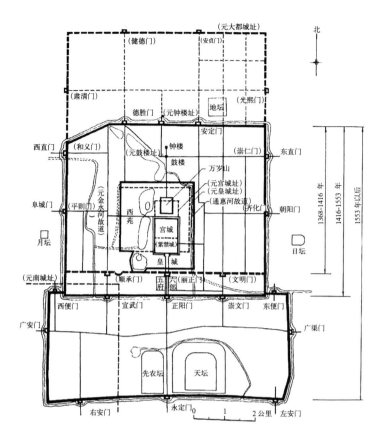

图 2-9-1 明北京城

万岁山到鼓楼、钟楼这条轴线长达 8 公里，轴线上的层层门殿，轴线两侧左右对称布置的坛庙、官衙、城阙，使这条贯串全城的轴线显得格外强烈、突出。但是，在明代，从大明门到地安门长达 3.5 公里的南北轴线被皇城所占，一般人是不准穿越的，因此造成了东城与西城之间交通的不便，在古代运输工具不发达的情况下，问题尤为严重。

明南京城

从公元 3 世纪至 6 世纪曾有六个王朝建都于此，前后达三百余年。公元 1366 年朱元璋开始就旧城扩建，并建造宫殿。公元 1368 年朱元璋登皇帝位，南京成为明朝都城。经过二十多年的建设，终于完成了南京作为明帝国首都的格局，全城人口达到百万（图 2-9-2）。南京是在元代集庆路旧城的基础上扩建的。城市由三大部分组成，即旧城区、皇宫区、驻军区。后两者是明初的扩展。环绕这三区修筑了长达 33.68 公里的砖石城墙。

旧城区位于秦淮河与长江的交汇处，是城市对外交通的要冲地带，居民密集，商业繁荣，为朝廷服务的大批手工业作坊也设置在这里。由于地近皇城，大臣们的第宅也都集中在此区。皇帝命令建造的十六处大酒楼则分布在商市汇集的旧城西南一带。皇城区设在旧城东侧，北枕钟山支脉富贵山，南临秦淮河。既有水运方便，又和旧城紧密相连，合乎风水术所追求的阳宅"背山、面水、向阳"的模式。城内西北地区有大片营房、粮仓、库房和各种军匠工场，形成一个独特的军事区。在上述三地区的中间位置，建有高大的钟、鼓楼，作为全城报时之所。

南京的道路系统呈不规则布置，城墙的走向也沿旧城轮廓和山水地形屈曲缭绕，皇宫偏于一边，使全城无明显中轴线，一反唐、宋、元以来都城格局追求方整、对称、规则的传统，创造出山、水、城相融合的美丽城市景观。南京的城墙墙基用条石铺砌，墙身用10厘米×20厘米×40厘米左右的大型城砖垒砌两侧外壁，中实杂土，唯有皇宫区东、北两侧的城墙全部用砖实砌。南京城33.68公里长的城墙，沿线共辟十三座城门，门上建有城楼，重要的城门设有瓮城，其中聚宝门（图2-9-3）、通济门、三山门是水陆交通要道，每门都设有三道瓮城以加强防卫。在城墙之外，又修筑了一座长达50余公里的外郭城，把钟山、玄武湖、幕府山等大片郊区都围入郭内，并辟有外郭门十六座，从而形成保卫明皇宫的四道防御线——外郭、都城、皇城、宫城。

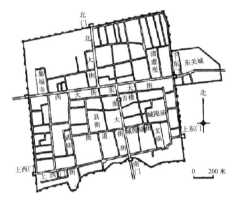

图2-9-2 明南京城
（左）
图2-9-3 聚宝门瓮城（右）

宗教建筑

明代有佛教四大名山——五台山、普陀山、峨眉山、九华山，分别为文殊菩萨、观音菩萨、普贤菩萨、地藏王菩萨的道场。四山庙宇林立，规制恢宏，成为明代佛教建筑兴旺的标志。明代佛寺总平面追求完美的轴线对称与深邃的空间层次，如原来的山门演化为前有金刚殿，后有天王殿，成了两进建筑；中轴线上佛殿增至二进或三进；山门内左右对称配置钟楼与鼓楼，佛殿前左右对称配置观音殿和轮藏殿等。

佛寺

泉州开元寺（图2-9-4）。该寺位于福建省泉州市西城区，现在寺前东、西二石塔是宋代建筑，中轴线上的照壁、山门、大殿和戒坛则是明代遗物。大殿面阔九间，进深九间，重檐歇山顶，体量宏伟，形制独特。如按平面柱网计算，此殿应有柱子一百根，故俗称"百柱殿"，但实际因减去两排内柱而仅存八十六根。殿内天花以上木构采用南方传统的穿斗式结构（图2-9-5）。斗栱大而稀疏，尚存宋代遗风。戒坛的建筑也很别致，坛上覆八角形重檐顶，四周以披屋和回廊环绕，形成一组造型丰富的建筑群体。

图 2-9-4 泉州开元寺（左）
图 2-9-5 开元寺大殿木构（右）

南京灵谷寺。位于南京市东部钟山东侧。寺中无量殿（无梁殿，见图 2-9-6），建于明洪武十四年（公元 1381 年）。从基到顶，全部砖砌，不用一寸木材。殿高 22 米，宽 53.8 米，纵深 37.85 米，分作五楹。其工程艰巨复杂，是用造拱桥方法，先砌五个桥洞（图 2-9-7），合缝后再连叠成一个大型拱圆殿顶，所以特别坚固，几百年来，历经沧桑，仍完好无损。外部飞檐挑角，恰如巍峨的宫殿，内部却如前后回旋的涵洞，深邃幽静。有人认为，在我国现存的几座无量殿（无梁殿）中，以灵谷寺的无量殿气势最雄伟，是我国古代石建筑的杰作。

图 2-9-6 南京灵谷寺无量殿（左）
图 2-9-7 无量殿桥洞（右）

塔

飞虹塔（图 2-9-8）。是目前国内发现最大的七彩琉璃塔。是山西洪洞县广胜寺上寺诸建筑中最高的建筑物，塔主体为砖石结构，外部镶嵌琉璃构件，因建塔僧人达连法师号为"飞虹"而得名。塔建于明正德十年至嘉靖六年（公元 1515～1526 年），塔下围廊是明天启二年至六年（公元 1622～1626 年）增建的。塔呈八角锥体，十三层楼阁式，通高 47.31 米。塔身各层的琉璃仿木斗栱、莲、瓣、花卉以及各个面，各个角上的盘龙角兽、券门、木梁枋、法器、勾阑，还有佛教人物等把飞虹塔装扮得绚丽多彩，至今 480 年已过，色泽仍完好如初，巍峨壮观。

南京报恩寺塔。报恩寺塔遗址位于南京中华门外古长干里东侧。报恩寺塔系明成祖朱棣于永乐十年，以纪念明太祖和马皇后为名，实际为其生母贡妃而建。该塔平面八角形，塔室方形，高九层，约 80 余米。底层有回廊（即宋

图 2-9-8　飞 虹 塔
（左）
图 2-9-9　南京报恩
寺塔（右）

代的副阶周匝）。塔下有八角形台座三重。每层八面均开圆拱门。塔身全部用琉璃砖砌成，外壁白色，塔檐、斗栱、平座、栏杆则用五色琉璃。由于各层递收，所以使用的砖瓦尺寸不一，当时为了考虑修理方便，每一构件制作时都一式三份。一份用于建塔，另二份编号储存，以备修理时用。此塔在当时曾被誉为世界建筑七大奇迹之一，惜毁于太平天国之役，现为近代重建（图 2-9-9）。

　　扩展阅读：五塔寺金刚宝座塔。

工程建筑

　　明朝两大工程是北方的军事重镇城堡体系和万里长城，以及东部沿海的防倭城堡体系。

　　明朝迁都北京后，三面邻近塞外。北方之敌成了明朝的大患，因此，明朝对北边防卫极为重视，东起鸭绿江，西至嘉峪关，增筑和加固了延亘五千余公里的长城，并分九段地区设置重兵防守，统称"九边"。沿着长城一线，还修筑数以百计的城堡和数以千计的墩台和烽燧，组成一个点线结合的完整防御体系。

　　危害于东南沿海的倭寇源于日本海盗，以明初洪武间与明中叶嘉靖间为患最烈。为了消除倭患，明朝政府在南起广西钦州湾、北至辽宁金州湾的漫长海岸线上，设置了五十三座卫城和一百零三座所城，其间尤以浙江、福建两省最为密集。这一百五十六座防倭城堡组成了明朝的东方防卫体系，有力地遏止了倭寇进犯。

坛庙建筑
太庙与社稷坛

　　在紫禁城前两侧有两组重要建筑群，东侧是太庙（图 2-9-10），西侧是社稷坛（图 2-9-11）。太庙是奉祀皇帝历代祖先的地方，这是皇权世袭神圣不可侵犯的象征。太庙占地约十六万五千平方米。太庙本身由高达 9 米的厚墙垣包绕，封闭性很强，南墙正中辟券门三道，用琉璃镶贴，下为白石须弥座，

图 2-9-10 太庙（左）
图 2-9-11 社稷坛
（右）

凸出墙面，线脚丰富，色彩鲜明，与平直单一的长墙强烈对比，十分突出。入门有小河，建小桥五座；再北为太庙戟门，五间单檐庑殿，屋顶平缓，翼角舒展。入戟门为广庭，北上为太庙正殿，原为九间，清代改为十一间重檐庑殿，与太和殿同属第一级而尺度稍逊。殿内列皇帝祖先牌位，置龙椅上，代表生人。殿内用黄色檀香木粉涂饰，气味馨芳，色调淡雅。牌位以西为上，分昭穆而列，平日则存于殿后寝宫。寝宫以北，用墙垣隔出一区为"祧庙"。正殿前东西庑列功臣牌位，祭祀时用为陪祀。社稷坛则是合祭社、稷的场所，社是土地神，稷是五谷神。坛上铺五色土——东青土、南红土、西白土、北黑土、中黄土。土由各地州府送来，这意味着"普天之下，莫非王土"。这两组象征意义极强的建筑是根据传统的"左祖右社"的形制来布置的。

北京天坛

天坛是古代最高一级的祭祀建筑，只有皇帝才有祭天的特权。北京天坛位于北京南郊，建于明永乐十八年（公元1420年）。嘉靖九年（公元1530年），明世宗朱厚熜认为合祀天地于一殿之内不合周礼古制，于是改为天地分祭。嘉靖改制后的天坛有圜丘和大享殿两个主体建筑，二者南北相对形成轴线，中间用一条宽28米、长360米的砖砌甬道相联（见图2-9-12，近为圜丘，中为皇穹宇，远为大享殿）。整个坛区面积约270公顷，周围有两道围墙环绕，内植柏树，深邃葱郁，形成安宁静穆的祭祀氛围。

圜丘（图2-9-12）：平面圆形，共三层，各层都用青色琉璃铺砌坛面和栏杆，边角镶以白石。坛面的直径、高度、踏步、墙墙的高度都用五与九之数，以表示对天帝的崇敬（清乾隆年间已将青色琉璃坛面与栏杆改为白石）。坛外有两道较矮的围墙，称为"壝"，是坛庙建筑中特有的设置。坛的北面有一座圆形的重檐建筑称为"皇穹宇"，是存放"昊天上帝"牌位的地方，两侧配殿则存放陪祀诸神的牌位。坛东墙外还有神厨、神库、宰牲亭等附属设施。

图 2-9-12 天坛圜丘

小贴士：

皇帝冬至祭天，先要斋戒三日，祭前一夕宿于天坛斋宫。祭日凌晨，把天帝的神位由皇穹宇移至坛上，皇帝由斋宫至坛南的具服台更衣，进坛，而后燔柴告天，奏乐迎天神至坛上。皇帝经上香、莫玉帛、行三献礼、望燎送神，才完成祭天礼的全过程。设在坛东南方的燔台燎炉是迎送上帝神灵的标志。

图 2-9-13 天坛祈年殿

大享殿（图 2-9-13,祈年殿建筑群）:其地原有大祀殿。嘉靖二十四年（公元 1545 年）撤去大祀殿,仿古代明堂之意,改建成大享殿,建筑式样由明世宗亲自制定。此殿平面为圆形,立于三层白石台基之上,上覆三重檐的攒尖顶屋面。上檐用青琉璃瓦,中檐用黄琉璃瓦,下檐用绿琉璃瓦,代表天、地、万物（清代重建后改为三檐一律用青琉璃瓦,更名为祈年殿,孟春在此行"祈谷"礼）。殿后是存放上帝神位的皇乾殿。

扩展阅读:斋宫、皇穹宇。

曲阜孔庙

始建于宋代。孔庙位于山东省曲阜市南门内,是奉祀孔子的庙宇（图 2-9-14）,是全国规模最大、时代最早的孔庙。孔庙占地面积约 4.6 公顷,东西宽 141～153 米,南北长 637～651 米。全庙自南至北有七进院落,前五进是前导部分,棂星门、圣时门、弘道门、大中门、同文门这五座门是前导部分的大门,在这些门之间形成的庭院内并无建筑物,而是遍植柏树,形成清肃静穆的参拜环境。

大成门内的院落是全庙的主体。内有纪念孔子讲学的杏坛（图 2-9-15）,杏坛正北的大成殿（图 2-9-16）是孔子及儒家十四位重要人物的神位所在和举行祭孔仪式的场所,由两层台基高高托起,正面十根石檐柱用浮雕刻作升降龙蟠于柱上,使此殿格外显得突出。屋面用绿琉璃瓦（清末改为黄琉璃瓦）。大成殿后院是明末所建的"圣迹殿",殿内陈列石刻图画一百二十幅,描述孔子一生事迹,圣迹殿两侧院内有神厨、神庖及瘗所、燎所等祭祀所需的辅助设施。

在孔庙外墙四隅建有四座角楼,其实是四个"L"形平面的小建筑,犹如亭子,无实际用途,是根据"王者角隅"的古制设置的。

图 2-9-14　曲阜孔庙（左）
图 2-9-15　杏坛（中）
图 2-9-16　大成殿（右）

陵墓建筑
明孝陵

孝陵位于江苏省南京市东郊，距南京朝阳门仅三四公里，是明太祖朱元璋夫妇的合葬墓。建造共经历了三十年。明孝陵的陵址选在钟山南麓一个称为"独龙阜"的小山岗上，背倚钟山主峰，坐北向南，前有小丘为案，并有溪流二道从东向西穿越陵区，山上林木茂密。

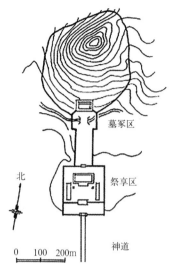

墓冢区

北

祭享区

0　100　200m

神道

图 2-9-17　明孝陵

明孝陵的范围东至灵谷寺，西至城墙。周围外陵墙长 20 余公里。孝陵的布局分为墓冢区、祭享区和神道三部分（图 2-9-17）。墓冢区以坟丘及丘下的地宫为主体，周环宝城以挡坟丘之土免于流失。坟丘之前为明楼，上建木架结构的城楼，下穿石拱甬道。明楼前的石桥跨于溪水之上，象征城门外的城濠与桥梁。这一区是死者的居处，相当于生前宫中的内廷寝宫。祭享区在墓冢区之前。由明楼向南，经一段甬道，过内红门，即到达举行祭陵礼的陵殿，名"孝陵殿"，其性质相当于宫室前朝正殿。孝陵殿坐落在三层台基之上，是一座九开间的大殿，其形制与南京宫中的奉天殿相当。殿两侧原有东西庑三十间，殿前为孝陵门。孝陵门外两侧分布着神厨、神库、井亭、宰牲亭等祭祀所需的辅助建筑。再前就是祭享区的外门"文武方门"，是三座砖拱结构的建筑。神道自外而内依次布置有大金门、碑亭（内立巨碑，刻有朱棣为其父撰写的碑文）、石象生十二对、石柱一对、文臣武将各四尊及棂星门，最后经御河桥而到达文武方门。在这条长 1.6 公里的神道上，布置门、柱、桥、兽和文臣武将，相当于宫前的仪仗和门阙。

十三陵

自明成祖起，明代有十三个皇帝的陵墓集中在北京昌平天寿山南麓，形成一个占地 80 余平方公里的陵墓区。这十三座陵墓共用一个神道，习称"十三陵"（图 2-9-18）。 陵墓的选址完成于永乐七年，钦定山名为"天寿山"。十三陵的主体是明成祖朱棣的长陵，其他十二陵是逐渐依附于长陵而建的。嘉靖帝的永陵和万历帝的定陵规制恢宏豪华，其他九座陵墓规模较小。

十三陵的形制基本上都是沿袭南京孝陵的模式，即除神道共用外，各陵都是前为祭享区，后为墓冢区。祭享区前有正门"祾恩门"，或在其前再加一道陵门，中为陵殿 [陵殿是举行祭礼的场所，嘉靖十七年（1538 年）改称"祾恩殿"]，殿前左右分列东西配殿和焚帛炉。各陵祾恩殿规制以长陵为最大，重檐九间，左右配殿各十五间。长陵殿（图 2-9-19）柱全用巨大楠木，至今殿宇完好，是我国现存最大的明代木构建筑。祾恩门前左右分列神厨、神库、

图 2-9-18　十三陵（左）

图 2-9-19　长陵殿（右）

宰牲亭等建筑。墓冢区在内红门以内，其布局为圆形、长圆形或长方形的坟丘，周围有城墙环绕，称为"宝山城"或"宝城"（图 2-9-20），宝城前设方城明楼（明代陵墓的创造，作为地下寝宫的神灵出入口来处理的），是陵区的重要标志建筑之一（图 2-9-21）。

　　有些陵仿孝陵之制在宝山与方城明楼之间设有小院，称为"哑巴院"，或更设一座琉璃照壁作为屏幕障（应是地下寝宫的屏障）。方城明楼之前多设有五供石桌及二柱门。二者都是南京孝陵之所未有，是从明长陵开始设置的，目的在于增加地下寝宫前的屏障层次，这是北京明陵布局上的新发展。

　　每座陵墓的陵门前都有一座碑亭，亭内立碑，碑文记载皇帝生前的业绩，应由嗣皇帝来撰写。除了长陵碑外，其余各陵都是无字碑。各陵都设有相应的附属机构，包括祭陵时参祀人员用的朝房、守陵太监用的神宫监、陵户所居的村落等。环绕这片广阔的陵区外围，还有长 40 余公里的外陵墙沿山势蜿蜒展开。此墙的正门就是大红门（图 2-9-22），沿墙另有关口十处，设有敌楼，驻兵把守。十三陵的神道布置和南京孝陵基本相同，而稍有增益。神道最前方是五间十一楼的石牌坊，这是南京孝陵所没有的。此坊面阔约 29 米，高约 14 米，是全国最大的一座石坊（图 2-9-23）。石牌坊内是大红门，门内约 600 米即是碑亭，

图 2-9-20　宝城（左）

图 2-9-21　方城明楼（右）

图 2-9-22　大红门（左）

图 2-9-23　石坊（右）

内立碑，刻明仁宗所撰"大明长陵神功圣德碑"碑文。碑亭四隅各立汉白玉华表一座，也是比南京孝陵碑亭增益的设施。

居住建筑

明代初期，对住宅的等级划分严格了，官员造宅不准用歇山及重檐屋顶，不准用重栱及藻井。除皇家成员外只能用"两厦"（悬山、硬山）。此外，又把公侯和官员的住宅分为四个级别，从大门与厅堂的间数、进深以及油漆色彩等方面加以严格限制。至于百姓的屋舍，则不准超过三间，不准用斗栱和彩色。以上这些反映了明代等级制度的森严在住宅形制上已有充分表现，但逾制的现象十分普遍，至今江苏苏州一带的民居中，仍保存着一批十分精美的贴金彩画和砖石雕刻。中国住宅遗构今所知的最早实物是明代的。由于地理环境、生活习惯、文化背景和技术传统的差异，使各地住宅呈现出不同的形态。

建筑特色
明朝在建筑技术上有较多的进步：

1. 砖的生产技术改进，产量增加，各地建筑普遍使用砖墙，府县城墙也普遍用砖贴砌，一改元代以前以土墙为主的状况。此外，还创造了一种用刨子加工成各种线脚作为建筑装修的工艺，称之为"砖细"，通常用作门窗框、墙壁贴面等。与之同时，砖雕也有很大发展。

2. 琉璃制作技术进一步提高。琉璃塔、琉璃门、琉璃牌坊、琉璃照壁等都在明朝有所发展，琉璃瓦在各地庙宇上普遍使用，色彩品种增多，中国建筑色彩斑斓、绚丽多姿的特点已达到成熟阶段。

3. 木构架技术在强化整体结构性能、简化施工和斗栱装饰化三个方面有所发展。例如宋代常用的用一层层木构架相叠而成楼阁的方法，被贯通上下楼层的柱子构成的整体式框架所代替；柱与柱之间增加了联系构件的穿插枋、随梁枋，改善了殿阁建筑结构；斗栱用料变小而排列越来越密，等等。这些都使明代建筑的面貌产生了与宋代建筑的明显差异。

明末著名的建筑师与理论著作有：明末吴江人计成著《园冶》，记述了明代造园的理论与水平；工匠蒯祥与徐杲最为杰出，蒯祥能"目量意营"，"随手图之，无不称上意"，人称"蒯鲁班"，故宫就由他设计建造。

清朝建筑（公元 1636～1911 年）

若与明代建筑状况相对比，可以说，清代在园林建筑、藏传佛教建筑、民居建筑三方面有着巨大的成就。同时建筑艺术上更注意总体布局及艺术意境的发挥，尤其在建筑装饰艺术方面更具有划时代表现。所以清代建筑在中国建筑发展史中占有重要的继往开来的地位，有些方面尚带有历史总结的性质。

城市建设

　　清代北京基本上继承了明朝都城的格局，仅局部作了改造更动（图 2-9-24）。其建设集中在两方面：一是充实、调整、改造旧城；二是开发郊区。旧城改造的重要方面是撤销明代皇城。此外，对内城的许多明代的衙署、府第、仓场作了调整与改建。同时，由于内城改为满城，屯驻八旗卫戍官兵及家眷，汉、回市民悉数迁居外城，故迅速促进了外城的发展，形成内城东单、西四、鼓楼前大街一带，及外城前门、菜市口、花市等处新的商业街道布局。此外，在城区内还新建了一部分寺庙，改造了天坛的规制，增建了不少戏楼、茶楼、店铺、会馆、书院等公共建筑。积极开拓城郊用地。除了内外城的关厢发展起来外，着重扩展西郊、南郊的城市用地。在南郊元代飞放泊的基础上兴建南苑及团河行宫，作为习武、狩猎、阅兵的离宫。康熙时开始经营西郊的园林，始建畅春园，至乾隆时又建造清漪、静明、静宜诸园，以及圆明园。每年帝王园居时间甚长，朝官随班，警卫环布，成为都门之外的另一个政治中心。

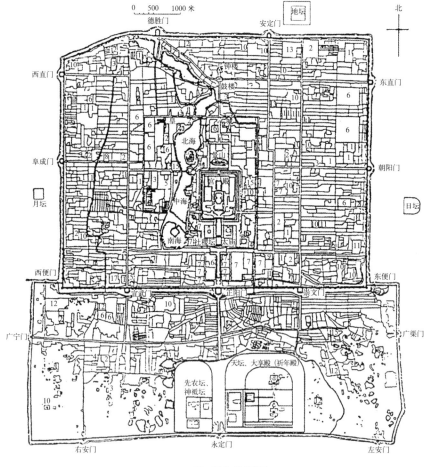

明、清北京城平面

1—亲王府；2—佛寺；3—道观；4—清真寺；5—天主教堂；6—仓库；7—衙署；8—历代帝王庙；
9—满洲堂子；10—官手工业局及作坊；11—贡院；12—八旗营房；13—文庙、学校；
14—皇史宬（档案库）；15—马圈；16—牛圈；17—驯象所；18—义地、养育堂

图 2-9-24　明、清北京城平面

宫殿建筑
故宫简介

故宫，又称紫禁城（图2-9-25）。按传统"外朝内廷"、"东西六宫"、"三朝五门"、"左文华右武英"、"左祖右社"来设计。它东西长760米，南北长960米，占地72万多平方米。周长3420米，墙高10米，外层用澄浆砖包砌，里面夯土。它共有四门：正南是午门；向东的名东华门；向西的名西华门；向北的，明朝叫玄武门，清康熙年间因避康熙帝名字玄烨之讳，改称神武门，沿用至今。紫禁城周围环有52米宽的护城河，城四角各有一座角楼，结构精巧，造型秀丽。宫城的正门——午门不仅是宫门，还是一座献俘和颁布诏令的殿宇。根据宫廷建筑的一般习惯，故宫也可以分作皇帝处理政务的外朝和皇帝起居的内廷两大部分。故宫中的乾清门，就是外朝和内廷之间的分界线。外朝以"三大殿"——太和殿、中和殿、保和殿为主，前有太和门，两侧有文华殿和武英殿两组宫殿。内廷以"后三宫"——乾清宫、交泰殿、坤宁宫为主，它的两侧是供嫔妃居住的东六宫和西六宫，也就是人们常说的"三宫六院"。最后还有一座御花园。宫城内还有禁军的值房和一些服务性建筑以及太监、宫女居住的矮小房屋。宫城正门午门至天安门之间，在御路两侧建有朝房。朝房外，东侧（左面）是皇帝祭祀祖宗的太庙（现为劳动人民文化宫），西侧（右面）是祭祀土神、谷神的社稷坛（现为中山公园）。宫城北部的景山则是附属于宫殿的另一组建筑群。

图2-9-25 北京故宫

故宫主要殿堂

外朝三大殿都建在汉白玉砌成的8米高的台基上，台基四周矗立成排的雕栏称为望柱，柱头雕以云龙云凤图案。前后各有三座石阶，中间石阶雕有蟠龙，衬托以海浪和流云的"御路"。

第一座是太和殿，最富丽堂皇的建筑，俗称"金銮殿"，是明清皇帝举行典礼的大殿，为展示皇权至高无上，所以规格最高（图2-9-26）。太和殿屋顶为重檐庑殿顶，殿高28米，东西63米，南北35米，面阔九间，进深五间，外有廊柱一列，是中国最大的木构殿宇。上檐十一踩斗栱，下檐九踩斗栱，二样琉璃（头样从未使用），3.4米高正吻。内部有直径达1米的大柱92根，其中6根围绕御座的是沥粉金漆的蟠龙柱，殿中间是封建皇权的象征——金漆雕龙宝座。上为蟠龙吊珠藻井，挂"正大光明"匾。御座设在殿内高2米的台上，前有造型美观的仙鹤、炉、鼎，后面有精雕细刻的围屏。整个大殿装饰得金碧辉煌，庄严绚丽。

图2-9-26　太和殿

第二座是中和殿，位于太和殿后（图2-9-27），是皇帝去太和殿举行大典前稍事休息和演习礼仪的地方。高27米，三开间正方形殿，单檐黄琉璃瓦四角攒尖顶，正中有镏金宝顶。

第三座是保和殿（图2-9-28），明初称谨身殿，后称建极殿，清称保和殿，是殿试进士及每年除夕皇帝赐宴外藩王公的场所。高29米，为重檐歇山九间殿，广9间，深5间。

图2-9-27　中和殿

内朝三宫。第一座乾清宫在故宫内庭最前面（图2-9-29）。清康熙前，此处为皇帝居住和处理政务之处。清雍正后，皇帝移居养心殿，但仍在此批阅奏报，选派官吏和召见臣下。乾清宫为重檐庑殿七间殿，嘉庆二年（公元1797年）重建。第二座交泰殿在乾清宫和坤宁宫之间，含天地交合、安康美满之意。明初时与乾清宫之间连以长廊，呈工字殿形；嘉靖时改建交泰殿。是座四角攒尖，镀金宝顶，龙凤纹饰的方形殿。明、清时，该殿是皇后生日举办寿庆活动的地方。清代皇后去祭先蚕坛前，需至此检查祭典仪式的准备情况。第三座坤宁宫（图2-9-30）在故宫"内庭"最后面。明时为皇后住所。清代改为祭神场所。其中东暖阁为皇帝大婚的洞房，康熙、同治、光绪三帝，均在此举行婚礼。

图2-9-28　保和殿

图2-9-29　乾清宫

故宫布局特征

整个故宫的设计思想更是突出地体现了封建帝王的权力和森严的封建等级制度（图2-9-25）。故宫中的主要建筑除严格对称地布置在中轴线上，特别强调其中的"三大殿"。三大殿的前面有两段作为序幕的布局。大清门至天安门为一段，天安门至午门又为一段，两旁长列的"千步廊"是个严肃的开端。午门之后有个小广场，在弯曲的金水河的后面矗立着外朝正门太

图2-9-30　坤宁宫

和门，三大殿就在其后。"三大殿"中又重点突出了举行朝会大典的太和殿。为此，在总体布局上，"三大殿"不仅占据了故宫中最主要的空间，前方广场面积达 2.5 公顷，有力地衬托出太和殿是整个宫城的主要空间。再加上太和殿又位于高 8 米分作三层的汉白玉石殿基上，使太和殿显得更加威严无比，远望犹如神话中的琼宫仙阙，气象非凡。至于内廷及其他部分，由于它们从属于外朝，故布局比较紧凑。

由大清门到坤宁宫，中轴线上共有八个庭院。它们形式不同，纵横交替，有前序，有主体。从大清门到天安门以千步廊构成纵深的庭院作前导，而至天安门前变为横向的广场，通过空间方向的变化和陈列在门前的华表、石狮、石桥等，突出了天安门庄重的气象。天安门至午门，以端门前略近方形的庭院为前导，而端门和午门之间，在狭长的庭院两侧建低而矮的廊庑（朝房），使纵长而平缓的轮廓衬托中央体形巨大和具有复杂屋顶的午门，获得了很好的对比效果。此外，故宫其他的许多小庭院轴线都与主轴线平行，并且与主要建筑具有密切联系，形成一个完整的艺术体系。

故宫艺术特色

黄琉璃瓦、汉白玉台基与栏杆（图 2-9-31，螭首）、红墙、青绿色调的彩画（图 2-9-32），这是北京宫殿色彩的基调，在蓝色天幕笼罩下，格外绚丽璀璨，显示了皇宫的豪华高贵、与众不同的氛围。按照"五行"说，青、白、红、黑、黄五方位色中的黄色代表中央，是皇帝所在。因此，琉璃瓦以黄色为最高等级。北京宫殿主要建筑用黄琉璃瓦以显皇威，即源于此。

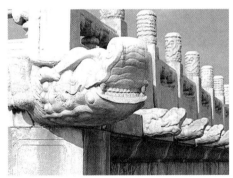

图 2-9-31　保和殿汉白玉台基与栏杆（左）
图 2-9-32　彩画（右）

宗教建筑

清代对宗教采取普遍开放的政策，尤对藏传佛教给予极大的重视。藏传佛教建筑具有神秘的艺术色彩，其空间布局、艺术造型、装饰风格等方面都有创造与发展，为传统佛教建筑增添了新的艺术营养，并为其他宗教建筑的发展提供了借鉴。其他宗教建筑同样有着某种发展与提高，如道教、伊斯兰教、汉传佛教与南传佛教等宗教建筑。

拉萨布达拉宫（图 2-9-33）。最大的喇嘛庙。该宫坐落在市北的玛布日山上。始建于唐代，清顺治二年（公元 1645 年）五世达赖喇嘛开始重建，历时五十余年才建成今日规模。布达拉宫东西总长 370 米，高 115.7 米，是一座融合宫殿、寺庙、陵墓，以及其他行政建筑在内的综合性建筑。它包括了山上的宫堡群、山脚下的方城和山后的花园三部分。山下方城内布置了地方政府机构、印经院及官员住宅。宫堡群是由红宫与白宫两大部分组成。红宫位于建筑主体的中央，是达赖从事宗教活动的地方，总高 9 层，因外墙刷成红色，故名红宫。下 4 层为地垄墙组成的基础结构，第五层中部是西大殿，为举行大规模宗教仪式和庆典的地方，上部 4 层建立了五座历代达赖圆寂后保存遗体的灵塔殿和二十余座佛殿。周围有回廊联系，中部空出为天井。红宫的平屋顶上建筑有镏金铜板瓦的歇山式小屋顶，金光闪烁，为布达拉宫增色不少。红宫的东边为白宫，因其墙面刷白而得名。白宫是达赖理政和居住的地方，总高 7 层，底层为结构层，二层东端为入口，三层为夹层，四层为达赖的主要宫殿，称东大殿，四层以上为中有天井的回廊式建筑，布置有摄政等人的办公处及厨房、仓库等，最高的第七层为达赖居住的东西日光殿。红宫、白宫的前面分别建造了两个广场。在西广场的下边顺山势建一陡峻的高墙，以备节日在墙壁上张挂巨大的佛像织物之用，故称晒佛台。此外，围绕宫堡群的四方建有四座防御性碉堡，以控制周围的形势。布达拉宫建造在山上，其四围房屋随山坡起伏，随宜建造，高大的建筑群与山丘混为一体，成为人造的山岩。山前层层叠起的漫长的石梯，巨大的外墙收分，建筑物立面由上至下逐渐变小的窗口所表现出的韵律感，单纯而丰富的色彩，都渲染出该建筑的浪漫性格。

呼和浩特市席力图召（图 2-9-34）。其主要建筑按轴线排列，完全采用汉族传统佛寺的制度，但在中轴线的后面布置了藏传佛寺特有的大经堂。大经堂重建于清康熙三十五年（公元 1696 年），平面分为前廊、经堂、佛殿三部分，全部建在高台上。屋顶为汉族建筑的构架形式。但整体平面及空间处理仍是藏传佛寺经堂的特有规制。建筑外墙镶嵌蓝色琉璃砖，门廊上面满装红色格扇窗，墙上镏金饰物也很多，这些都使大经堂在外形上显得很华丽，而无藏族寺院雄伟的气质。

承德藏传佛教寺院。在避暑山庄围绕离宫的东面和北面的山地上建有十一座藏传佛寺，现存八座，简称外八庙。即溥仁寺、普宁寺、溥佑寺、安远

图 2-9-33　拉萨布达拉宫（左）
图 2-9-34　呼和浩特席力图召（右）

庙、普乐寺、普陀宗乘庙、殊象寺、须弥福寿庙。这些寺庙的建筑形式是吸取了西藏、新疆，以及蒙古族居住地许多著名建筑的特点，集中了当时建筑上成功的经验而创造出来的。就建筑布局而言，大部分寺庙采用前汉后藏式，即前边平地部分按汉传佛寺的山门、碑亭、天王殿、大雄宝殿的轴线对称格局布置，而后部则以藏式大经堂或坛城式布局结合山势布置，成为汉藏建筑的叠加。如须弥福寿庙是仿西藏扎什伦布寺，其后部建造了一座方形大红台，把经堂建筑包蕴在内（图2-9-35）；又如普陀宗乘庙依山势而建，气势更为恢宏，其后部仿西藏布达拉宫，形成错落有致的红白台建筑，故有小布达拉宫之称（图2-9-36）；而普乐寺的后部做成一座方形高台，中心及周围布置殿、塔，以象征藏传密宗的诸神集会的曼荼罗形制；而最有感染力的是普宁寺后部的一组建筑，中央为大乘之阁，周围为象征四大部洲、八小部洲的台阁及四座喇嘛塔，外围是曲折的围墙，用以反映宗教经典中所描绘的佛国世界的空间构图形象。这些寺庙都以主体建筑的造型引人入胜，而且各不相同，绝对尺度都很大，皆建在寺院最高处，使优美的体型充分显露在一般建筑之上，极为壮观。如普宁寺大乘阁，高3层，外观6层檐口，逐层收进，上面分化成五座屋顶，造型稳重（图2-9-37）。普乐寺旭光阁为重檐攒尖顶圆形建筑，周围配置八座琉璃塔，形体富于变化（图2-9-38）；普陀宗乘庙的大红台利用山势修建，平面曲折，形体错落，在藏传佛教的艺术风格中，又加入若干汉族建筑手法，给人以雄壮而活泼的印象。

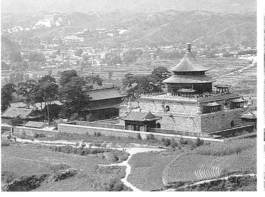

图2-9-35 承德须弥福寿庙（上左）
图2-9-36 承德普陀宗乘庙（上右）
图2-9-37 普宁寺大乘阁（下左）
图2-9-38 普乐寺旭光阁（下中）
图2-9-39 悬空寺插木为基，立木为柱（下右）

山西浑源悬空寺

悬空寺，位于北岳恒山脚下，悬挂在浑源县城南五公里处的金龙峡西侧翠屏峰的悬崖峭壁间（图2-9-39）。整个寺院，上载危崖，下临深谷，背岩依龛，寺门向南，以西为正。全寺为木质框架式结构，仅152.5平方米的面积建有大小房屋40间。悬空寺包括寺院、禅房、佛堂、三佛殿、太乙殿、关帝庙、鼓楼、钟楼、伽蓝殿、送子观音殿、地藏王菩萨殿、千手观音殿、释迦殿、雷音殿、三官殿、纯阳宫、栈道、三教殿、五佛殿等。殿楼的分布都对称中有变化，分散中有联络，曲折回环，虚实相生。整个殿楼布局紧凑，错落相依。所有殿楼均依崖壁凹凸，审形度势，顺其自然，凌空而构，看上去，层叠错落，变化微妙，使形体的组合和空间对比达到了井然有序的艺术效果。悬空寺建筑构造也颇具特色，屋檐有单檐、重檐、三层檐。总体外观，巧构宏制，重重叠叠，造成一种窟中有楼，楼中有穴，半壁楼殿半壁窟，窟连殿、殿连楼的独特风格，它既融合了我国园林建筑艺术，又不失我国传统建筑的格局。

园林建筑

清代园林的发展大致可分为三个阶段，即清初的恢复期、乾隆和嘉庆时代的鼎盛期、道光以后的衰颓期。清初的园林皆反映出简约质朴的艺术特色，建筑多用小青瓦，乱石墙，不施彩绘。乾隆、嘉庆年间除进一步改造西苑以外，还集中财力经营西郊园林及热河避暑山庄。圆明园内新增景点四十八处，并新建长春园及绮春园，通过欧洲天主教传教士引进了西欧巴洛克式风格的建筑，建于长春园的西北区。此时还整治了北京西郊水系，建造了清漪园这座大型的离宫苑囿，即为今日颐和园的前身。并对玉泉山静明园、香山静宜园进行了扩建，形成西郊三山五园的宫苑格局。乾隆时期继续扩建热河避暑山庄，增加景点三十六处及周围的寺庙群，形成塞外的一处政治中心。与此同时，私家园林亦日趋成熟，基本上形成了北京、江南、珠江三角洲三个中心。道光以后，国势急转直下，清廷已无力进行大规模的苑囿建设，仅光绪时重修了颐和园（清漪园）而已。

皇家园林

承德避暑山庄（图2-9-40～图2-9-42），亦称热河避暑山庄或热河行宫，始建于清康熙四十二年(公元1703年)，已经建成三十六景，占地面积560公顷，四周环以围墙，长达10公里。园内地形变化复杂，可划分为四大景区，即宫廷区、湖沼区、平原区、山峦区，分别表现出不同的景观特色。宫廷区由正宫、松鹤斋、万壑松风、东宫等四组建筑组成。正宫为清帝理政、晏居的地方。根据封建帝王前朝后寝制度，依中轴对称布局原则。松鹤斋一组建筑为奉养太后的居地。万壑松风在松鹤斋之北，后濒下湖，为宫廷区与湖沼区的过渡性建筑。东宫是清帝举行庆典宴会之所。为配合"山庄"这一主题思想，宫廷区的殿、堂、室、楼都采用朴素简洁的北方民居建筑形式，不用琉璃瓦及彩画进行装饰。湖沼区

图2-9-40 承德避暑山庄中心水景（左）

图2-9-41 承德避暑山庄山景（中）

图2-9-42 承德避暑山庄晨曦中的十七孔桥（右）

在宫廷区之北。大小有七个湖泊萦绕，形成了如意洲、青莲岛、金山、月色江声等几个较大的岛屿，构成以水景为主要题材的景区。康熙、乾隆曾几次到江南浏览名山胜水，对其玲珑典雅的写意山水园林深为赞赏，所以在山庄中仿建数处。如文园狮子林是仿苏州狮子林，天宇咸畅是仿镇江金山寺，青莲岛烟雨楼仿嘉兴烟雨楼，沧浪屿仿苏州沧浪亭等。平原区位于湖沼区之北。包括有万树园、永佑寺诸景，以及西部山脚下的宁静斋、千尺雪、玉琴轩、文津阁诸建筑。其中以万树园最具特色，在数百亩草地间，苍松翠柏，郁郁葱葱，独具北国草莽风光。山峦区在山庄西北部，占据山庄绝大部分，用地430公顷。其中包括有松云峡、梨树峪、松林峪、榛子峪、西峪等数条峪谷。起伏山峦成为湖沼区及平原区最好屏障，阻挡住冬季西北风的侵袭。山峦区园林布置的特点是最大限度地保持山林的自然形态，穿插布置一些山居型小建筑，不施彩绘，不加雕镂，清雅古朴，体量低小，并呈散点布置，远远望去完全淹没在林渊树海之中。其中最引人入胜的是松云峡，数里长峡遍植松柏，一路之上松涛鸟语，满目青翠，层峦叠嶂，云雾迷蒙，使人们完全进入一个幽静清绝的境界之中。

北京西郊的三山五园，是北京西郊一带皇家行宫苑囿的总称，它包括了香山静宜园（图2-9-43）、玉泉山静明园（图2-9-44）、万寿山清漪园、圆明园（图2-9-45）、畅春园（图2-9-46）五座大型皇家园林，是从康熙朝至

图2-9-43 香山静宜园（左）

图2-9-44 玉泉山静明园（右）

图2-9-45 圆明园（左）

图2-9-46 畅春园（右）

乾隆朝陆续修建起来的。西郊宫苑基本连成一片,中间以长河及玉河相互串通,并将沿途的农田、村舍纳入园林观赏范围之内。帝王乘御舟游弋在河湖行宫之中,除领略园林的人工美景,同时也将农家生活纳入画框之中,园内园外混为一体。此外,在三山五园之间尚穿插了贵族大臣赐园二十余座,更充实了这片规模巨大的风景园林区。由于地形各异,故各园皆有特异的园林形态,有人工山水园、天然山水园,也有天然山地园,基本汇集了传统园林的各类创作及各种园林构思。

颐和园 (图 2-9-47),坐落于北京西郊,是世界著名园林之一,也是中国古典园林之首。颐和园是世界上最广阔的皇家园林之一,总面积约 290 公顷。北京西郊的西山脚下海淀一带,泉泽遍野,群峰叠翠,山光水色,风景如画。从公元 11 世纪起,这里就开始营建皇家园林,到 800 年后清朝结束时,园林总面积达到了 1000 多公顷,如此大面积的皇家园林世所罕见。这个园子由万寿山和昆明湖组成,环绕山、湖间是一组组精美的建筑物。全园分三个区域:以仁寿殿为中心的政治活动区,以玉澜堂、乐寿堂为主体的帝后生活区,以万寿山和昆明湖组成的风景游览区。全园以西山群峰为借景,加之建筑群与园内山湖形势融为一体,使景色变幻无穷。万寿山前山的建筑群是全园的精华之处,41 米高的佛香阁是颐和园的象征。以排云殿为中心的一组宫殿式建筑群,是当年慈禧太后过生日接受贺拜的地方。万寿山下昆明湖畔,共有 273 间、全长 728 米的长廊将勤政区、生活区、游览区联为一体。长廊以精美的绘画著称,计有 546 幅西湖胜景和 8 千多幅人物故事、山水花鸟,1992 年以"世界上最长的长廊"列入吉尼斯世界之最 (图 2-9-48)。

图 2-9-47 颐和园示意图 (左)
图 2-9-48 颐和园长廊 (右)

私家园林

清代私家宅园达到了宋、明以来的最高水平,积累了丰富经验。首先是园林规划由住宅与园林分置逐渐向结合方向发展。在宅园内不仅可欣赏山林景色,而且可住可游,大量生活内容引入园内,提高了园林的生活享受功能。由此引发园内建筑类型及数量增多,密度增高,与宋、明以来的自然野趣欣赏性园林大为不同。其次,由于宅园盛行地区人口众多、用地昂贵,宅园必须在较少的空间用地条件下创造更丰富的景物,因此在划分景区或造景方面产生很多曲折、细腻的手法。再是，清代宅园叠山中应用自然奔放的小岗平坡式的土山较少，多喜用大量叠石垒造空灵、剔透、雄奇、多变的石假山，并出现有关石山的叠造理论及流派。这方面以戈裕良所造的苏州环秀山庄假山的艺术成就最为明显。这时期的宅园艺术中也大量引入相关的艺术手段，巧妙地处理花街铺地、嵌贴壁饰、门窗装修、屋面翼角、家具陈设、联匾字画、桥廊小品、花台石凳等项的艺术形式，为充分表达造园意匠开辟了更广泛的途径。当然，此时期由于物质享受要求深入园林创作之中，造成园林建筑过多，空间郁闭拥塞，装饰繁华过度，形式主义地叠山垒石。这些缺点，在一定程度上妨碍了中国传统山水园林意境的进一步发展与升华。

拙政园（图2-9-49）。中国四大名园之一，私家园林的典型代表。位于苏州市东北隅，始建于明正德四年间，为明代御史王献臣弃官归乡所建，取"拙者为政"之意得名。王献臣建园时，曾请著名画家文徵明为其设计蓝图。王献臣死后，园主人更换频繁。咸丰十年（公元1860年）太平军进驻苏州，拙政园为忠王府。现存园貌多为清末时所形成。拙政园占地62亩，是目前苏州最大的古园林，分东中西三部分。东部面积约31亩，现有景物大多为新建。中部为主景，面积约18.5亩，以水为中心，水的面积约占3/5。所有建筑几乎全部临水，环池有远香堂、南轩、澄观楼、浮翠阁、宜两亭、见山楼、枇杷园、玲珑馆等楼阁轩榭，并以漏窗、回廊相互联系，园内山石嶙峋，古木参天，绿竹万竿，花卉绚丽。西部面积约12.5亩，有曲折水面和中区大池相接。建筑以南侧的鸳鸯厅（图2-9-50）为最大。鸳鸯厅北半部名三十六鸳鸯馆，夏日可据此观看北池中的荷蕖水禽；鸳鸯厅南半部名十八曼陀罗花馆，冬季则可据此欣赏南院的假山、茶花。池北有扇面亭——"与谁同坐轩"，造型小巧玲珑。北山建有八角二层的浮翠阁，亦为园中的制高点。东北为倒影楼，同东南隅的宜两亭互为对景。拙政园的特点是园林的分割和布局非常巧妙，充分采用了借景和对景等造园艺术，代表了明代园林建筑风格。

图2-9-49 拙政园（左）

图2-9-50 鸳鸯厅（右）

居住建筑

民居建筑是与社会经济生活、政治制度、民间习俗、技术条件等最为密切相关的建筑类型。与明代相比较，清代社会诸多因素推动了清代民居的发展变化。具体表现如下：

兄弟民族普遍地接受了汉族的四合院形制。清代各民族间在民居形式上相互吸收融合，取长补短，努力发展自己的特点，形成丰富多彩并有个性的民族民居。例如：藏式碉房建筑形式移入蒙古族地区及京畿热河地区；回族建筑接受了汉式结构方式及装饰手法；苗族、壮族、彝族的一部分地区亦采用汉族的建筑方式等。清代人口增长迅猛，住房的密集程度明显提高。导致建筑平面更紧凑，发展了多层建筑，在山区丘陵建房，封火山墙普遍使用等。商品经济对民居的影响逐渐具体化，采取下店上宅的形式与专供出租的民居形式。清代的手工艺术品制作十分发达，在民居建筑上，引用工艺技法装饰内外檐装修，形成清代建筑艺术上的装饰主义倾向。中国传统民居向来以使用木材为主要结构材料，但入清以来木材积蓄日渐稀少，迫使匠人及业主不得不另寻新的结构材料及构造形式，以满足大量民居的建造。此外，由于社会的经济财富相对集中于一大批富商、官僚手中，使他们有可能建造规模宏阔、质量考究、院落相套的大宅院，并附建有花园、花厅等。基于防卫的要求，很多大宅院多建有碉楼、炮楼，以及避难楼等设施。东南沿海村镇亦建有碉楼，或在楼房民居外墙增设炮眼以防盗。

陵墓建筑

清代东、西陵建筑完全是继承了明代陵制。清代各陵的礼仪建筑设置如碑亭、石象生、隆恩殿（明代称祾恩殿）、方城明楼等，皆按轴线展开，形成有序的空间层次。

河北遵化清东陵（图2-9-51），是顺治、康熙、乾隆、咸丰、同治五代皇帝和后妃的陵寝，北有燕山余脉昌瑞山为屏蔽，中有西大河、来水河流贯其间，山水灵秀，风景绝佳。其中顺治的孝陵是陵区的主陵，其他各陵依序排列两旁。孝陵的轴线布局气魄雄大，自南至北长达十余里，排列着石坊、大红门、圣德神功碑亭、十八对石象生群、龙凤门、神路桥、碑亭、隆恩门、隆恩殿、三座门、二柱棂星门、石五供、方城明楼，最后为宝顶地宫等一系列陵寝建筑。

河北易县清西陵（图2-9-52）。是雍正、嘉庆、道光、光绪四代皇帝和后妃的陵寝，以雍正的泰陵为主陵。西陵的地形选择远不如东陵，数陵横列于永宁山南坡，并没有形成组合群体。西陵各陵布局与东陵大同小异，具有特色

图 2-9-51　清东陵（左）

图 2-9-52　清西陵（右）

的是雍正泰陵大红门前的石坊群，东、西、南三面各建一座六柱五间十一楼石牌坊，围合成一个广场空间，形成宏阔的入口气势。

建筑特色

1．清代建筑技术受木材资源日渐匮乏的影响，对传统木构架技术进行改造，逐步增加砖石材料的应用范围，砖石承重或砖木混合结构形式增多。新的多样性的建筑材料不但使建筑技术有了进步，而且使建筑外貌有了更大的改观。

2．作为传统建筑结构的主体形式的木构架技术亦有许多改进。清代大型建筑的内檐构架基本上摆脱了斗栱的束缚，使梁柱直接榫接，形成整体框架。尤其在拼合梁柱技术、多层楼阁构架、大体量建筑构架、重椽草架及复杂的结顶技术方面，更有突出的成就。

3．清代为加强建筑业的管理，曾于雍正十二年（公元1734年）由工部编定并刊行了一部《工程做法》的术书，作为控制官工预算、作法、工料的依据。改宋式的以"材"、"栔"为模数的方法为以"斗口"为模数，简化了计算，标准化程度提高。著名的建筑师为七世世袭的"样房"雷氏家族，人称"样式雷"，他们制作的建筑模型称为"烫样"。

4．清代建筑的艺术风格亦有很大改变。更着眼于建筑组合、形体变化及细部装饰等方面的美学形式。

5．清代建筑艺术在装饰艺术方面更为突出，它表现在彩画、小木作、栏杆、内檐装修、雕刻、塑壁等各方面。清代建筑装饰艺术充分表现出工匠的巧思异想与中国传统建筑的形式美感。

➤ 相关链接

北京简称京。元、明、清三个朝代的国都。1949年中华人民共和国成立，北京成为首都。北京是世界闻名的历史古城、文化名城。是全国的政治、经济、交通和文化中心。这里荟萃了中国灿烂的文化艺术，留下了许多名胜古迹和人文景观。

地理位置	北京市雄踞华北大平原北端。北京的西、北和东北，群山环绕，东南是缓缓向渤海倾斜的大平原。北京的地势是西北高、东南低。西部是太行山余脉的西山，北部是燕山山脉的军都山。全市土地面积16807.8平方公里。市中心地区（即旧城区，东西以二环路为界，南北以护城河为界）面积62.5平方公里
人口	截止到2003年底，北京常住人口1456万人。民族：北京市有56个民族，少数民族人口为480384人，占全市总人口数的3.84%。人口在万人以上的少数民族有回族、满族、蒙古族，此外，人口在千人以上的还有朝鲜族、壮族、维吾尔族、苗族、土家族、藏族
区号与邮编	086－010；100000

主要景点	全市共有文物古迹7309项，其中国家级文物保护单位42个，市级文物保护单位222个。天安门广场、皇宫紫禁城、祭天神庙天坛、皇家花园北海、皇家园林颐和园、八达岭、慕田峪、司马台长城以及世界上最大的四合院恭王府……
交通	航空、铁路和公路都非常发达便利。 市内出租车、公交车、地铁也是四通八达
气候	北京的气候为典型的暖温带半湿润大陆性季风气候，夏季炎热多雨，冬季寒冷干燥，春、秋短促。年平均气温10~12℃，极端最低-27.4℃，极端最高42℃以上。降水季节分配很不均匀，全年降水的75%集中在夏季，7、8月常有暴雨
文娱	京剧融南北戏剧之长，形成行当齐全、表演精湛、内容广泛、人才辈出的艺术，是中国戏剧的代表剧种，其影响极为深远。评剧历史虽短，但生活气息浓郁，刻画人物细腻生动，唱腔甜润，深受欢迎。相声艺术则以辛辣幽默征服了广大群众
饮食	京菜由地方菜、清真菜、宫廷菜、官府菜等融合而成，口味浓厚清醇，质感多样，菜品繁多，四季分明。而以北京"填鸭"制成的烤鸭，更是驰名中外。北京小吃品种极多，爆肚、灌肠、豆腐脑、豆汁、炒肝、面茶、羊头肉、卤煮火烧、艾窝窝、蜜麻花、炸糕、豌豆黄等应有尽有
购物	富有东方特色的工艺美术品吸引着游客的目光，这些工艺品历史悠久，如景泰蓝、玉器、丝绸刺绣等。北京还有一些民间手工艺品，如泥人、京剧脸谱、风筝、剪纸等，琉璃厂是最好的购买去处。此外，秀水街是外国人经常购买中国服装的市场，潘家园是买卖古玩的市场。王府井大街、前门大栅栏、西单是北京著名的三大商业区
求助热线	消费者协会投诉电话：96315；市出租汽车调度中心叫车电话：68373399，北京旅游热线投诉电话号码：65130828

中国近现代建筑

上海外滩

　　中国近现代建筑史原则上是按照中国通史的分期，也就是说是记述 1840 年鸦片战争以后到 20 世纪末的建筑成就。这 100 多年间，中国建筑风格的变化是巨大的，其中既有与西方建筑风格平行发展的一般类型，也有受中国本土社会文化制约的特殊类型。而新内容、旧形式和中外建筑形式能否结合、怎样结合，一直是近现代建筑风格变化的主线。寻求时代风格与民族风格相结合的道路，一直是建筑艺术创作的主题。

第十章
中国近代建筑

➤ 关键要点

装饰艺术风格（Art Deco）

起源于 1925 年在法国巴黎举办的现代工业装饰艺术国际博览会，指的是流行于两次世界大战期间，大约 20 世纪 20 年代至 30 年代的一种艺术风格。属于现代建筑的分支之一。此风格演变自 19 世纪末的新艺术运动，不仅反映在建筑设计上，同时也影响了当时美术与应用艺术的设计格调，如家具、雕刻、服装、珠宝与图案设计等。装饰艺术风格也成为 20 世纪 30 年代上海建筑的主流风格，如大光明电影院、百老汇大厦等摩登建筑。

➤ 知识背景

历史背景

中国近代史始自 1840 年中英鸦片战争爆发，止于 1949 年中华人民共和国成立，历经清王朝晚期、中华民国临时政府时期、北洋军阀时期和国民政府时期，是中国半殖民地半封建社会从形成到瓦解的历史。

鸦片战争前，中国是一个独立自主的封建制国家。但由于清王朝政权腐朽、妄自尊大，国家已危在旦夕。1842 年，英国强迫清政府签订《中英南京条约》，中国从此沦为半殖民地半封建社会。鸦片战争后，西方资本主义列强通过不平等条约向中国大量输出商品和资本，逐渐冲击着中国封建经济。1894 年，《马关条约》的签订，大大加深了中国社会的半殖民地化。1901 年，《辛丑条约》的签订，标志着中国半殖民地半封建社会的形成。

1911 年，孙中山领导的资产阶级民主革命——辛亥革命，是中国历史上第一次反帝反封建的资产阶级民主革命，推翻了清王朝的统治，结束了在中国延续两千多年的君主制度，建立了资产阶级民主共和国。它使民主共和的观念深入人心，沉痛地打击了帝国主义的殖民统治。新文化运动冲击了封建主义的思想、道德和文化，开启了思想解放的闸门。中国在饱受列强欺凌、被迫开放的环境中不断进行着经济、政治和思想文化的变革，中国的近代化艰难起步，社会结构开始逐步从传统社会向近代社会转型。

1919年爆发的五四爱国运动，标志着资产阶级领导的旧民主主义革命的结束和无产阶级领导的新民主主义革命的开始。1921年中国共产党成立，中国革命的面貌从此焕然一新。第一次国共合作推动了国民革命运动的高涨。国共合作破裂后，中国共产党为反抗国民党统治，进行工农武装革命，开始了中国革命道路的艰难探索。

1931年日本帝国主义发动九一八事变，中华民族面临严重的民族危机，全国抗日救亡运动不断高涨。1937年日本帝国主义发动七七事变，中华民族全面抗战从此开始。中国人民经过八年浴血奋战，终于第一次取得了近代以来反侵略战争的彻底胜利。

抗日战争胜利后，中国面临着两种命运、两个前途的决战。中国共产党为争取和平民主作出了很大努力，但是国民党政府在美帝国主义支持下悍然发动内战。中国共产党领导人民进行了三年多的解放战争，终于在1949年推翻了国民党在中国大陆的统治，取得了新民主主义革命的伟大胜利。

➤ 建筑解析

从1840年鸦片战争爆发到1949年中华人民共和国成立，中国建筑呈现出中西交汇、风格多样的特点。虽然传统的中国旧建筑体系仍然占据数量上的优势，但戏园、酒楼、客栈等娱乐业、服务业建筑和百货、商场、菜市场等商业建筑普遍突破了传统的建筑格局，扩大了人际活动空间，树立起中西合璧的样式。西方建筑风格也呈现在中国的建筑活动中，在上海、天津、青岛、哈尔滨等租界城市，出现了外国领事馆、洋行、银行、饭店、俱乐部、教堂、会堂等外来建筑。同时也出现了近代民族建筑，这类建筑较好地取得了新功能、新技术、新造型与民族风格的统一。新与旧、中与西这两对矛盾的复杂交织构成了中国近代建筑的特殊面貌。

以钢铁、水泥为代表的新的建筑材料及与之相应的新的结构方式、施工技术、建筑设备等的应用，都极大地冲击着传统的以木结构和手工业施工为主的建筑方式；新的生活和生产方式使人们的审美情趣等也发生了变化。总体上已发展到终点的中国古典建筑体系在近代已逐渐淡出，新建筑已成了中国建筑的主导方向。

外来形式建筑

早在明代，中国就出现了西式教堂。清初在圆明园还建造了"西洋楼"，由在清廷供职的西洋画师设计，水平并不高，基本采取西方文艺复兴后出现的巴洛克风格。西方建筑形成潮流的涌入是在1840年鸦片战争以后。20世纪初以来，随着西方近代和现代建筑的发展，面貌与西方同时期的建筑完全一样的"洋房"，首先在各大城市的租界大量出现。其发展大致可分为三个时期：

第一时期是20世纪20年代以前，先是流行古典主义，模仿西方文艺复兴建筑形式，然后是集仿主义，拼凑西方各种古代建筑形式于一身，处于古典复兴、浪漫主义经折中主义、新艺术运动向现代建筑转化的变革时期。代表建筑：由外国设计师设计——上海外滩建筑群，如上海外滩英商汇丰银行、上海外滩江海关；由中国设计师设计——北京清华大学大礼堂（图2-10-1）、北京大陆银行、天津盐业银行、南京东南大学图书馆（图2-10-2）等。

图2-10-1　清华大学大礼堂（左）
图2-10-2　东南大学图书馆（右）

第二时期是20世纪20～30年代，建筑形式大多已向现代"摩登建筑"的方向转化。在上海、天津、南京、武汉、青岛、大连、沈阳、长春、哈尔滨等地出现了现代建筑式样，或称"摩登式"、"现代风格"、"万国式"、"国际式"、装饰艺术风格（Art Deco），其中包含有为数不多但较纯粹的现代主义风格的作品。代表建筑：萌芽时期——沙逊大厦、上海华懋饭店、都城饭店、北京清华大学化学馆（图2-10-3）、沈阳东北大学图书馆等；雏形时期——上海河滨大厦、百老汇大厦（上海大厦）、毕卡地公寓（现为衡山宾馆）、天津中原公司等；发展时期——大连火车站、南京馥记大厦（图2-10-4）和24层的上海国际饭店等。

第三个时期是20世纪30年代末以后即抗日战争到中华人民共和国建立以前，除东北伪满时期由日本人促成的仍属西方折中主义的所谓"兴亚式"建

图2-10-3　清华大学化学馆（左）
图2-10-4　南京馥记大厦（右）

筑外，建筑活动不多。代表建筑：伪满洲国国务院及其他伪满洲八大部大楼（图2-10-5 为伪满洲国"交通部"大楼）等。

典型代表
清华大学大礼堂

由"中国第一建筑师"之称的庄俊与美国建筑师墨菲设计建造。大礼堂建成时是国内高校中最大的礼堂，建筑面积 1840 平方米，高 44 米。大礼堂的建筑具有意大利文艺复兴时期的古罗马和古希腊艺术风格，罗马风格的穹隆主体，开敞的大跨结构，汉白玉的爱奥尼柱式门廊。整个建筑下方上圆，庄严雄伟。

上海外滩建筑群
外滩核心建筑

亚细亚大楼（图 2-10-6），被誉为"外滩第一楼"，建成于 1906 年，原名麦克波恩大楼。高 8 层，建筑面积 11984 平方米，占地 1739 平方米。大楼外观具有折中主义风格。正立面呈巴洛克式建筑风格，立面为横三段，竖三段式。由于建筑进深大，中央设有天井，有利于通风和采光。大门左右各有两根爱奥尼柱，门内又有小爱奥尼柱。门上有半圆形的券顶，饰以花纹。底层拱券用镇石，外墙用石面砖，总体为钢筋混凝土框架结构。大楼气派雄伟，简洁中不乏堂皇之气。

图 2-10-5 伪满洲国"交通部"大楼（左）
图 2-10-6 亚细亚大楼（右）

东风饭店（图 2-10-7），建于 1911 年，属于文艺复兴风格的建筑，外貌既效法英国古典主义，又参照日本帝国大厦，故而得"东洋伦敦"别称。其始建于中山一路 2 号时，是当时上海最豪华的俱乐部——上海总会。大楼一楼为餐厅，二楼为国际海员俱乐部，其余均为客房。大楼中所使用的别致的三角形电梯是西门子公司制造的，距今已有 90 年的历史。

有利银行大楼（图 2-10-8），位于中山东一路 4 号，现为新加坡佳通私人投资有限公司，原名联合大楼，为美国有利银行所有。大楼于 1916 年建成，楼高 7 层，整体仿效文艺复兴建筑风格。窗框多采用巴洛克艺术富有旋转变化的图案，大门有爱奥尼立柱装饰，高大的落地窗既有利于采光，又增添楼宇气势。整幢建筑是以门为中心的轴对称图形，故而给人以平和的感

图 2-10-7 东风饭店
（左）
图 2-10-8 有利银行
大楼（右）

受。现在的有利大楼是一个汇集了当代时装、艺术、餐饮、文化及音乐之都市生活地标。

日清大楼（图 2-10-9），将日本近代西洋建筑与古典建筑风格相糅合，被人们称为"日犹式"。该楼是由日本清汽船株式会社与犹太人合资建造。它建于 1925 年，位于中山东一路 5 号，楼高 6 层，占地 1280 平方米，立面为三段式，中 3 层装饰比较简明，底 2 层和顶层有古典立柱、拱券和山花，凹凸感强。整个建筑立面均用花岗石贴砌，与外滩的其他建筑交相辉映。日清大楼现由华夏银行和锦都实业总公司使用。

中国通商银行大楼（元芳大楼，见图 2-10-10），位于中山东一路 6 号。1897 年，中国人自筹资金开设第一家银行——中国通商银行，此楼则为其办公大楼，现今则是香港侨福国际企业有限公司所在地。该楼是一幢假 4 层的哥特式建筑。大楼第四层有五个尖顶屋面，原先还有十字架。大楼第四层是尖券形的窗户，一、二层是典型哥特风格的花窗棂窗户。这幢即将走过一个世纪的欧式建筑的意义远不止停留在其历史性与艺术性。可以说，就是它在中国金融史上画上了开篇性的一页。

大北电报公司大楼（图 2-10-11），位于中山东一路 7 号，是一座文艺复兴式风格的大楼。该建筑注重统一、对称、稳重，外立面装饰甚为讲究。每层都采用了古典风格的柱子，或用来承重，或只作为装饰。窗户四周图形多样，

图 2-10-9 日清大楼
（左）
图 2-10-10 中国通商银行大楼（右）

立体感强，近似巴洛克式。它的黑
顶白窗形成了鲜明的对比，同时也
不失一种优雅的感觉。自 1908 年
建成以来，它已四度易主，最早称
为大北电报公司大楼，后为中国通
商银行及长江航运公司所用，现为
盘谷银行上海分行。

图 2-10-11　大北电
报公司大楼

　　浦东发展银行大楼（图 2-10-
12），位于中山东一路 10～12 号，
属新希腊建筑，建于 1923 年，原系美商汇丰银行上海分行。美国当时将这座
建筑自诩为从苏伊士运河到远东白令海峡的最讲究的建筑。建成时，大楼门前
放了两只引人注目的大铜狮，据说狮子铸成后，立刻就将铜模毁掉了。从而使
这对铜狮成为绝版珍品，现已被送入上海历史博物馆。该楼八角形门厅的顶部，
离地面 20 多米高处，有 8 幅由几十万块仅几平方厘米的彩色马赛克镶拼成的
壁画。它宽 4.3 米，高 2.4 米，分别描绘了 20 世纪初上海、香港、伦敦、巴
黎、纽约、东京、曼谷、加尔各答等 8 个城市的建筑风貌，并配有神话人物形
象。还有 24 幅为神话故事中动物的形态，顶部巨大的神话故事壁画，总面积
近 200 平方米。世纪壁画间有一圈美文，译为＂四海之内皆兄弟，其象征了在
新世纪到来之际，整个世界的和平繁荣＂。

　　上海海关大楼（图 2-10-13），位于中山东一路 13 号，是汇丰银行的＂姊
妹楼＂，建于 1927 年，雄伟挺拔，与雍容典雅的汇丰银行大楼齐肩并列，相得
益彰。上海海关大楼结合了欧洲古典主义和文艺复兴时期建筑的优点，大楼门
楣由四根巨大的罗马花岗石圆柱支撑，以高耸的钟楼为轴线，气势非凡，建筑
造型属新古典派希腊式，上段的钟楼则为哥特式，有 10 层楼高，是仿英国国
会大厦的大钟制造，在英国造好后运到上海组装。据说花了白银 2 千多两，是
亚洲第一大钟，也是世界著名大钟之一。海关大楼巍然屹立在浦江之滨，它那
铿锵、激昂的钟声象征着庄严，象征着使命。

图 2-10-12　浦东发
展银行大楼（左）
图 2-10-13　上海海
关大楼（右）

图 2-10-14 交通银行大楼（左）
图 2-10-15 台湾银行大楼（右）

交通银行大楼（图 2-10-14），位于中山东一路 14 号，建于 1940 年，占地 1908 平方米，建筑面积为 10088 平方米，属近现代主义风格。建筑设计强调垂直的线条，外立面简洁明朗。底层外墙用黑色大理石贴面，庄严华贵。进门两侧有紫铜栏杆装饰的人造环形大理石扶梯，上到二楼大厅，满目红色，富丽堂皇。厅内 36 根圆形柱子的下半部分以及大厅四周墙壁均由红色瓷砖铺贴、装饰，地坪也是红色地砖铺成。大楼外观的凝重与内部的热烈使其别具特色，在古典建筑丛中更显现代气息。

台湾银行大楼（图 2-10-15），位于中山东一路 16 号，现为招商银行上海分行之所在。该楼兴建于 1924 年，占地 904 平方米。整体上属于日本近代西洋建筑风格。东立面配有四根罗马科林斯式柱子，从而使其富有欧洲古典建筑风格，这不禁让人想起具有"东洋伦敦"之称的东风饭店。这些楼与楼之间内在或外在的联系，使得外滩的建筑尤显和谐统一，形成一种整体的美感。

友邦大厦（原桂林大楼、字林大楼，见图 2-10-16），位于中山东一路 17 号，这里曾是外国在上海开设的最大的新闻出版机构——《字林西报》馆。友邦保险公司于 1998 年正式整修入驻，故将其改名为"友邦大厦"。大楼的立面分三个层次：第一层以粗糙的大石块为贴面；第二层用水泥粉刷；第三层两侧为穹形券窗，加配以造型优雅的塔顶，尽显了建筑的变化及文艺复兴时期艺术的匀称、和谐。

和平饭店南楼（原汇中饭店，见图 2-10-17）。漫步外滩，有一幢白清水砖墙、红砖腰线的建筑特别引人注目，这座美国风格的 6 层楼房就是和平饭店南楼，它位于中山东一路 19 号，原名中央饭店。这座建于 1906 年的饭店具

图 2-10-16 友邦大厦（左）
图 2-10-17 和平饭店南楼（右）

有深远的历史意义。1909年"万国禁烟会"就在这里举行；1911年中国同盟本部也在该饭店召开了孙中山就任临时大总统欢迎大会；1996年联合禁毒署又在此举办"上海国际兴奋剂会议"，并为"万国禁烟会"立会址标志。这一系列具有纪念价值的史实为和平饭店南楼增添了更多辉煌。

怡和洋行大楼（图2-10-18）。自从1943年上海开埠后，国外商家纷纷开设洋行，怡和洋行就是最早的几家之一。此后英商在这里开展了大量的贸易活动。怡和洋行大楼位于中山东一路27号，是一座文艺复兴风格的建筑。大楼一、二层为一段，用花岗石垒砌，轴线明显，大门和双侧窗框都用罗马半圆拱券石拱造型，正门上方有羊头浮雕装饰，显得庄重坚实；第三至五层又一段，有罗马科林斯柱式支撑，气魄雄伟，显示出浓郁的西欧古典色彩，第三层有石栏杆阳台，整段窗框上方有石雕镶嵌。第五层上方原有的平台、穹顶被拆除，已加高至7层。大楼现为上海市外贸局等单位。

格林邮船大楼（怡泰邮船大楼，见图2-10-19），1949年后上海人民广播电台长期在此播音，故又名广播大楼。1868年德商禅臣洋行买下中山东一路28号，建造了一幢2层楼的"东印度式"建筑。第一次世界大战后，中国接管德国在华产业，28号房地产被英商怡泰公司收购。怡泰公司于1920年重建新楼，并于1922年建成此楼。大楼为7层，高27.5米，占地面积为1951平方米，建筑面积为12825平方米。大楼正大门设计在北京东路2号，大门和边门均设计为罗马拱券，大门上有券形花环装饰，两侧建有花岗石古典柱式，从地面勒脚到二层的外墙均用花岗石贴面。在临外滩的屋顶上设计了一座塔楼，犹如巨轮上的瞭望台。

东方大楼（图2-10-20），位于中山东一路29号，原是法国东方汇理银行上海分行。曾长期为上海市公安局交通处使用，现为中国光大银行上海分行。大楼强调立面装饰和处理，尤为注重建筑自身的比例。其上面是贯通的爱奥尼巨柱，两侧厚实的墙面横向划分为三段，顶部出檐较深，并有精致的雕刻。底层门窗形成三个高大的楼门，居中是线状的浮雕。另外，大楼在小构体上也精雕细凿、力求完美，可谓是巴洛克式的经典之作。

图2-10-18　怡和洋行大楼（左）
图2-10-19　格林邮船大楼（中）
图2-10-20　东方大楼（右）

外滩周边建筑

除了上述地处外滩的大厦外，外白渡桥、上海大厦以及气象信号台与外滩的这些建筑浑然一体，勾勒出了一幅完整的"万国建筑博览"的画卷。

外白渡桥（图2-10-21），位于黄浦公园西侧，架在中山东一路、东大名路之间的苏州河河段上，是上海第一座钢铁结构桥，跨度52.16米，宽18.3米，是上海市区连接沪东的重要通道，过桥人流量、车流量很高。因它处于旧时的外摆渡处，人们过桥不付费，故称外白渡桥。

上海大厦（图2-10-22），由主楼和副楼组成，位于外白渡桥的北侧。这是一幢早期现代派风格的八字式公寓结构。外部处理与内部装修简洁明朗，外观气势宏伟。主楼原名"百老汇大厦"，副楼又名"浦江饭店"。现为三星级宾馆，饭店设有中、美、英、法、日、阿拉伯六国特色高级套房，曾接待许多国家元首及中外游客。

图2-10-21 外白渡桥（左）
图2-10-22 上海大厦（右）

气象信号台（外滩天文台，图2-10-23），外滩标志性建筑之一，被列入全国重点保护的建筑物。1884年，法国天主教会创建的徐家汇天文台，在"洋泾浜"外滩（今延安东路外滩）设立气象信号台，此时的信号台仅是直竖地上的一根长木杆，根据天文台传来的气象信息挂出不同的信号旗。1907年，重建圆柱形的气象信号台，总高50米，塔高36.8米，属古典装饰主义建筑，为阿托奴博风格（ATONOBO），设计师是马蒂（Marti）。

上海南京路建筑

大光明电影院，1933年落成，由被誉为中国近代新风格先锋的匈牙利建筑师邬达克设计（图2-10-24），是装饰艺术风格的代表作。该建筑立面被处理成横竖线条交叉构图形式，采取乳黄色曲面外墙，使用大片玻璃窗及方形玻璃灯柱，室内顶棚及墙面线脚自然流畅，一反复古样式的繁琐常态，

图2-10-23 气象信号台

> **小贴士：**
> 在全球范围内阿托奴博风格的建筑仅有两栋，另一个在万里之外的挪威。为保护这个建筑物，1993年外滩改造工程中，将它向东南整体移位22.4米，工程耗资人民币540万元。

立刻受到众人瞩目。与沙逊大厦的过渡性特征不同，它已成近代典型的摩登建筑。

国际饭店，于1934年落成，由邬达克设计（图2-10-25）。大楼24层，其中地下2层，地面以上高83.8米，钢框架结构，钢筋混凝土楼板，它是当时全国，也是当时亚洲最高的建筑物，并在上海一直保持建筑高度最高纪录达半个世纪。该建筑位于上海南京西路，用地局促，平面布置成工字形，立面采取竖线条划分，前部15层以上逐层四面收进成阶梯状，造型高耸挺拔，是20世纪20年代美国摩天楼的翻版。

图 2-10-24 大光明电影院（左）
图 2-10-25 国际饭店（右）

沈阳建筑

伪"满洲国"国务院，是伪八大部建筑群中的主要建筑，位于长春市新民大街2号，始建于1933年2月，建成于1936年。此处原为"总务厅"和"参议院"的办公楼，现为吉林大学医学院基础教学楼（图2-10-26）。建筑设计风格仿日本国会大楼。该建筑外观呈山字形，当中的屋顶呈塔状。主体建筑共5层，两翼各4层，在出入口门厅处，立着两根方边柱和四根圆柱。楼顶以棕色琉璃瓦覆顶，外墙饰以咖啡色瓷砖贴面。

民族形式建筑

早在19世纪后半叶，已经出现了近代民族形式建筑的雏形。从20世纪20年代起，近代民族形式建筑活动进入鼎盛期，尤其是在20世纪20年代末到30年代末大约十年间达到高潮。

早期代表

近代民族形式建筑的雏形最初有两类：第一是新功能、旧形式建筑（传统的庙宇、衙署），如上海早期江海关（1857年）、上海江南制造局机械厂（1865年）、上海杨浦发电厂等；第二是中国式教会建筑，按新功能设计平面，但沿用当地建筑形式，如上海浦东教堂（1878年）、圣约翰学院（1894年）和北京中华圣公会教堂（1907年，见图2-10-27）等。

图 2-10-26 伪"满
洲国"国务院（左）
图 2-10-27 北京中
华圣公会教堂（右）

形成背景

1. 五四运动以来，民族意识高涨，"发扬我国建筑固有之色彩"成为建筑界和社会的普遍呼声。

2. 国民政府推行中国本位文化政策，在当时制订的《首都计划》和《上海市中心区域规划》中，对建筑风格都指定采用中国固有形式。

3. 当时中国建筑师占主导地位的仍是学院派的设计思想，很自然地把运用中国民族形式当作折中主义的一种式样来创作，一些外国建筑师也投入了这一行列。于是，在南京、上海、北京等地建造的一批公共建筑中，涌现出一幢幢不同式样的民族形式的新建筑。

基本类型与特点

在 20 世纪 20 ~ 30 年代，与西方建筑在中国流行同时，"民族形式"的建筑运动也呈现出活跃的态势，其形式处理大致有三种方式。

第一种"民族形式"建筑是复古式，仿照中国古代建筑形式，用钢筋混凝土等现代建筑材料与技术建造出来。以这种方式建造的大都是一些功能比较单纯的纪念性建筑。代表建筑：原南京中央博物院"大殿"（1936 年，梁思成顾问，徐敬直、李惠伯设计，见图 2-10-28）、灵谷寺阵亡将士纪念塔、中山陵园藏经楼（1937 年，卢树森设计，见图 2-10-29）、燕京大学（现北京大学）未名湖塔等。

第二种"民族形式"建筑是古典式，用于功能要求比较复杂的大型建筑中。平面设计依照西方现代建筑模式，而其外貌却是中国传统建筑的。代表建筑：南京中山陵、原上海市政府大楼（1929 ~ 1934 年，董大酉设计）、南京中央

图 2-10-28 南京中
央博物院"大殿"（左）
图 2-10-29 中山陵
园藏经楼（右）

研究院、北京辅仁大学、武汉大学、南京金陵大学（图2-10-30）、北京协和
医院（图2-10-31）、原北京图书馆、广州中山纪念堂（1928年，吕彦直设计，
图2-10-32）等。

第三种"民族形式"建筑是折中式，出现在人们开始对此前的作品产生
怀疑以后，进一步简化了形式，与西方现代建筑相当接近，只是局部运用了一
些中国古代建筑的装饰元素。代表建筑：南京原国民政府外交部大楼（1933年，
赵深、陈植等设计，见图2-10-33）、北京交通银行（1930年，杨廷宝设计）、
南京原国民大会堂（图2-10-34）、上海中国银行（1936年，公和洋行和陆谦
受联合设计）、上海江湾体育馆（图2-10-35）等。

图 2-10-30　南京金
陵大学（左）
图 2-10-31　北京协
和医院（右）

图 2-10-32　广州中
山纪念堂（左）
图 2-10-33　南京原
国民政府外交部大楼
（右）

图 2-10-34　南京原
国民大会堂（左）
图 2-10-35　上海江
湾体育馆（右）

典型代表
南京中山陵

建于1926年（图2-10-36）。南京中山陵在南京紫金山南麓，在入口设
石牌坊，以缓坡经长长的神道抵正门，再至大碑亭，过亭后坡度加大，以很
宽的台阶和平台相间次第上升，直达祭堂。全程坡度由缓而陡，造成瞻仰者
逐步加强的"高山仰止"的严肃气氛。宽阔的大台阶把尺度不太大的祭堂和

其他建筑连成一个大尺度的整体，取得庄严的效果。陵墓总平面呈钟形，寓意＂警钟＂。

祭堂平面前部近方，四角各有一个角室；后部以短甬道连接圆形墓室，总体呈凸字。外观为重檐歇山顶，覆深蓝色琉璃瓦，角室墙面高出下檐，构成四个坚实的墙墩，墙、柱都是白色石头，衬以蓝天绿树，十分雅洁庄重、沉静肃穆（图 2-10-37）。祭堂内部中央置中山先生白石坐像，四个圆柱和左右侧墙下部镶黑色磨光大理石。堂为穹窿顶，以马赛克镶青天白日图案，地面为红色马赛克，寓意＂满地红＂。圆形墓室中央作圆形凹下，围以白石栏杆，置中山白石卧像，棺枢封藏地下。在墓室穹顶也镶贴青天白日图案。墓室的布局吸取了法国古典主义的墓室处理手法。

中山陵是中国人自己设计的第一座国家级现代纪念建筑，总体规划吸取了明、清陵墓手法，单体建筑虽然也是在现代结构上加上一个木结构形式的外壳，但造型上有所创新。同时作为一座其精神性意义大大超过物质性意义的特殊建筑来说，它的内容和形式仍然是协调的。

图 2-10-36　南京中山陵（左）
图 2-10-37　中山陵祭堂（右）

上海中国银行

中国银行位于上海外滩地区中山东一路 23 号，该建筑为全国优秀近代建筑保护单位（图 2-10-38）。大楼始建于 1936 年，由公和洋行和建筑师陆谦受共同设计，大楼由华商陶桂记营造商以工期 18 个月建成，是外滩近代历史建筑中唯一的中式高层建筑，由中国银行自己出资、中国工人设计、建造，打破了当时租界＂洋人建筑世界一统天下＂的局面，是近代西洋建筑技术与中国建筑传统结合较成功的一幢大楼。

设计人陆谦受完全按功能要求合理组织平面，表现出理性主义的设计思想。立面设计在表现现代建筑特征的同时，局部采用了中国传统装饰。中国银行大楼建筑面积为 5 万平方米，分东西两个大楼。东大楼为主楼，高 15 层，正面面临外滩，底层的层高较高，地下室有 2 层，共有 17 层；西大楼为次楼，楼高 4 层。整个建筑的外形带有中国传统的建筑风格，其外墙一律镶以平整的苏州金山石，楼顶采用平缓的四方钻尖型屋顶，部分檐口采用石门拱作装饰，

图 2-10-38　上海中国银行（左）
图 2-10-39　中国银行传统装饰纹样（右）

建筑的每层两侧都有漏空的"寿"字图案，在雄壮的建筑主调中抹上了一片平静祥和的氛围，栏杆的花纹和窗格也采用了传统的装饰纹样（图 2-10-39）。

建筑成就

　　总的来说，近代中国建筑处在一个大转折的过程当中。一方面，新的功能要求、新的建造条件和手段，以及在中国土地上建造的包括西方现代建筑在内的西式建筑，为中国建筑师提供了就近学习的机会，对于促进中国建筑的发展，都起着积极的作用；另一方面，新一代受过现代教育的中国建筑师并不认为现代化就是西方化，也在探索多种民族化的途径。虽然不一定都是成功的，但不论是经验还是教训，近代中国建筑毕竟是中华人民共和国成立后建筑赖以发展的直接基础，是中国古典建筑与现代建筑之间的过渡。

建筑理论与教育

　　在 20 世纪 20 年代末还正式诞生了中国建筑史学科。学科的创立者梁思成、刘敦桢等做了大量工作，把中国的建筑事业纳入学术领域，为中国建筑历史和建筑理论研究初步奠定了基础。

　　中国近代建筑教育多由留学欧美的教师执教，西方学院派建筑教育思想占据了主导地位，现代主义建筑思想也有渗透。1942 年创建的圣约翰大学建筑系将包豪斯的现代主义建筑教学体系移植到中国；梁思成 1946 年创设清华大学建筑系，以西方学院派建筑文化及中国传统建筑文化为其思想核心，同时追求现代主义的教学模式；成立于 1927 年的中央大学建筑系是我国创办最早的建筑系，在刘敦桢、杨廷宝、童寯等教授的努力下建立了完整的建筑教学体系，培养了大批建筑人才。中国苏州工业专门学校设建筑科，1927 年并入中央大学，设建筑系，是为中国建筑教育开端。

　　《中国建筑》与《建筑月刊》是中国近代仅有的两份综合性建筑学术刊物，已成为近代建筑史研究的重要资料来源。《中国建筑》由中国建筑师学会主办，旨在"融合东西建筑学之特长，以发扬中国建筑物固有之色彩"。《建筑月刊》由上海市建筑协会主办，主张"以科学方法改善建筑途径，谋固有国粹之亢进，以科学器械改良国货材料，塞舶来货品之漏厄；提高同业知识，促进建筑之新途径；奖励专门著述，互谋建筑之新发明"。两刊介绍现代建筑方案和作品，发表建筑师有关现代建筑的主张，报道各种现代建筑的活动，推荐各种新材料、新技术、新设备，对现代建筑在近代中国的发展建立了功勋。《新建筑》是广东省立勤勤大学建筑系学生创办的一份学生刊物，在当时代表着中国建筑发展的方向。

中国营造学社是最早研究我国传统建筑的一个学术团体。由朱启钤、梁思成、林徽因、刘敦桢等许多建筑学界的重量级人物创办。营造学社内设法式、文献二组，分别由梁思成和刘敦桢主持，分头研究古建筑形制和史料，并开展了大规模的中国古建筑的田野调查工作。学社成员以现代建筑学科学严谨的态度对当时中国大地上的古建筑进行了大量的勘探和调查，搜集到了大量珍贵数据，其中很多数据至今仍然有着极高的学术价值。营造学社不仅在学术上为后人留下了珍贵的资料，而且也培养了一大批优秀的建筑专业人才。中国营造学社还有大量专业著作刊行，共撰写和出版了有关我国古建筑专著三十多种，包括《中国建筑参考图集》等珍贵资料。此外营造学社的会刊《中国营造学社汇刊》也是研究中国传统建筑的重要史料。

➢ 相关链接

沈阳，简称"沈"，别称盛京、奉天，是辽宁省省会。沈阳是国家历史文化名城，素有"一朝发祥地，两代帝王都"之称。是中国最重要的以装备制造业为主的重工业基地，有着"共和国长子"和"东方鲁尔"的美誉。

地理位置	沈阳位于中国东北地区南部，辽宁省中部，南连辽东半岛，北依长白山麓，位处环渤海经济圈之内，是环渤海地区与东北地区的重要结合部，位于北纬41°48′11.75″、东经123°25′31.18″之间，全市总面积逾12948平方公里，市区面积3495平方公里
人口	2015年末，全市常住人口829.1万人，户籍人口730.4万人
区号与邮编	024；110000
主要景点	沈阳故宫、昭陵、福陵、中共满洲省委旧址、张氏帅府、辽滨塔、棋盘山国际风景旅游开发区、怪坡风景区、沈阳森林野生动物园、沈阳世博园、永安桥等
交通	航空：桃仙国际机场，位于中国沈阳市南郊的桃仙街道，距沈阳市中心20公里。 铁路：沈阳是中国东北地区的铁路枢纽之一，其中沈阳北站、沈阳站和苏家屯站为三个铁路特等站，沈阳站是东北客运规模最大的火车站。 公路：国道、高速都很发达。 地铁：沈阳地铁1号线和沈阳地铁2号线两条线路运营中。 出租车：出租车8元起车价（晚10时后9元起价），超3公里每550米加1元，超15公里每370米加1元。燃油附加费：1元
气候	沈阳气候属温带半湿润大陆性气候，沈阳年平均气温：8.0℃；年平均最高气温：13℃；年平均最低气温：3℃

民俗节庆	沈阳皇寺庙会是与北京地坛庙会、上海城隍庙会和南京夫子庙会齐名的中国四大庙会之一。皇寺庙会在春节、"五一"、"十一"等节假日期间都会举办。作为庙会的重头戏，舞台文艺演出有深受群众欢迎的二人转、绝活绝技、魔术、器乐演奏等；除了舞台表演，还有满族风情舞蹈、"皇帝出游"、"锡伯族舞蹈"、"花轿娶亲"等民俗节目
饮食	沈阳小吃有老边饺子、杨家吊炉饼、鸡蛋糕、协顺园回头、马家烧麦、西塔大冷面、那家馆白肉血肠、朝鲜族烤牛肉、铁板鸡架、开口馅饼、翟家驴肉、潘家肘子、甘露饺子、宝发园四绝菜、原味斋烤鸭、三合盛包子、馨香包子、郭家汤圆、三盛源饺子、海洁灌汤包等
求助热线	沈阳市消费者协会12345

第十一章
中国现代建筑

➤ 关键要点

新民族主义

新民族主义是指 20 世纪 80 年代在少数民族地区兴起的带有当地民族特色的创作。

古风主义

古风主义是一种特殊情况下更多借鉴传统建筑外部形象的严肃创造，几乎全是在名胜之地，原有古代建筑已毁的情况下，作为旅游建筑重建或新建。

➤ 知识背景

历史背景

中国现代史是中国共产党领导全国各族人民进行社会主义现代化建设的历史。1949 年，中华人民共和国的成立是中国现代史的开端。

中华人民共和国成立，迅速恢复了国民经济。从 1953 年开始，我国开始进行社会主义工业化建设和对农业、手工业与资本主义工商业的社会主义改造，逐步由新民主主义向社会主义过渡。到 1956 年，我国基本建立了社会主义制度，进入社会主义初级阶段。我国在全面建设社会主义的进程中，取得了巨大的成就，初步奠定了现代化建设的物质文化基础。中国共产党十一届三中全会后，我国实现了历史性的伟大转折，进入了改革开放和社会主义现代化建设的新时期。中国共产党在实践中逐步找到了建设有中国特色社会主义的道路。邓小平理论和习近平新时代中国特色社会主义建设思想与基本方略的确立，成为中国实现社会主义现代化的根本保证。

中华人民共和国成立以来，我国在经济建设、民主法制、科学技术、国防建设、民族团结、文化教育、对外交往各方面取得显著成就。我国综合国力不断提高，国家日益繁荣富强，人民生活明显改善。"一国两制"由构想变为现实，祖国和平统一大业取得历史性进展。

➤ 建筑解析

1949 年中华人民共和国建立后，中国建筑进入新的历史时期，大规模、有计划的国民经济建设推动了建筑业的蓬勃发展。中国现代建筑在数量、规模、类型、地区分布及现代化水平上都突破近代的局限，展现出崭新的姿态。这一时期的中国建筑经历了以局部应用大屋顶为主要特征的复古风格时期、以国庆工程十大建筑为代表的社会主义建筑新风格时期、集现代设计方法和民族意蕴为一体的现代风格时期。

从 20 世纪 50 年代到现在，中国建筑艺术进入当代发展阶段，建筑事业飞速发展，创作数量巨大，建筑历史与理论研究更具深度，也更为全面。尤其是从 1978 年起中国进入改革开放新时期以来，建筑事业更取得了前所未有的成就。但在四十年的发展中，在总的不断取得成就的上升过程中，也走过了一段曲折的道路。

发展阶段

当代中国建筑发展史大致说来可以划分为以下四个阶段。第一阶段为 20 世纪 50 年代前期；第二阶段为 20 世纪 50 年代后期至 60 年代中期；第三阶段为 20 世纪 60 年代中期至 70 年代后期；第四阶段从 20 世纪 80 年代至今。

20 世纪 50 年代前期

在全盘学习苏联的热潮中，建筑界接受了苏联当时的建筑创作理论，把建筑创作等同于一般文艺创作，把西方现代建筑形式视为"没落的世界主义"文化，把强调"民族形式"当作社会主义现实主义的创作原则，从而掀起了创造民族形式的热潮。复古主义可以说是此前"民族形式"建筑运动的延续，其主张是希望将狭义的"民族形式"即传统建筑样式赋予新建筑，而甚少顾及新建筑的形式与内容的统一。企图将曾适用于木结构和手工操作方式建造的宫殿、庙宇等样式硬加在功能、材料、结构、施工方法及人们的审美情趣都与之大不相同的新建筑上面。这个时期比较有影响的作品如北京西颐宾馆（现名友谊宾馆）、重庆人民大会堂（图 2-11-1）、长春"地质宫"（图 2-11-2）、北京三里河"四部一会"办公楼等。

它们大多有一个庞大的、犹如宫殿的大屋顶，覆盖着彩色琉璃瓦，檐下

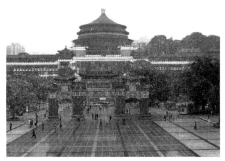

图 2-11-1　重庆人民大会堂（左）

图 2-11-2　长春"地质宫"（右）

布满用钢筋混凝土浇筑的斗栱，所有钢筋混凝土梁和柱都模仿木结构构件，其上满绘彩画，门窗也是古代木门窗的式样。

20 世纪 50 年代后期至 60 年代中期

由于复古主义建筑的昂贵造价，尤其是中华人民共和国成立不久，经济仍十分困难，复古主义建筑便显示出了不合时宜的特点，很快就引起了注意并加以纠正。但这种纠正还相当缺乏理论深度，出现了简约化的建筑特色，有它的合理性，也过于片面。此时建筑师的工作就像是在制造一件普通工业产品一样，放弃了对建筑艺术和建筑文化的追求，建筑创作思想沉闷。

但在这段时期，国庆十周年的庆典，以北京为中心，也一度出现过一段对建筑艺术价值的肯定与追求，激起了建筑界对中国现代建筑风格的新探寻。其代表作品有北京国庆十大工程中的人民大会堂（图 2-11-3）、中国革命历史博物馆（图 2-11-4）、民族文化宫（图 2-11-5）、北京火车站（图 2-11-6）、农业展览馆（图 2-11-7）和中国美术馆（图 2-11-8），以及天安门广场上的人民英雄纪念碑（图 2-11-9）等。它们的处理方式多半是在建筑上集中置放一个或数个缩小了的中国传统建筑屋顶，或者采用平顶，虽然也采用了琉璃，但造型和装饰都有所简化和创新，代表了当时中国建筑艺术创作的最高水平。

图 2-11-3　人民大会堂（左）

图 2-11-4　中国革命历史博物馆（中）

图 2-11-5　民族文化宫（右）

图 2-11-6　北京火车站（左）

图 2-11-7　农业展览馆（右）

图 2-11-8　中国美术馆（左）

图 2-11-9　人民英雄纪念碑（右）

20 世纪 60 年代中期至 70 年代后期

广州的建筑工作者在极其困难的条件下设计了一批宾馆、展览馆、剧院等建筑，在建筑风格的探索上勇敢地迈出创新的步伐。广州白云宾馆（图2-11-10）、矿泉别墅、友谊剧院（图2-11-11）等都以自然的、切合功能实际的平面安排，灵活通透的空间构成，明朗清新的造型格调，体现了现代建筑的时代精神。他们创造性地在现代建筑中有机地融合进具有传统特色的庭院、园林，造就了富有现代气息，又有浓郁民族意蕴的建筑意境，形成了引人注目的广州地区的独特风格。这种风格的崛起，突破了长期以来通过中西古典构图体量和传统装饰元件来塑造民族形式的造型特征的局限，开始了以现代设计方法创造具有民族意蕴的建筑空间环境的尝试。同时，北京、杭州等地也出现了一些格调清新的建筑，如北京国际俱乐部（图2-11-12）、北京友谊商店、杭州机场候机楼（图 2-11-13）等。广州、北京、杭州等地这些新建筑的出世，标志着中国现代建筑风格发展的重要转折。

图 2-11-10　广州白云宾馆

图 2-11-11　友谊剧院

图 2-11-12　北京国际俱乐部

20 世纪 80 年代至今

以上建筑都同属于一元建筑观念，即不是片面地强调建筑的这一个侧面

图 2-11-13　杭州机场候机楼

就是片面地强调另一个侧面，总是不能认识到建筑的矛盾复杂性也即多元性的基本性质。从 20 世纪 80 年代开始，改革开放促进了思想的活跃，关于人的价值的全面思考，关于传统的再认识，关于以前的反思，以及中外文化和思想的交流，美学热、文化热的兴起，还有建筑创作任务的空前规模，都推动了建筑理论的加速发展，其最显著的标志就是建筑多元论的崛起。这是中国历史从未出现过的局面，具有划时代的意义。

中国建筑师和建筑理论家已深切认识到，建筑艺术应该与时代紧密同步，应该立足于中国现代生活的坚实土壤，坚持创造既具有时代特色同时又具有中国气派的新建筑文化。中国现代建筑应立足于中国现代，既包含"中国现代"本体生发出来的活力，也包含可以为它接纳的异域和传统。20 世纪 80 年代以来的大量作品正是建筑艺术步入健康发展轨道的最好证明。这些优秀作品又可以有多种创作方法，既有侧重于从传统汲取营养、开拓出具有时代感的作品，也有侧重于从异域借鉴灵感、转化为具有中国气派的作品。中国现代建筑形成的"流派"概括起来大致可划分为古风主义、新古典主义、新乡土主义、新民族主义和本土现代主义几种。

古风主义

古风主义是一种特殊情况下更多借鉴传统建筑外部形象的严肃创造，几乎全是在名胜之地，原有古代建筑已毁的情况下，重建或新建作为旅游建筑，如武昌黄鹤楼（图 2-11-14）、南京夫子庙与秦淮河（图 2-11-15）、北京琉璃厂文化街（图 2-11-16）、天津天妃宫文化街（图 2-11-17）等。旅游有它的特殊要求，如需要文化品位、触发思古之幽情，作为一种特殊创作方式，古风主义并不是复古。

图 2-11-14　武昌黄鹤楼（左）
图 2-11-15　南京夫子庙与秦淮河（右）

图 2-11-16　北京琉璃厂文化街（左）
图 2-11-17　天津天妃宫文化街（右）

黄鹤楼（图 2-11-14），历史悠久，是武汉三镇的标志，最后一次毁于 20世纪初，有重建的理由。新黄鹤楼基本按照人们记忆犹新、造型也比较成功的清代黄鹤楼重建，层数从三层加到五层，气势更大，周围布置成民俗文化旅游公园，已成为武汉游客必到之处。

新古典主义

对传统建筑的外部形象有更多改造，侧重于借鉴其神态意趣的一种创作，其较有代表性的作品如山东曲阜阙里宾舍（图 2-11-18）、西安陕西历史博物馆（图 2-11-19）、南京雨花台纪念馆（图 2-11-20）、北京西客站（图 2-11-21）等。这些作品对传统是以借鉴而不是以模仿为主，本身也不是被毁古建筑的重建，多因处在著名古建筑附近而采取的一种协调的处理手法，或建筑本身的性质要求人们更多地联想起传统文化。

山东曲阜阙里宾舍（图 2-11-18）紧邻在曲阜孔庙之东、衍圣公府之南，它就不能只突出自己，而应该与这两座著名古建筑群协调，体量不能太高太大，色彩不能过于鲜明，形象更要与原有古建筑呼应对话。其实阙里宾舍也并不缺乏新意，如它的空间系列，就借鉴了国外共享空间公共大厅的观念，采取自由式平面布局，又以水面、庭园和细部及其他环境艺术作品构成和谐的整体，显示了时代的追求。它的典雅、温文、古朴的高尚文化格调更令人难忘。

陕西历史博物馆（图 2-11-19），主要借鉴唐代建筑形象并加以改造和简化，显得气度不凡、雍容大度、明朗而简洁。传统中往往也有许多符合现代观念的东西，越古的也可能越现代。

图 2-11-18　山东曲阜阙里宾舍（左）
图 2-11-19　西安陕西历史博物馆（右）

图 2-11-20　南京雨花台纪念馆（左）
图 2-11-21　北京西客站（右）

雨花台纪念馆（图 2-11-20）虽然是全对称的构图，但仍有明显新意，采用了简化的古典建筑重檐庑殿屋顶，米色的外墙，只缀以少量纯白，性格庄重、沉静，纪念性十分突出。

北京西客站（图 2-11-21）作为北京的大门甚至中国的大门，更多借鉴传统建筑形象，给到达这一古都的中外旅客强烈的第一印象。西客站坐南向北，以北立面为正面，常处于逆光之中，为减轻大片逆光面不可避免地会产生的朦胧而沉重的印象，立面处理更强调天际轮廓线的高低错落，在正中开了一个大空洞，显得比较通透，又寓意为"大门"，构思是成功的。

上海博物馆（图 2-11-22），邢同和设计，建筑总面积为 39200 平方米，地下 2 层，地面 5 层，建筑高度为 29.5 米。是一座方体基座与圆形出挑相结合的建筑，造型具有中国"天圆地方"的寓意。它既有中国传统建筑之基座、台阶的形意，又有园林绿化的东方格调，体现了现代科技和时代精神。从远处眺望博物馆，圆形屋顶加上拱门的上部弧线，整座建筑犹如一尊中国古代青铜器；若从高处俯视博物馆，则屋顶平面犹如一面巨大的汉代规矩镜。到了晚上，中间圆顶 13 米跨度的玻璃采光球，在泛光灯照射下，更似一颗熠熠生辉的夜明珠。

新乡土主义

它另辟蹊径，不是向以宫殿庙宇为代表的传统主流借鉴，而是转向地方民间建筑采撷精英，其较有代表性的作品如具有浓厚的闽北民居风味的福建武夷山庄宾馆、具有皖南民居特色的黄山云谷山庄宾馆（图 2-11-23）、呈现河西土堡式民居风貌的甘肃敦煌航站楼等。它们同样也不缺乏时代气息，在单体，都对传统手法进行了大胆的改造；在群体，更是灵活之至，为小小民居所未曾有。

敦煌航站楼（图 2-11-24）。由一个方形旅客厅、一座圆形综合楼联以塔台组成。方厅借鉴河西以高外墙封闭、隔绝严酷气候称为"庄窠"的土堡式民居，也围以高墙，墙面全刷土色，以许多不规则排列的浅龛暗喻莫高窟，性格凝重厚实。方厅内有天井，植花通水。圆楼白色，呈螺旋上升动势，与高耸的圆形塔台相接，引起升空的联想。"天圆地方"，也切合航站楼的主题。

图 2-11-22　上海博物馆

图 2-11-23　黄山云谷山庄宾馆

图 2-11-24　敦煌航站楼

本土现代主义

本土现代主义是采用得更加普遍的方法。这类建筑的优秀作品仍然是从中国大地上生长出来的，建筑师仍然没有忘记使它们在多元创造中赋予作品以鲜明的时代感与中国气派。之所以冠以"本土"二字，是因为它们与西方正统现代主义有所不同，是中国式的现代。这样的优秀作品也不少，如具有强烈时代活力、同时又隐含有中国式的审美观的北京中国国际展览中心、深圳体育馆和上海华东电业管理大楼；重视整体环境艺术氛围的创造，取得突出成就的南京侵华日军南京大屠杀遇难同胞纪念馆；第一次成功创造了中国园林式中庭的广州白天鹅饭店；结合具体需要、部分模仿西方古典主义的上海龙柏饭店（图2-11-25）；以传统的神韵为重，部分采用传统构件为"符号"的杭州文化中心（图2-11-26）等。

北京中国国际展览中心（图2-11-27），其意义在于，在不一定直接借鉴传统的创作中如何走出中国人自己的路子。在这个作品中似乎看不到任何"传统"，甚至连"符号"也没有，显示出一定的国际式的倾向，但它的内在的富于理性节奏的造型逻辑还是中国式的。国际展览中心还成功运用了西方后现代主义钢筋混凝土凌空构件作为装饰的手法，在单元体之间的上空横连折板。钢筋混凝土的拱廊也是后现代式的，与折板上下呼应。

侵华日军南京大屠杀遇难同胞纪念馆（图2-11-28），设计师齐康。该建筑建在当年日寇在南京的13个大屠场之一江东门"万人坑"原址。基地东北角最高，陈列馆就放在这里，平顶，通过大台阶把凭吊者引上陈列馆平屋顶，可俯瞰屠场全景。全场几乎铺满白色卵石，宛如死难同胞的枯骨，寸草不生，

图 2-11-25　上海龙柏饭店（左）
图 2-11-26　杭州文化中心（右）

图 2-11-27　北京中国国际展览中心（左）
图 2-11-28　侵华日军南京大屠杀遇难同胞纪念馆（右）

象征着死亡，与周边一线青草表达出生与死的鲜明对比，一片凄厉惨烈的悲愤之情弥漫全场。沿院绕行一周，在断垣残壁似的围墙上有长段浮雕，再现出种种惨剧。经枯树、母亲像，遗骨室里尸骨累累，再现"万人坑"的土层断面，悲愤之情更加深化。建筑物低平简洁，摒弃一切琐细装饰，其体形、体量、流线、色彩、浮雕和单体的组合，都极其单纯简练，尽量不使突出，重点在于整体环境气氛的渲染。色调统一为灰青色，深沉而庄重。场庭布局借鉴了传统建筑园林的布局手法。

国家奥林匹克体育中心（图2-11-29），是第十一届亚洲运动会主场馆，主设计师马国馨，其总体构思充分考虑了功能与形式、现代与传统、环境与建筑的结合。两座最主要的建筑——游泳馆和体育馆造型相近，两端采用60～70米的塔筒，以斜拉钢索吊起双坡凹曲屋顶，十分强劲有力，符合体育建筑应具有的力度，同时又使人产生传统建筑凹曲屋顶的联想。双坡顶上再突起一个形似传统庑殿顶的小屋顶，形象新颖，既加强了与传统的联系，又富有时代感。

二分宅中（土宅，图2-11-30）。位于北京延庆长城脚下，由张永和等一批年轻建筑师联合设计。该建筑构想是"要将北京传统的四合院从其拥挤的城市空间移植到古朴的大自然中来"。在城市里，庭院被房屋所包围。但在北京以北长城附近的延庆县，建筑师却将房子打开，这样，群山环绕着三角形庭院的一边，而房子则建在其他两条边上。将房子分辟成两个厢房的做法同时也为现场保留了一组树木并将迷人风光引入了室内空间。甚至水也被引入了设计，设计师调整了基地中一条小溪的流向，使其能够穿过庭院并从剔透的入口休息处的玻璃地板下流过。该建筑采用"土木"（泥土和木头）作为主要建筑材料的古老概念。一个胶合木框架和几面夯土墙构成了基本的轮廓，其间嵌有面向庭院景观的落地玻璃。由于两个厢房均有一个房间那么宽，而且，大部分空间相互渗透、融合，因此就能够省去所有的走廊而创造出一个合理的平面。

新疆迎宾馆（图2-11-31）。其维吾尔族建筑风格十分鲜明，也很细腻，又十分现代化。室外那一对喇叭形的冷却水塔高高耸立，内轮廓组合成尖拱，表面嵌砌来自维吾尔石膏花饰意匠的花格，造型秀雅而富特色，标志性很强。

图2-11-29　国家奥林匹克体育中心（左）
图2-11-30　二分宅（右）

图 2-11-31 新疆迎宾馆（左）
图 2-11-32 拉萨饭店（右）

拉萨饭店（图 2-11-32），抓住了西藏传统建筑一个很重要的特点，重视简单团块体量的组合，意在传神。庭园小品和室内装修与传统有更多形似，浓烈而鲜丽。

中国建筑艺术还在发展，有理由充满信心地期望，新的中国建筑艺术，在非常杰出的中国传统建筑艺术成就的强大荫庇之下，经过与新的生活的融合，必将取得无愧于祖先也无愧于时代的辉煌成就。

著名建筑师及其理论、作品

第一代建筑师是清末至辛亥革命（1911 年）年间出生的，这一代建筑师全部是留学外国学建筑学的；第二代是 20 世纪 10～20 年代出生且中华人民共和国成立前大学毕业的，出国留学占少数；第三代是 20 世纪 30～40 年代出生，且是中华人民共和国成立后大学毕业的，他们成长的年代正是抗日战争、解放战争时期和中华人民共和国成立后的 20 世纪 50～60 年代；第四代生于中华人民共和国成立后，成长于"文革"时期，上大学恰逢改革开放年代；现在三四十岁的建筑师也一并暂列第四代。

第一代建筑师（按姓氏笔画排序）

第一代建筑师是清末至辛亥革命（1911 年）年间出生的，这一代建筑师全部是留学外国学建筑学的，在中国创办学校和事务所。

吕彦直（1894～1929 年）

吕彦直（图 2-11-33）曾作为美国建筑师墨菲（Henry Murphy）的助手，参与金陵女子大学（现南京师范大学）和燕京大学（现北京大学）校园规划设计。1925 年 9 月，他荣获孙中山陵墓设计首奖，并被聘为陵墓建筑师。1927 年 5 月，由他设计的广州中山纪念堂和纪念碑再度夺魁。

庄俊（1888～1990 年）

庄俊（图 2-11-34）早年配合美国建筑师墨菲（Henry Murphy）做清华学校校园规划及清华一些早期建筑的设计，其完成的主要设计项目有：上海金城银行，济南、哈尔滨、大连、上海、青岛、徐州等地的交通银行，汉口大陆银行，南

图 2-11-33　吕彦直

图 2-11-34　庄俊

图 2-11-35　上海大陆商场（左）

图 2-11-36　上海孙克基妇产科医院（右）

京盐业银行，中国科学院上海理化试验所，上海大陆商场（现为东海商都，图 2-11-35），上海孙克基妇产科医院（现为上海生物制品研究所，图 2-11-36）以及住宅、别墅等。

刘敦桢（1897～1968年）

中国科学院院士，南京工学院（现东南大学）教授、建筑系原系主任（图 2-11-37）。刘敦桢先生对北京、河北、河南、山东、江苏、四川、云南等地的古建筑和园林均做过实地考察，并写下了数十篇调查报告，取得了多项研究成果。

图 2-11-37　刘敦桢

从 1959 年起，由他主持编著《中国古代建筑史》，历时七载，八易其稿，于 1980 年出版。他的重要学术著作有《中国住宅概说》《苏州古典园林》以及《刘敦桢全集 1～10 卷》。主要建筑作品有湖南大学教学楼、天心阁、中山陵光化亭（图 2-11-38）、中央大学学生宿舍、食堂和中央图书馆阅览楼、南京瞻园的改建等。

图 2-11-38　中山陵光化亭

杨廷宝（1901～1982年）

中国科学院院士，南京工学院（现东南大学）教授、建筑系原系主任、南京工学院副院长、中国建筑学会副理事长，1954～1962 年期间曾连续两届任国际建筑师协会副主席（图 2-11-39）。由他主持设计的主要作品有京奉铁路沈阳总站、北京交通银行、南京中央医院（图 2-11-40）、清华大学图书馆扩建工程（图 2-11-41）、南京中山陵园音乐台（图 2-11-42）、沈阳东北大学（图 2-11-43）、北京和平宾馆等。他还参加过北京人民大会堂、北京火车站、北京图书馆（新馆）、毛主席纪念堂等工程的方案设计。他一生主持、参加及指导的建筑设计达 100 余项。他的主要著作有《综合医院建筑设计》、《杨廷宝建筑设计作品集》、《杨廷宝图水彩画选》、《杨廷宝素描选集》。他还撰写了许多有关城市规划、环境设计等方面的文章。

图 2-11-39　杨廷宝

图 2-11-40　南京中央医院（左）

图 2-11-41　清华大学图书馆扩建工程（右）

图 2-11-42　南京中山陵音乐台（左）

图 2-11-43　沈阳东北大学（右）

梁思成（1901～1972年）

中国科学院院士，1946年创办清华大学建筑系并担任教授、系主任（图 2-11-44）。他的主要设计作品有：北京仁立地毯公司铺面、吉林大学校舍（与陈植、童寯合作，图 2-11-45）、东北交通大学校舍、北京大学地质馆（图 2-11-46）、北京大学女生宿舍等。他曾为人民英雄纪念碑、扬州鉴真和尚纪念堂进行了方案设计。梁思成先生对中国古代建筑和文物保护做了大量工作，他曾与同事对国内2000多处古建筑和文物进行过调查，并以此写出了《中国建筑史》。他对如何继承和发扬民族建筑风格，城市规划中如何保护优秀民族传统建筑，以及在传统建筑理论等方面进行了深入的研究和探索，写出了大量的理论文章，给后人留下了许多珍贵的资料。

图 2-11-44　梁思成

图 2-11-45　吉林大学校舍（左）

图 2-11-46　北京大学地质馆（右）

童寯（1900～1983 年）

南京工学院（现东南大学）教授（图 2-11-47）。在华盖建筑事务所期间，与赵深、陈植二人合作设计的主要项目有南京国民政府外交部大楼、大上海大戏院、上海浙江兴业银行等。参加设计的工程约 100 项，其中主要的有南京"首都"饭店、上海金城大戏院（现为黄浦剧场，图 2-11-48）、南京下关电厂（图 2-11-49）、南京中山文化教育馆、南京地质矿产陈列馆等。晚年主要从事理论历史研究工作。他还著有《江南园林志》、《Chinese Gardens》（《中国园林》）、《Glimpses of Gardens in Easters China》（《东南园墅》）、《近百年西方建筑史》、《童寯画选》、《童寯素描选》等著作。

图 2-11-47　童寯

图 2-11-48　上海金城大戏院（左）
图 2-11-49　南京下关电厂（右）

除以上提及的六位之外，范文照、李锦沛、赵深、陈植、董大酉等也为第一代的优秀建筑师。

在这一时期，除了中国本土的建筑师外，还有许多优秀的外国建筑师进入中国设计建成了数量众多的优秀建筑。

公和洋行（现香港巴马丹拿建筑事务所）

公和洋行是在 20 世纪初，上海的社会、经济进入一个快速发展的时期，进入上海开业并发展起来的一个英籍建筑师事务所，是公共租界内最活跃、最重要的设计事务所之一。他们设计了大量各种类型的建筑物，绝大部分集中在公共租界，作品中的大多数已经被列为上海市优秀历史建筑。他们的作品风格从新古典主义到装饰艺术，再到现代式，构成了此时期上海建筑发展的一个缩影。公和洋行设计的主要作品有有利大楼、汇丰银行上海分行新楼、海关大楼、沙逊大厦等。

邬达克（1893～1958 年）

邬达克是匈牙利籍人，1914 年毕业于布达佩斯皇家学院，来沪后在上海克利洋行工作。其间与美国建筑师克利合作设计了美国总会、万国储蓄会大楼等一系列作品。其设计的主要作品有四行储蓄会大楼、上海基督教教堂慕尔堂、大光明电影院、国际饭店、吴同文住宅等。

墨菲（1877～1954年）

墨菲全名亨利·吉拉姆·墨菲，毕业于耶鲁大学艺术专业，1915年开始将项目中心由美国本土向亚洲转移（以中国为主）。1918年7月在上海外滩建立分公司，被称为"茂旦洋行"。其主要作品有南京金陵女子大学、北京燕京大学、雅礼大学、复旦大学整体规划及建筑群等。

第二代建筑师（按姓氏笔画排序）

第二代建筑师大多是我国第一代建筑师自己培养出来的，学成后在他们的学校和事务所工作，时间是20世纪30年代初至1949年中华人民共和国成立。

刘鸿典（1904～1995年）

刘鸿典（图2-11-50）的主要建筑作品有上海市中心游泳池、上海市中心图书馆、福州交通银行、南通交通银行、杭州交通银行、上海南京西路美琪大厦、上海虹口中国医院、上海淮海中路上方花园风格各异的独立别墅群（图2-11-51）、东北工学院（现东北大学）校园总平面设计、东北工学院冶金馆、长春分院教学楼、沈阳工学院采矿馆、淮南矿区火力发电厂等。他还主持了华山风景区及多个城市规划的评议会。参加了兵马俑二、三号坑、陕西省历史博物馆、临潼贵妃池重建、广州市游乐园、西安火车站、西安市南大街拓宽工程等多项设计方案的评议。

图 2-11-50　刘鸿典

图 2-11-51　上海淮海中路别墅群

吴良镛（1922～）

中国科学院院士、中国工程院院士、清华大学建筑系教授（图2-11-52）。参与、指导北京、上海、天津、广州、桂林、唐山、三亚等城市规划的制定与编审，曾参与主持中国国家图书馆（图2-11-53）、北京菊儿胡同居住区改建（图2-11-54）、曲阜孔子研究院（图2-11-55）、北京中央美术学院、南通博物馆、南京市金陵红楼梦博物馆等建筑设计（图2-11-56）。吸取多学科知识和古今

图 2-11-52　吴良镛

中外文化精华，将宏观与微观相结合、自然科学与社会科学相结合，创立了融贯解决人居环境问题的"广义建筑学"与"人居环境科学"，集中提高了我国城市规划和建筑设计的理论水平。1999 年，负责起草国际建协成立 50 年来第一部宪章：《北京宪章》。主持完成了《京津冀北地区城乡空间发展规划研究》，在《北京城市空间发展战略研究》《北京城市总体规划（2004—2020 年）》修编工作中作为领衔专家。

图 2-11-53　中国国家图书馆

张开济（1912～）

张开济（图 2-11-57）1990 年被建设部授予"全国工程勘察设计大师"称号。2000 年获得中国首届"梁思成建筑奖"。提倡建筑是为人服务的，对传统建筑的保护。主要设计作品有：天安门观礼台、北京三里河四部一会建筑群、中国革命历史博物馆、钓鱼台国宾馆（图 2-11-58，钓鱼台国宾馆十八号楼）、北京天文馆等。

图 2-11-54　北京菊儿胡同居住区改建

图 2-11-55　曲阜孔子研究院

莫伯治（1915～2003 年）

岭南庭院建筑风格的杰出代表，中国工程院院士（图 2-11-59）。在长期的建筑创作中，把岭南庭园风格融于岭南建筑之中，并在实践和理论上推进岭南建筑和岭南园林的同步发展，形成自己独特的岭南建筑园林设计风格。20 世纪 50 年代广州北园酒家与泮溪酒家设计曾受到梁思成的高度评价。20 世纪 70 年代初主持设计的矿泉别墅把传统庭园布局与现代主义内庭相互融合，使整个别墅既有传统内涵又

图 2-11-56　南通博物苑百年庆典工程

图 2-11-57　张开济

图 2-11-58　钓鱼台国宾馆

图 2-11-59　莫伯治

有现实主义表现。1980 年主持白天鹅宾馆设计，进一步把岭南庭园与现代建筑紧密结合起来，独特风格更加升华，该项目获国家科技进步奖二等奖（图 2-11-60）。20 世纪 80 年代后期主持的西汉南越王墓博物馆、岭南画派纪念馆等建筑设计，表现了勇于开拓、不断

图 2-11-60 白天鹅宾馆中庭

创新的精神。专著《莫伯治集》体现了独特的建筑创作理论和丰硕成果。

戴念慈（1920 ～ 1991 年）

中国工程院院士（图 2-11-61）、建筑学家。在建筑传统、建筑现代科技、住宅建设等多方面提出的理论观点，丰富了现代建筑创作理论，对中国建筑业发展具有指导作用。在住宅建设方面，提出了加大住房密度、节约用地等思想，对国家制定政策和住宅建设起了重要作用。主要设计作品有北京饭店西楼、中国美术馆、中南海西门宿舍工程、中共中央党校、北京玉泉山工程、北京展览馆（图 2-11-62）、苏州吴作人艺苑、山东曲阜阙里宾舍、斯里兰卡国际会议大厦（图 2-11-63）、辽沈战役纪念碑和纪念馆（图 2-11-64）、杭州西湖国宾馆（图 2-11-65）等。

图 2-11-61 戴念慈

图 2-11-62 北京展览馆（左）
图 2-11-63 斯里兰卡国际会议大厦（右）

图 2-11-64 辽沈战役纪念碑和纪念馆（左）
图 2-11-65 杭州西湖国宾馆（右）

除以上提及的五位之外，张镈、林东义、余焌南等也为第二代的优秀建筑师。

第三代建筑师（按姓氏笔画排序）

是在中华人民共和国成立后，到"文化大革命"之前培养的一批建筑师。

邢同和（1939～）

教授级高级建筑师（图2-11-66）。现在担任上海世博会建筑设计研究中心主任、总建筑师，上海现代建筑设计（集团）有限公司总建筑师。曾作为总负责人参与了上海博物馆（图2-11-67）、上海外滩风景带规划设计、龙华烈士纪念馆与陵园（图2-11-68），代表作还有上海国际购物中心（图2-11-69）、上海儿童博物馆、华山医院、鲁迅纪念馆、陈云纪念馆、邓小平纪念馆等。主要著作：《原创之韵》、《邢同和建筑艺术摄影作品集》、《邢同和建筑论文选集》等。

图2-11-66 邢同和

图2-11-67 上海博物馆（左）
图2-11-68 龙华烈士纪念馆与陵园（中）
图2-11-69 上海国际购物中心（右）

齐康（1931～）

中国科学院院士（图2-11-70），东南大学建筑研究所所长，建筑设计研究院总顾问、博士生导师。齐康擅长城市规划、城市设计与风景设计，参与设计了北京王府井百货大楼、人民英雄纪念碑、人民大会堂、毛主席纪念堂、北京图书馆，并担任南京长江大桥桥头堡、南京机场候机楼等设计的指导工作。他曾指导江苏省建筑设计院和南京工学院（现东南大学）艺术家创作了南京五台山体育馆（图2-11-71）。主持了"侵华日军南京大屠杀遇难同胞纪念馆"、武夷山庄（图2-11-72）、南京梅园周恩来纪念馆、黄山国际大酒店(图2-11-73)、郑州河南博物院、福建博物院（图2-11-74）、沈阳"九一八"纪念馆扩建工程、福建长乐"海之梦"塔（图2-11-75）苏中七战七捷纪念碑、淮安周恩来纪念馆、浙江天台山济公佛院、镇海口海防历史纪念馆、苏州丝绸博物馆等的设计。他还多次无偿为故乡设计了济公院、寒山山门、寒山子修炼处、宝纶诗社旧址及天台宾馆扩建工程。撰有《城市的形态》、《风景环境与建筑》、《建筑画境》等。

图2-11-70 齐康

图 2-11-71 南京五台山体育馆（左）
图 2-11-72 武夷山庄（右）

图 2-11-73 黄山国际大酒店（左）
图 2-11-74 福建博物院（中）
图 2-11-75 福建长乐"海之梦"塔（右）

李祖原（1938～）

台湾著名建筑师（图 2-11-76）。李祖原始终坚持"中国式建筑"的主张，对中国传统文化和西方文化有着博大精深的理解，极其擅长在当代建筑中体现中国的传统文化精神，探索东西方文化在更高层次上的契合。主要作品："台北 101"大楼、环亚大饭店（台湾台北市）、宏国大楼（台湾台北市）、长谷世贸联合国（台湾高雄市，见图 2-11-77）、远东企业中心（台湾台北市）、新光杰仕堡（台湾台北市）、台中中港晶华饭店（台湾台中市）、高雄 85 大楼（台湾高雄市，见图 2-11-78）、郑州裕达国贸大楼（河南省郑州市，见图 2-11-79）、沈阳民营企业大楼（辽宁省沈阳市）、中台禅寺、建成夜市圆环（台湾台北市）。

图 2-11-76 李祖原

图 2-11-77 长谷世贸联合国（左）
图 2-11-78 高雄 85 大楼（中）
图 2-11-79 郑州裕达国贸大楼（右）

郑时龄（1941～）

中国科学院院士（图 2-11-80），现为同济大学建筑与城市规划学院教授、同济大学建筑与城市空间研究所所长、同济大学中法工程与管理学院学术委员会主席。

建立了"建筑的价值体系与符号体系"理论框架，他的专著《建筑理性论》和《建筑批评学》建立了"建筑的价值体系和符号体系"这一具有前沿性与开拓性的理论框架。

图 2-11-80 郑时龄

主要的设计作品有：上海南浦大桥建筑设计、上海南京路步行街城市设计、上海格致中学教学楼、上海复兴高级中学、浙江海宁钱君匋艺术研究馆（图2-11-81）、上海朱屺瞻艺术馆、嘉兴广电中心、嘉兴市行政中心、中国财税博物馆（图2-11-82）等。曾主持并参与一些重大项目的国际设计方案评审及策划。

主要论著有：《世博与建筑》、《和谐城市的探索：上海世博会主题演绎及规划设计研究》、《世博园及世博场馆建筑与规划设计研究》、《世博会规划设计研究》、《建筑理性论——建筑的价值体系与符号体系》、《上海近代建筑风格》、《建筑批评学》等。

图 2-11-81　浙江海宁钱君匋艺术研究馆（左）

图 2-11-82　中国财税博物馆（右）

彭一刚（1932～）

中国科学院院士，天津大学教授（图 2-11-83）。彭教授设计的主要建筑有天津大学建筑馆（图 2-11-84）、王学仲艺术研究所（图 2-11-85）、天津水上公园熊猫馆、山东省平度市公园（图 2-11-86）、山东省威海市刘公岛甲午海战纪念馆（图 2-11-87）、伦敦中国城等。山东甲午海战馆个性鲜明，并富有深刻的历史文化内涵，深受广大群众的喜爱，得到建筑界的赞誉。彭教授致力于中外建筑理论的研究，尤其是建筑学科的前沿课题，在理论方面做了大量的研究，主要方向是建筑美学及空间构图理论、建筑设计方法论、传统建筑文化与当代建筑创新。对于建筑美学的研究，涉及从古典建筑的构图原理，到现代建筑的空间组合规律以至当代建筑的审美变异的广泛内容。他发表了《适合我国南方地区的小面积住宅方案探讨》、《螺旋发展和风格渐近》、《空间、体形和建筑形式的周期性演变》等学术论文

图 2-11-83　彭一刚

图 2-11-84　天津大学建筑馆（左）

图 2-11-85　王学仲艺术研究所（右）

图 2-11-86　山东省平度市公园（左）

图 2-1-87　山东省威海市刘公岛甲午海战纪念馆（右）

40 余篇，在国内外建筑界产生了广泛影响。彭教授撰写了《建筑空间组合论》、《中国古典园林分析》、《传统村镇聚落景观分析》、《创意与表现》等 6 部专著。

程泰宁（1935～）

　　中国工程院院士（图 2-11-88）。参加过北京人民大会堂、南京长江大桥建筑等重大工程的方案设计。主要作品有：杭州黄龙饭店（图 2-11-89）、杭州铁路新客站（图 2-11-90）、浙江美术馆、杭州国际假日酒店（图 2-11-91）、金都华府住宅区、李叔同（弘一大师）纪念馆、绍兴鲁迅纪念馆（图 2-11-92）、建川博物馆不屈战俘馆、马里会议大厦、加纳国家剧院、联合国国际小水电中心等。论文有：《中国建筑评析与展望》、《大型运动场视觉质量问题的研究》、《装配式住宅建筑艺术问题的探讨》、《东风饭店建筑设计》、《中小型建筑创作小议》、《云山饭店建筑设计》、《繁荣建筑创作之我见》。

图 2-11-88　程泰宁

图 2-11-89　杭州黄龙饭店（左上）

图 2-11-90　杭州铁路新客站（右上）

图 2-11-91　杭州国际假日酒店（左下）

图 2-11-92　绍兴鲁迅纪念馆（右下）

戴复东（1928～2018 年）

中国工程院院士，同济大学教授、博士生导师、国家一级注册建筑师（图 2-11-93）。在学术上提出了，"建筑是生存与行为的人工与自然环境，宏观、中观、微观应全面重视、相互匹配，着重微观"的全面环境观思想。他提倡："在设计中要崇尚'现代骨、传统魂、自然衣'精神"。自己从事的每一项工程设计"都应争取突出新意并使其具有创新精神"。同时，他提出："我有两只手，一手要紧握世界先进事物，使之不落后，一手要紧握自己土地上生长的、正确的、有生命力的东西，使之能有根，将两只手上的精华结合创造出有科技内涵、文化深度、宜人、动人的美好建筑环境和事物"。作品：武汉东湖毛泽东主席生前工作、接待用的武汉东湖梅岭工程（图 2-11-94），河北省遵化市国际饭店（图 2-11-95），同济大学建筑与城市规划学院院馆（图 2-11-96），同济大学研究生院大厦（图 2-11-97），上海中国残疾人体育艺术培训基地，杭州浙江大学紫金港校区中心岛组团建筑群等。他先后发表论文 90 余篇，出版专著 7 部：如《国外建筑实例图集 机场航站楼》等；译著还有《中庭建筑——开发与设计》等。

图 2-11-93　戴复东

图 2-11-94　武汉东湖梅岭工程（左）
图 2-11-95　河北省遵化市国际饭店（右）

图 2-11-96　同济大学建筑与城市规划学院院馆（左）
图 2-11-97　同济大学研究生院大厦（右）

魏敦山（1933～）

中国工程院院士，上海现代建筑设计（集团）有限公司教授级高级建筑师、顾问总建筑师（图 2-11-98）。设计的项目有住宅、中小学、医院、剧场等。尤以体育建筑为多。代表性建筑有上海虹口体育场、上海体育馆（图 2-11-99）、上海游泳馆（图 2-11-100）、上海八万人体育场（图 2-11-101）。

1984年主持设计的埃及开罗国际会议中心（图2-11-102），荣获埃及"一级军事勋章"。

第三代建筑师还有钟训正院士、傅熹年院士、张锦秋院士、关肇邺院士、马国馨院士、何镜堂院士、王小东院士、潘谷西教授（古建筑保护设计领域）、刘先觉教授（理论与历史研究领域）等。

图2-11-98　魏敦山

图2-11-99　上海体育馆（左上）
图2-11-100　上海游泳馆（右上）
图2-11-101　上海八万人体育场（左下）
图2-11-102　埃及开罗国际会议中心（右下）

第四代建筑师（按姓氏笔画排序）

第四代建筑师是指1976年"文化大革命"结束、高等学校恢复正常教学秩序，至20世纪末期间培养成长的新一代建筑师。至于21世纪培养成长的年轻建筑师应属第五代，本书暂不作评介。

马清运（1965～）

高级建筑师（图2-11-103），美国建筑师协会会员。1995年，在纽约成立马达思班建筑师事务所（总部设在上海）。2006年，担任美国南加州大学建筑学院院长。

设计作品有恒隆广场（上海，见图2-11-104）、宁波日报社总部（图2-11-105）、天一广场（宁波，见图2-11-106）、宁波老外滩街区改造、浙江大学宁波分校、宁波服装学院、东方汇景园（上海）等。

图2-11-103　马清运
图2-11-104　上海恒隆广场（左）
图2-11-105　宁波日报社总部（中）
图2-11-106　宁波天一广场（右）

王澍（1963～）

建筑师（图 2-11-107），中国美术学院建筑艺术学院院长、博士生导师、建筑学学科带头人、浙江省高校中青年学科带头人。2012 年 2 月 27 日获得了普利兹克建筑奖，成为获得该奖项的第一个中国人。主要作品有：南京华侨大厦、浙江海宁陈默艺术工作室、南京三合宅（图 2-11-108）、金华瓷屋（图 2-11-109）、宁波美术馆、垂直院宅（钱江时代，见图 2-11-110）、2010 年中国世博会宁波滕头案例馆、中国美术学院象山校区（图 2-11-111）、东莞理工学院艺术系馆、杭州三合宅、宁波五散房等。

图 2-11-107　王澍

图 2-11-108　南京三合宅（左）
图 2-11-109　金华瓷屋（右）

图 2-11-110　垂直院宅（左）
图 2-11-111　中国美院象山校区（右）

王建国（1957～）

中国工程院院士，国家一级注册建筑师，教育部长江学者奖励计划特聘教授。现任东南大学教授，博士生导师（图 2-11-112）。

研究方向：城市设计、建筑设计、城市形态。主要理论著作：《绿色城市设计——基于生物气候条件的生态策略》、《后工业时代产业建筑遗产保护更新》、《城市设计》等。主要建筑项目：徽州文化生态保护实验区总体规划（2010）、扬州古城北门保护规划设计（2010）、南京外郭沿线地区规划设计及重点地段修建性详细规划（2010）、南京市总体城市设计（2008）、南京江宁区悦恒大厦建筑设计（2007）、南京江宁博物馆设计（2007，见图 2-11-113）等。

图 2-11-112　王建国

图 2-11-113　南京江宁博物馆设计

张永和（1956～）

图 2-11-114　张永和

最著名的当代建筑大师之一（图 2-11-114）。美国注册建筑师，美国麻省理工学院（MIT）建筑系主任。主要建筑作品：深圳润唐山庄住宅（图 2-11-115），洛阳老城幼儿园，郑州小赵寨住宅区及幼儿园，汕头华利迪娱乐城，清溪山地住宅和虎门政府花园式酒店，北京中关村中国科学院晨兴数学楼工程，北京现代城样板间室内设计工程，北京怀柔山语间住宅工程（图 2-11-116），北京玻璃洋葱餐馆，北京红石实业办公室室内，北京水晶石电脑图像公司外立面及室内设计，河北燕郊画家工作室／住宅 7 号、4 号、5 号、3 号工程，2000 年完成重庆中试基地等工程。1997 年出版《非常建筑》作品专集，2000 年出版《张永和／非常建筑工作室专集 1、2》。在国内的学术刊物上多次发表学术文章，并先后在法国的《今日建筑》，意大利的《瞬间艺术》，日本的《新建筑》、《空间设计》，美国的《进步建筑》及《建筑》，韩国的《空间》、《韩国建筑师》，英国的《世界建筑》、《AA 档案》等杂志及美国的《慢空间》一书中发表作品及文章。

图 2-11-115　深圳润唐山庄住宅（左）
图 2-11-116　北京怀柔山语间住宅工程（右）

孟建民（1958～）

图 2-11-117　孟建民

中国工程院院士（图 2-11-117），深圳市建筑设计研究总院有限公司总建筑师。

主要作品：中国共产党代表团梅园新村纪念馆（与齐康合作）、合肥渡江战役纪念馆（图 2-11-118）、安徽医科大学第二附属医院（图 2-11-119）、玉树州地震遗址纪念馆（图 2-11-120）、合肥政务文化新区政务综合楼、江苏淮安周恩来纪念馆、张家港市第一人民医院、深圳市基督教堂、深港西部通

道口岸旅检大楼及单体建筑、普瑞温泉酒店、深圳市大运中心体育馆、深圳市滨海医院（香港大学深圳医院）、广东省委新一号楼、昆明云天化集团总部办公楼（图2-11-121）、合肥美术馆（图2-11-122）等。

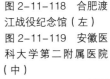
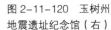

图2-11-118 合肥渡江战役纪念馆（左）
图2-11-119 安徽医科大学第二附属医院（中）
图2-11-120 玉树州地震遗址纪念馆（右）

图2-11-121 昆明云天化集团总部办公楼（左）
图2-11-122 合肥美术馆（右）

常青（1957～）

中国科学院院士（图2-11-123），被美国建筑师学会评选为荣誉会士（Hon. FAIA），同济大学学术委员会委员，城乡历史环境再生研究中心主任，《建筑遗产》和《Built Heritage》学刊主编，同济大学建筑与城市规划学院建筑系教授，博导。

研究方向：建筑历史与理论，历史建筑的保护与再生。多年来从事建筑学新领域的开拓性研究，发展了"历史环境再生"学科方向，领衔创办国内第一个"历史建筑保护工程"专业。

主持上海"外滩源"项目前期研究与概念设计（图2-11-124）、"外滩轮船招商总局大楼保护与再生工程"、"豫园方浜路保护性改造工程"、"东外滩工

图2-11-123 常青

图2-11-124 "外滩源"项目前期研究与概念设计

业文明遗产保护与再生概念规划研究"、杭州钱塘古镇再生设计，上海市援藏重点项目日喀则"桑珠孜宗堡复原工程"等项目。

撰著和编著有《西域文明与华夏建筑的变迁》、《中华建筑志》、《建筑遗产的生存策略——保护与利用设计实验》、《历史环境的再生之道——历史意识与设计探索》、《大都会从这里开始——上海南京路外滩段研究》等著作。

崔愷（1957～ ）

中国工程学院院士、中国建筑设计研究院总建筑师，教授级高级建筑师，中国工程院院士，现任中国建筑学会副理事长（图2-11-125）。作品：清华科技创新中心（图2-11-126）、中国建筑设计研究院办公楼改造、水关长城3号别墅（图2-11-127）、北京外国语大学校门及北京外国语学院逸夫楼（图2-11-128）、现代城幼儿园、现代城高层住宅、北京外研社办公楼及印刷厂改造、宁波天一家园住宅社区、首都博物馆（图2-11-129）等。

图2-11-125　崔愷

图2-11-126　清华创新中心（左上）
图2-11-127　水关长城3号别墅（右上）
图2-11-128　北京外国语大学校门（左下）
图2-11-129　首都博物馆（右下）

➢ 相关链接

上海,简称"沪",别称"申",是一座美丽而充满生机与活力的国际大都市。上海不仅是中国最大的综合性工业城市，而且还是全国重要的科技中心、贸易中心、金融信息中心、经济和贸易港口，是世界上屈指可数的最繁华、最具经济活力的大城市之一。

地理位置	上海位于北纬31°14′，东经121°29′，地处太平洋西岸，亚洲大陆东沿，长江三角洲前缘，东濒东海，南临杭州湾，西接江苏、浙江两省，北界长江入海口，长江与东海在此连接。上海正当我国南北弧形海岸线中部，交通便利，腹地广阔，地理位置优越，是一个良好的江海港口
人口	上海人口已突破1600万，规模总量过大；外来流动人口已达到387万，60岁以上老龄人口已达241万。来自各民族、各地区、各国家的人们一起生活在这大都市中
区号与邮编	086-021；200000
主要景点	浦东：金茂大厦88层观光厅、东方明珠、上海环球金融中心95层观光天桥、磁悬浮列车、上海老街、上海科技馆、世纪公园、滨江大道；浦西：外滩万国建筑博览、外滩"情人墙"、外滩人行观光隧道、豫园、中共"一大"会址、上海博物馆、多伦路文化街、新天地、上海大剧院、龙华寺、静安寺、玉佛寺；郊县：朱家角、东方绿舟、佘山国家级旅游度假区、上海野生动物园、古漪园、秋霞圃、醉白池、大观园
交通	航空、铁路、公路、水运均便利发达；市内交通，地铁、出租车、公交车四通八达
气候	上海属北亚热带季风性气候，四季分明，日照充分，雨量充沛。2002年，全年平均气温17.8℃，降雨量1427.9毫米。全年60%左右的雨量集中在5至9月的汛期，汛期有春雨、梅雨、秋雨三个雨期
民俗节庆	南汇桃花节（每年3～4月间）、上海电影节、上海旅游节、上海国际艺术节、上海国际服装文化节
饮食	世界各地的异域风味也都能在上海觅到踪迹，融汇中西精华而又别具韵味的本帮菜更是不可不尝。 特色菜：崇明鳗鲡、白斩鸡、水晶河虾仁、松鼠黄鱼、响油鳝糊、脆皮乳鸽； 小吃：城隍庙梨膏糖、丰裕生煎、高桥松饼、鸽蛋圆子、桂花甜酒酿、奶油五香豆、擂沙团、鸡鸭血汤、南翔小笼包、小绍兴鸡粥、青团、油墩子、蟹壳黄、排骨年糕
购物	购物是上海旅游不可缺少的一项活动。著名商业圈：淮海中路、南京东路、四川北路、徐家汇、豫园商城。特产有：崇明水仙花、大闸蟹、嘉定黄草编、金属工艺、上海民间工艺、上海织绣、上海绒绣
求助热线	公交指路热线：63175522；地铁问讯：63189188；预订火车票：63171880、8008207890；预订长途汽车票：56630230；旅游投诉：64393615

参考文献

[1] 潘谷西 . 中国建筑史（第四版）[M]. 北京：中国建筑工业出版社，2003.

[2] 汪坦 . 中国近代建筑总览 [M]. 北京：中国建筑工业出版社，1992～1995.（包括北京篇、南京篇、广州篇、武汉篇、哈尔滨篇、沈阳篇、大连篇、烟台篇、青岛篇、营口篇、厦门篇、重庆篇、庐山篇、昆明篇）.

[3] 郭湖生 . 中华古都 [M]. 中国台湾：空间出版社，1997.

[4] 陈志华 . 中国现代建筑史大纲 . 香港《城市与建筑》杂志，1988–1989.

[5] 刘敦桢 . 中国古代建筑史 [M]. 北京：中国建筑工业出版社，1984.

[6] 刘敦桢 . 中国住宅概说 [M]. 中国台湾：明文书局，1983.

[7] 梁思成 . 中国建筑史 [M]. 北京：百花文艺出版社，1998.

[8] 梁思成 . 中国建筑图集 [M]. 中国台湾：明文书局，1987.

[9] 罗小未 . 上海建筑指南 [M]. 上海：上海人民美术出版社，1996.

[10] 杨秉德 . 中国近代城市与建筑 [M]. 北京：中国建筑工业出版杜，1993.

[11] 高仲林 . 天津近代建筑 [M]. 天津：天津科学技术出版社，1990.

[12] 姚虹 . 现代主义建筑思想对中国近代建筑的影响 [D]. 北京：清华大学，1996.

[13] 南京工学院建筑研究所，杨廷宝建筑设计作品集 [M]. 北京：中国建筑工业出版社，1983.

[14] 邹德侬等 . 中国现代建筑史 [M]. 北京：机械工业出版社，2003.

[15] 邹德侬 . 中国建筑史图说－现代卷 [M]. 北京：中国建筑工业出版社，2001.

[16] 吴焕加 .20 世纪西方建筑史 [M]. 郑州：河南科学技术出版社，1998.

[17] 吴焕加，论现代西方建筑 [M]. 北京：中国建筑工业出版社，1997.

[18] 陈志华 . 外国建筑史 (19 世纪末叶以前) [M].3 版 . 北京：中国建筑工业出版社，2004.

[19] 罗小未，蔡琬英 . 外国建筑历史图说（古代—十八世纪）[M]. 上海：同济大学出版社，2003.

[20] 王受之 . 世界现代建筑史 [M]. 北京：中国建筑工业出版社，1999.

[21] （英）大卫·沃特金 . 西方建筑史 [M]. 傅景川等译 . 长春：吉林人民出版社，2004.

[22] 罗小未 . 外国近现代建筑史 [M].2 版 . 北京：中国建筑工业出版社，2004.

[23] 张复合 . 建筑史论文集（第 17 辑）[M]. 北京：清华大学出版社，2003.

[24] 张复合 . 建筑史（2003 年第 3 辑）[M]. 北京：机械工业出版社，2004.

[25] 张复合.建筑史（2003年第2辑）（建筑史论文集 第19辑）[M].北京：机械工业出版社，2003.

[26] （美）约瑟夫·里克沃特.亚当之家——建筑史中关于原始棚屋的思考（原著第2版）[M].李保译.北京：中国建筑工业出版社，2006.

[27] （英）尼古拉斯·佩夫斯纳.现代设计的先驱者 从威廉·莫里斯到格罗皮乌斯[M].王申祐，王晓京译.北京：中国建筑工业出版社，2004.

[28] （英）彼得·柯林斯.现代建筑设计思想的演变[M].英若聪译.北京：中国建筑工业出版社，2003.

[29] 王英健.外国建筑史实例集I[西方古代部分] [M].北京：中国电力出版社，2005.

[30] 王英健.外国建筑史实例集II[东方古代部分] [M].北京：中国电力出版社，2006.

[31] 王英健.外国建筑史实例集III[西方近代部分] [M].北京：中国电力出版社，2006.